高等院校电气信息类规划教材

# 电气控制与PLC应用技术

## （西门子S7-200系列）

## 第二版

何献忠　主编

　化学工业出版社

·北京·

本书从实际工程和教学需要出发，介绍了继电器控制系统及其基本控制电路与典型机床控制电路、可编程控制器（PLC）控制系统、工业组态控制技术的工作原理、设计方法和实际应用。本书的特点是除介绍基本电气控制技术、西门子 S7-200 系列可编程控制器控制技术外，还增加了 PLC 结合工业组态软件（MCGS）的现代控制应用。

本书在编写过程中，重点突出实用性和适用性。对电气控制与指令系统以及工业组态控制都以实例的方式进行讲解，由浅入深，层次清楚，易于理解、掌握。章后附有相应的实验、思考与练习题。

本书适合作为应用型本科及高职高专电气、机电一体化、自动化、测控等专业的教材，也可作为从事 PLC 应用开发的工程技术人员的培训教材或技术参考书。

**图书在版编目（CIP）数据**

电气控制与 PLC 应用技术：西门子 S7-200 系列 / 何献忠主编. —2 版. —北京：化学工业出版社，2018.5（2024.8 重印）
高等院校电气工程类规划教材
ISBN 978-7-122-31864-0

Ⅰ. ①电…　Ⅱ. ①何…　Ⅲ. ①电气控制-高等学校-教材②plc 技术-高等学校-教材　Ⅳ. ①TM571.2 ②TM571.6

中国版本图书馆 CIP 数据核字（2018）第 061659 号

责任编辑：王昕讲　　　　　　　　　　　装帧设计：张　辉
责任校对：吴　静

出版发行：化学工业出版社（北京市东城区青年湖南街 13 号　邮政编码 100011）
印　　装：涿州市般润文化传播有限公司
787mm×1092mm　1/16　印张 18½　字数 484 千字　2024 年 8 月北京第 2 版第 8 次印刷

购书咨询：010-64518888　　　　　　　　售后服务：010-64518899
网　　址：http://www.cip.com.cn
凡购买本书，如有缺损质量问题，本社销售中心负责调换。

定　　价：49.00 元

# 前　言

PLC 技术经过三十多年的发展，已形成了完整的工业控制器产品系列，其功能从初期的主要用于替代继电-接触器控制的简单功能，发展到目前具有接近于计算机的强有力的软/硬件功能。PLC 用于包括逻辑运算、数值运算、数据传送、过程控制、位置控制、高速计数、中断控制、人机对话、网络通信等功能的控制领域。PLC 源于替代继电-接触器控制，它与传统的电气控制技术有着密不可分的联系。因而，要学习 PLC 技术，必须先了解传统的电气控制技术。

本书在第一版的基础上，修改了一些不足之处，并从培养工程应用能力考虑新增加一些应用实例及设计方法。第 1 章简要介绍常用低压电器的结构、原理及使用方法；第 2 章介绍基本电气控制电路、控制原理等电气控制基础知识，使读者对传统的电气控制技术有个粗略的了解，为进一步学习 PLC 奠定必要的基础；第 3 章介绍 PLC 基础知识和基本原理；第 4 章概述西门子公司 S7-200 PLC 的系统结构、功能、模块和寻址方式；第 5 章详细介绍 S7-200 PLC 的基本指令系统及程序设计实例；第 6 章介绍 S7-200 PLC 的顺序控制指令及应用实例；第 7 章详细讲解 S7-200 PLC 的功能指令，并以实例的方式介绍其应用方法；第 8 章介绍 S7-200 PLC 的网络通信技术及应用；第 9 章介绍现代 PLC 控制系统综合设计步骤、方法，并给出设计实例以供参考；第 10 章简单介绍 S7-200 编程软件的使用；第 11 章讲解 S7-200 PLC 结合工业控制组态软件（MCGS）的综合应用。部分章节后附有相应的实验指导，书后附录列出了常用电气图形符号与文字符号，以及 S7-200 PLC 快速参考信息。

本书全面介绍了电气控制技术及 PLC 的配置、编程和控制方面的知识。在编写过程中，编者力求语言通畅、叙述清楚、讲解细致，所有的内容都以便于实际应用为原则来选择，并尽可能采用实例对指令知识及应用进行讲解，力争做到通俗、简明、易懂。

本书有配套课件，供教学使用。

本书由湖南工业大学的何献忠主编，湖南工业大学李卫萍、刘颖慧、彭华厦、黄浪尘、王珏、陈炜杰和河南化工技师学院张丽参编。全书共分 11 章，其中第 1～4、7、9～11 章由何献忠编写，第 5 章由张丽编写，第 6 章由李卫萍编写，第 8 章由刘颖慧编写，彭华厦、黄浪尘与王珏参与了程序的编写与图形的绘制，陈炜杰参与了课件的制作。

由于编者水平有限，加上编写时间仓促，书中难免有不妥之处，敬请读者批评指正。

编　者
2018 年 4 月

# 目 录

# 第 4 章　S7-200 系列 PLC 系统概述

# 第 5 章　S7-200 PLC 的基本指令及程序设计

# 第 6 章　S7-200 PLC 顺序控制指令及应用

# 第 7 章　S7-200 PLC 的功能指令

# 第 8 章　S7-200 PLC 的网络通信技术及应用

# 第 9 章　PLC 控制系统设计

# 第 10 章 STEP7-Micro/WIN32 编程软件的使用

# 第 11 章 PLC 工业组态控制及其应用

# 附录 1 常用电气图形符号与文字符号

# 附录 2 S7-200 PLC 快速参考信息

# 参考文献

# 第1章 常用低压电器

低压电器、传感器和执行器件是工业电气控制系统的基本组成元件。本章主要介绍常用低压电器的结构、工作原理以及使用方法等有关知识；同时根据电器发展状况，简单介绍一些新型电气元件；最后简单介绍一些常用的检测、执行器件，以便后续章节的学习，使大家对工业电气自动化系统建立起感性的认识。

## 1.1 低压电器概述

### 1.1.1 电器的定义和分类

电器就是根据外界施加的信号和要求，能手动或自动地断开或接通电路，断续或连续地改变电路参数，以实现对电或非电对象的切换、控制、检测、保护、变换和调节的电气元件或设备。电器的用途广泛，功能多样，种类繁多，构造各异，其分类方法有按工作电压分和按用途分等几种。本节主要介绍在电力拖动系统和自动控制系统中发挥重要作用的一些常用低压电器，如接触器、继电器、行程开关、熔断器等，介绍它们的工作原理、选用原则等内容，为学习和设计可编程控制器控制系统打下基础。

低压电器通常指工作在交流电压 1200V 以下、直流电压 1500V 以下的电器。采用电磁原理完成上述功能的低压电器称做电磁式低压电器。

常用低压电器的分类如图 1-1 所示。

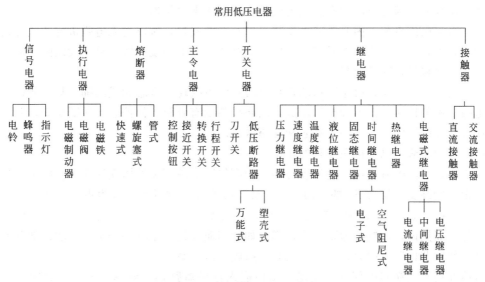

图 1-1 常用低压电器的分类

### 1.1.2 电磁式低压电器的基本结构

电磁式低压电器在电气控制线路中使用量最大，其类型很多，但工作原理和构造基本相同。在最常用的低压电器中，接触器、中间继电器、断路器等就属于电磁式低压电器。就其结构而言，大都由三个主要部分组成，即电磁机构、触头、灭弧装置。

（1）电磁机构

电磁机构是电磁式低压电器的感测部件，它的作用是将电磁能量转换成机械能量，带动触头动作，使之闭合或断开，实现电路的接通或分断。

电磁机构由磁路和激磁线圈两部分组成。磁路主要包括铁芯、衔铁和空气隙。激磁线圈通以电流后激励磁场，通过气隙把电能转换为机械能，带动衔铁运动，完成触点的闭合或断开。

如图 1-2 所示，常用的磁路结构分为三种形式。图 1-2（a）所示为衔铁沿棱角转动的拍合式铁芯，这种形式广泛应用于直流电器中。图 1-2（b）所示为衔铁沿轴转动的拍合式铁芯，其铁芯形状有"E"形和"U"形两种，这种结构多用于触点容量较大的交流电器中。图 1-2（c）所示为衔铁直线运动的双"E"形直动式铁芯，它多用于交流接触器、继电器中。

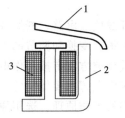 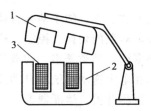 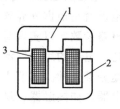

　（a）衔铁沿棱角转动的拍合式铁芯　　　（b）衔铁沿轴转动的拍合式铁芯　　　（c）双"E"形直动式铁芯

图 1-2　常用的磁路机构
1—衔铁；2—铁芯；3—吸引线圈

激磁线圈的作用是将电能转换成磁场能量。按通入激磁线圈电流种类的不同，分为直流线圈和交流线圈，与之对应的有直流电磁机构和交流电磁机构。

对于直流电磁机构，因其铁芯不发热，只有线圈发热，所以直流电磁机构的铁芯通常用整块钢材或工程纯铁制成，而且它的激磁线圈制成高而薄的瘦高型，且不设线圈骨架，使线圈与铁芯直接接触，易于散热。

对于交流电磁机构，由于其铁芯存在磁滞和涡流损耗，铁芯和线圈都发热。所以，通常交流电磁机构的铁芯用硅钢片叠铆而成，激磁线圈设有骨架，使铁芯与线圈隔离，并且将线圈制成短而厚的矮胖型，有利于铁芯和线圈散热。

（2）单相交流电磁机构短路环的作用

对于单相交流电磁机构，电磁吸力是一个两倍于电源频率的周期性变量。电磁机构在工作中，衔铁始终受到反力 $F_r$ 的作用。由于交流磁通过零时吸引力也为零，吸合后的衔铁在反力 $F_r$ 作用下被拉开。磁通过零后吸力增大，当吸力反力时，衔铁又被吸合。这样，在交流电的每个周期内，衔铁吸力要两次过零，如此周而复始，使衔铁产生强烈的振动并发出噪声，甚至使铁芯松散。因此，必须采取有效措施予以克服。

具体办法是在铁芯端部开一个槽，槽内嵌入称做短路环（或称分磁环）的铜环，如图 1-3 所示。短路环把铁芯中的磁通分为两部分，即不穿过短路环的 $\Phi_1$ 和穿过短路环的 $\Phi_2$。$\Phi_2$ 为原磁通与短路环中感生电流产生的磁通的叠加，且在相位上 $\Phi_2$ 滞后 $\Phi_1$，电磁机构的吸力 $F$ 为它们产生的吸力 $F_1$、$F_2$ 的合力，如图 1-4 所示。此合力始终大于反力，所以衔铁的振动和噪声就消除了。

短路环通常包围 2/3 的铁芯截面，它一般用黄铜、康铜或镍铬合金等材料制成。它是一相无断点的铜环，且没有焊缝。

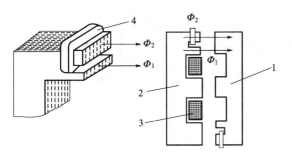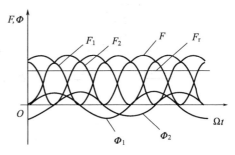

图 1-3 交流电磁铁的短路环
1—衔铁；2—铁芯；3—线圈；4—短路环

图 1-4 加短路环后的电磁吸力

（3）触头

触头是一切有触点电器的执行部件。这些电器通过触头的动作来接通或断开被控制电路。触头通常由动、静触点组合而成。

① 触点的接触形式　触点的接触形式有点接触、线接触和面接触三种，如图 1-5 所示。

在三种接触形式中，点接触形式的触点只能用于小电流的电器中，如接触器的辅助触点和继电器的触点；面接触形式的触点允许通过较大的电流，一般在接触表面上镶有合金，以减小触点电阻和提高耐磨性，多用于较大容量接触器的主触点；线接触形式的触点接触区域是一条直线，其触点在通断过程中有滚动动作，如图 1-5(d) 所示。开始接触时，动、静触点在 $A$ 点接触，靠弹簧的压力经 $B$ 点滚到 $C$ 点；断开时做相反运动，以清除触点表面的氧化膜。

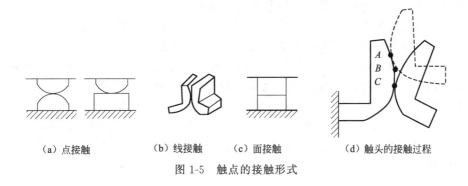

（a）点接触　　　（b）线接触　　（c）面接触　　　（d）触头的接触过程

图 1-5 触点的接触形式

② 触头的结构形式　图 1-6 所示为不同接触形式的触头结构形式。图(a) 所示为采用点接触的桥式触头，图(b) 所示为采用面接触的桥式触头，图(c) 所示为采用线接触的指形触头。

（4）灭弧系统

① 电弧的产生　电弧的形成过程：当触头间刚出现断口时，两个触头间距离极小，电场强度极大，在高热和强电场作用下，金属内部的自由电子从阴极表面逸出，奔向阳极。这些自由电子在电场中运动时撞击中性气体分子，使之激励和游离，产生正离子和电子。电子在强电场作用下继续向阳极移动，并撞击其他中性分子。因此，在触头间隙中产生了大量的带电粒子，使气体导电形成了炽热的电子流，即电弧。电弧产生高温并发出强光，将触头烧损，使电路的切断时间延长，严重时会引起火灾或其他事故，因此应采取灭弧措施。

② 常用灭弧方法

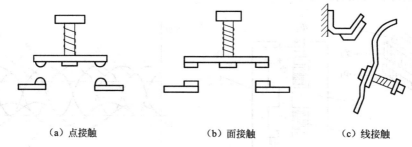

（a）点接触　　　　　（b）面接触　　　　　（c）线接触

图 1-6　触头的结构形式

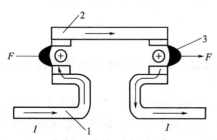

图 1-7　双断口结构的电动力吹弧效应
1—静触头；2—动触头；3—电弧

a. 电动力吹弧。电动力吹弧一般用于交流接触器等交流电器。图 1-7 所示是一种桥式结构双断口触头系统。双断口就是指在一个回路中有两个产生和断开电弧的间隙。当触点打开时，在断口中产生电弧。触头 1 和 2 在弧区内产生图中所示的磁场，根据左手定则，电弧电流受到一个指向外侧的力 F 的作用而向外运动，迅速离开触点而熄灭。电弧的这种运动，一是使电弧本身被拉长；二是电弧穿越冷却介质时受到较强的冷却作用，这都有助于熄灭电弧。最主要的是在两个断口处的每一个电极近旁，在交流过零时都能出现 150～250V 介质绝缘强度。

b. 磁吹式灭弧。这种灭弧的原理是使电弧处于磁场中间，电磁场力"吹"长电弧，使其进入冷却装置，加速电弧冷却，促使电弧迅速熄灭。

图 1-8 所示是磁吹式灭弧的原理图，其磁场由与触点电路串联的吹弧线圈 1 产生。当电流逆时针流经吹弧线圈时，产生的磁通经铁芯 3 和导磁夹板 5 引向触点周围。触点周围的磁通方向为由纸面流入，如图中"×"符号所示。由左手定则可知，电弧在吹弧线圈磁场中受一个向上方向的力 F 的作用，电弧向上运动，被拉长并被吹入灭弧罩 6。引弧角 4 和静触点 8 相连接，引导电弧向上运动，将热量传递给灭弧罩壁，促使电弧熄灭。

这种灭弧装置是利用电弧电流本身灭弧的，电弧电流越大，吹弧能力越强，且不受电路电流方向影响（当电流方向改变时，磁场方向随之改变，电磁力方向不变）。它广泛地应用于直流接触器中。

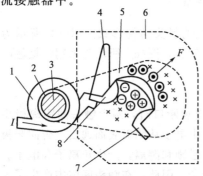

图 1-8　磁吹式灭弧原理图
1—吹弧线圈；2—绝缘套；3—铁芯；4—引弧角；
5—导磁夹板；6—灭弧罩；7—动触点；8—静触点

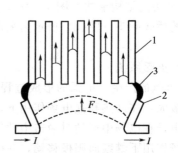

图 1-9　栅片灭弧原理图
1—灭弧栅片；2—触点；3—电弧

　　c.灭弧栅。灭弧栅的原理如图 1-9 所示。灭弧栅片 1 由镀铜薄钢片组成。灭弧栅由许多灭弧栅片组成，片间距离 2～3mm，安放在触点上方的灭弧罩内（图中未画出灭弧罩）。一旦产生电弧，电弧周围产生磁场，导磁的钢片将电弧吸入栅片，电弧被栅片分割成许多串联的短电弧。交流电压过零时，电弧自然熄灭。电弧要重燃，两个栅片间必须有 150～250V 电弧压降。这样，一方面电源电压不足以维持电弧；另一方面由于栅片的散热作用，电弧自然熄灭后很难重燃。这是一种常用的交流灭弧装置。

　　d.灭弧罩。上面提到的磁吹式灭弧和灭弧栅灭弧都带有灭弧罩，它通常用耐弧陶土、石棉水泥或耐弧塑料制成。其作用一是分隔各路电弧，防止发生短路；二是使电弧与灭弧罩的绝缘壁接触，使电弧迅速冷却而熄灭。

# 1.2　接触器

　　接触器是用来接通或分断电动机主电路或其他负载电路的控制电器，用它可以实现频繁的过远距离自动控制。由于它体积小、价格低、寿命长、维护方便，因而用途十分广泛。

## 1.2.1　接触器的用途及分类

　　接触器最主要的用途是控制电动机的启停、正反转、制动和调速等，因此它是电力拖动控制系统中最重要也是最常用的控制电器之一。它具有低电压释放保护功能，具有比工作电流大数倍乃至十几倍的接通和分断能力，但不能分断短路电流。它是一种执行电器，即使在现在的可编程控制器控制系统和现场总线控制系统中，也不能被取代。

　　接触器种类很多，按驱动力大小不同分为电磁式、气动式和液压式，以电磁式应用最广泛；按接触器主触点控制电路中的电流种类分为交流接触器和直流接触器两种；按其主触点的极数（即主触点的对数）来分，有单极、双极、三极、四极和五极等多种。本节介绍电磁式接触器。

## 1.2.2　接触器的结构及工作原理

　　（1）接触器的结构

　　目前广泛使用的接触器是电磁式电器的一种，其结构与电磁式电器相同，一般也由电磁机构、触点系统、灭弧系统、复位弹簧机构或缓冲装置、支架与底座等几部分组成。图 1-10 所示为交流接触器的结构剖面示意图。电磁机构是接触器的感测元件，由线圈、铁芯、衔铁和复位弹簧几部分组成。

　　（2）接触器的工作原理

　　接触器的工作原理是：当吸引线圈通电后，线圈电流在铁芯中产生磁通。该磁通对衔铁产生克服复位弹簧反力的电磁吸力，使衔铁带动触点动作。触点动作时，常闭触点先断开，常开触点后闭合。当线

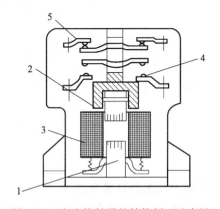

图 1-10　交流接触器的结构剖面示意图
1—铁芯；2—衔铁；3—线圈；4—常开触点；5—常闭触点

圈中的电压降低到某一数值时（无论是正常控制还是欠电压、失电压故障，一般降至 85% 线圈额定电压），铁芯中的磁通下降，电磁吸力减小。当减小到不足以克服复位弹簧的反力时，衔铁在复位弹簧的反力作用下复位，使主、辅触点的常开触点断开，常闭触点恢复闭

合。这也是接触器的失压保护功能。

接触器的触点有主触点和辅助触点之分。主触点用于通断主电路，通常为三对（三极）常开的触点。辅助触点常用于控制电路，起电气联锁作用，一般有常开、常闭各两对。主、辅触点一般采用双断点桥式结构，电路的通断由主、辅触点共同完成。

主触点用于通断主电路，直流接触器和电流在 20A 以上的交流接触器均装有灭弧罩，有的还带有栅片或磁吹灭弧装置。辅助触点常用于控制电路，其容量较小。辅助触点不设灭弧装置，所以不能用来分合主电路。

接触器按流过主触点电流性质的不同，分为交流接触器和直流接触器，它们的结构与工作原理基本相同，仅在电磁机构方面有所不同，这在 1.1 节中已有阐述，这里不再叙述。

### 1.2.3　接触器的图形符号及型号含义

接触器图形及文字符号如图 1-11 所示。

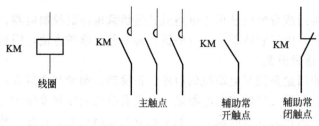

图 1-11　接触器的图形和文字符号

接触器的型号含义如下：

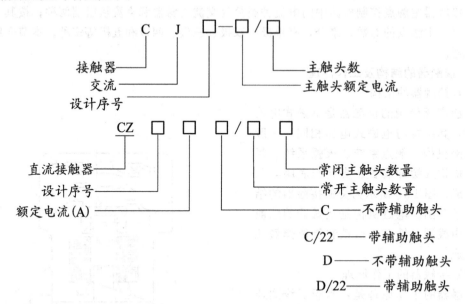

### 1.2.4　接触器的主要技术参数

① 额定电压　接触器铭牌上的额定电压是指主触点能承受的额定电压。通常用的电压等级：直流接触器有 110V、220V 和 440V；交流接触器有 110V、220V、380V、500V 等。

② 额定电流　接触器铭牌上的额定电流是指主触点的额定电流，即允许长期通过的最大电流，有 5A、10A、20A、40A、60A、100A、150A、250A、400A 和 600A 几个等级。

③ 吸引线圈的额定电压　交流有 36V、110V、220V 和 380V；直流有 24V、48V、220V、440V。

④ 电寿命和机械寿命　以万次表示。

⑤ 额定操作频率　以次/h 表示，即每小时允许接通的最多次数。

### 1.2.5　接触器的选择与使用

（1）接触器的类型选择

根据接触器所控制负载的轻重和负载电流的类型，来选择直流接触器或交流接触器。

（2）额定电压的选择

接触器的额定电压应大于或等于负载回路的电压。

（3）额定电流的选择

接触器的额定电流应大于或等于被控回路的额定电流。对于电动机负载，可按下列经验公式计算。

$$I_C = \frac{P_N \times 10^3}{KU_N} \tag{1-1}$$

式中，$I_C$ 为流过接触器主触点的电流（A）；$P_N$ 为电动机的额定功率（kW）；$U_N$ 为电动机的额定电压（V）；$K$ 为经验系数，一般取 1~1.4。

选择接触器的额定电流应大于等于 $I_C$。接触器如使用在电动机频繁启动、制动或正、反转的场合，一般将接触器的额定电流降一个等级来使用。

（4）吸引线圈的额定电压选择

吸引线圈的额定电压应与所接控制电路的电压相一致。对于简单控制电路，可直接选用交流 380V、220V 电压；对于电路复杂、使用电器较多者，应选用 110V 或更低的控制电压。

（5）接触器的触点数量、种类选择

接触器的触点数量和种类应根据主电路和控制电路的要求选择。若辅助触点的数量不能满足要求，可通过增加中间继电器的方法来解决。

安装接触器前应检查线圈额定电压等技术数据是否与实际相符，并将铁芯极面上的防锈油脂结在极面上的锈垢用汽油擦净，以免多次使用后被油垢粘住，造成接触器断电时不能释放；然后检查各活动部分（应无卡阻、歪曲现象）和各触点是否接触良好。另外，接触器一般应垂直安装，其倾斜角不得超过 5°。注意，不要把螺钉等其他零件掉落到接触器内。

# 1.3　继电器

继电器是根据某种输入信号来接通或断开小电流控制电路，实现远距离控制和保护的自动控制电器。其输入量可以是电流、电压等电量，也可以是温度、时间、速度、压力等非电量；输出量则是触头的动作或者是电路参数的变化。继电器一般由输入感测机构和输出执行机构两部分组成。前者反映输入量的变化，后者完成触点分、合动作（对有触点继电器）或半导体元件的通、断（对无触点继电器）。

继电器的种类很多，按输入信号的性质分为电压继电器、电流继电器、时间继电器、温度继电器、速度继电器、压力继电器等，按工作原理分为电磁式继电器、感应式继电器、电动式继电器、热继电器和电子式继电器等，按输出形式分为有触点和无触点两类，按用途分为控制用和保护用继电器等。本节介绍几种常用的继电器。

### 1.3.1　电压继电器

触点的动作与线圈的电压大小有关的继电器称做电压继电器。它用于电力拖动系统的电压保护和控制。使用时，电压继电器的线圈与负载并联，其线圈的匝数多而线径细。按通过线圈电流的种类分为交流电压继电器和直流电压继电器；按吸合电压的大小分为过电压继电器和欠电压继电器。

对于过电压继电器，当线圈电压为额定电压时，衔铁不产生吸合动作；只有当线圈电压高于其额定电压的某一值时，衔铁才产生吸合动作。因为直流电路不会产生波动较大的过电压现象，所以没有直流过电压继电器产品。交流过电压继电器在电路中起电压保护作用。

对于欠电压继电器，当线圈的承受电压低于其额定电压时，衔铁产生释放动作。它的特点是释放电压很低，在电路中用做低电压保护。

电压继电器的图形和文字符号如图 1-12 所示。

选用电压继电器时，首先要注意线圈电压的种类和电压等级应与控制电路一致。另外，根据在控制电路中的作用（是过电压还是欠电压）选型。最后，要按控制电路的要求选择触点的类型（是常开还是常闭）和数量。

### 1.3.2　电流继电器

触点的动作与线圈电流大小有关的继电器称做电流继电器。使用时，电流继电器的线圈与负载串联，其线圈的匝数少而线径粗。根据线圈的电流种类，分为交流电流继电器和直流电流继电器；按吸合电流大小，分为过电流继电器和欠电流继电器。

对于过电流继电器，正常工作时，线圈中流过负载电流，但不产生吸合动作。当出现比负载工作电流大的吸合电流时，衔铁才产生吸合动作，带动触点动作。在电力拖动系统中，冲击性的过电流故障时有发生，常采用过电流继电器做电路的过电流保护。

对于欠电流继电器，正常工作时，由于电路的负载电流大于吸合电流，使衔铁处于吸合状态。当电路的负载电流降低至释放电流时，衔铁释放。在直流电路中，由于某种原因引起负载电流降低或消失，往往导致严重的后果（如直流电动机的励磁回路断线），因此有直流欠电流继电器产品，而没有交流欠电流继电器产品。

电流继电器的图形和文字符号如图 1-13 所示。

选用电流继电器时，首先要注意线圈电压的种类和等级应与负载电路一致。另外，根据对负载的保护作用（是过电流还是低电流）来选用电流继电器的类型。最后，要根据控制电路的要求选择触点的类型（是常开还是常闭）和数量。

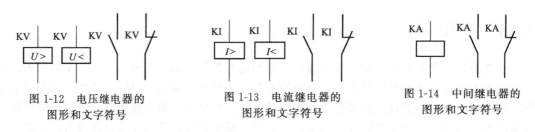

图 1-12　电压继电器的　　　　图 1-13　电流继电器的　　　　图 1-14　中间继电器的
　　　　图形和文字符号　　　　　　　　图形和文字符号　　　　　　　　图形和文字符号

### 1.3.3　中间继电器

在控制电路中起信号传递、放大、切换和逻辑控制等作用的继电器称做中间继电器。它属于电压继电器的一种，主要用于扩展触点数量，实现逻辑控制。中间继电器也有交、直流之分，分别用于交流控制电路和直流控制电路。中间继电器的图形和文字符号如图 1-14 所示。

中间继电器的主要技术参数有额定电压、额定电流、触点对数以及线圈电压种类和规格等。选用时，要注意线圈的电压种类和电压等级应与控制电路一致。另外，要根据控制电路的需求来确定触点的形式和数量。当一个中间继电器的触点数量不够用时，可以将两个中间继电器并联使用，以增加触点的数量。

### 1.3.4　时间继电器

从得到输入信号（线圈的通电或断电）开始，经过一定的延时后才输出信号（触点的闭合或断开）的继电器，称做时间继电器。在工业自动化控制系统中，基于时间原则的控制要求非常常见，所以时间继电器是一种最常用的低压控制器件之一。

时间继电器的延时方式有两种，即通电延时和断电延时。

通电延时是指接收输入信号后延迟一定的时间，输出信号才发生变化；当输入信号消失后，输出瞬时复原。

断电延时是指接收输入信号时，瞬时产生相应的输出信号；当输入信号消失后，延迟一定的时间，输出才复原。

时间继电器的图形和文字符号如图1-15所示。

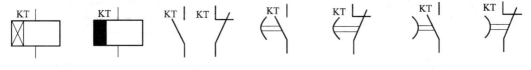

| (a) 通电延时 | (b) 断电延时 | (c) 瞬动触点 | (d) 通电延时闭 | (e) 通电延时断 | (f) 断电延时断 | (g) 断电延时闭 |
| 线圈 | 线圈 | | 合常开触点 | 开常闭触点 | 开常开触点 | 合常闭触点 |

图1-15　时间继电器的图形和文字符号

时间继电器按工作原理分类，有电磁式、电动式、空气阻尼式、电子式等。其中，电子式时间继电器最为常用，而电磁式和电动式时间继电器已基本被淘汰，空气阻尼式定时器在对定时精度要求不高和定时长度较短的场合还有一些使用。

电子式时间继电器除执行器件继电器外，均由电子元件组成，没有机械部件，因而具有寿命长、精度高、体积小、延时范围大、控制功率小等优点，应用广泛。

电子式时间继电器的品种和类型很多，主要有通电延时型、断电延时型、带瞬动触点的通电延时型等类型。有些电子式时间继电器采用拨码开关整定延时时间，采用显示器件直接显示定时时间和工作状态，具有直观、准确、使用方便等特点。

数字式时间继电器较之晶体管式时间继电器来说，延时范围成倍增加，调节精度提高两个数量级以上，可控制功率，体积更小，适用于各种需要精确延时的场合以及各种自动控制电路中。这类时间继电器的功能特别强，有通电延时、断电延时、定时吸合、循环延时等多种延时形式和十几种延时范围供用户选择，这是晶体管式时间继电器不可比拟的。

### 1.3.5　热继电器

热继电器是利用电流流过热元件时产生的热量，使双金属片发生弯曲而推动执行机构动作的一种保护电器，主要用于交流电动机的过载保护、断相及电流不平衡运行的保护及其他电气设备发热状态的控制。热继电器还常和交流接触器配合组成电磁启动器。

（1）热继电器的结构和工作原理

热继电器主要由热元件、双金属片、触点、复位弹簧和电流调节装置等部分组成。图1-16所示为热继电器的工作原理示意图。双金属片是热继电器的感测元件，它由两种不同线膨胀系数的金属用机械碾压而成。线膨胀系数大的称为主动层，常用线膨胀系数高的铜或铜镍铬合金制成；膨胀系数小的称为被动层，常用线膨胀系数低的铁镍合金制成。在加热之前，两片金属片长度基本一致，热元件串接在电动机定子绕组电路中，电动机定子绕组电流即为热元件上流过的电流。当电动机正常运行时，热元件产生的热量虽能使双金属片弯曲，但不足以使热继电器动作；当电动机过载时，流过热元件的电流增大，热元件产生的热量增加，使被其缠绕的双金属片受热膨胀，弯曲程度加大，最终使双金属片推动扣板，使热继电器的触点动作，切断电动机的控制电路，使主电路停止工作。通过调节压动螺钉，就可整定热继电器的动作电流值。

热继电器根据拥有热元件的多少，分为单相结构、两相结构和三相结构三种类型。根据复位方式，热继电器分为自动复位和手动复位两种。使用两相结构的热继电器时，将两只热元件分别串接在任意两相电路中；使用三相结构热继电器时，将三只热元件分别串接在三相电路中。三相结构中有三相带断相保护和不带断相保护两种。

热继电器的图形和文字符号如图 1-17 所示。

（2）热继电器的选用

热继电器只能用作电动机的过载保护，而不能作为短路保护使用。热继电器选用是否得当，直接影响对电动机过载保护的可靠性。选用时，应按电动机形式、工作环境、启动情况及负荷情况等几方面综合考虑。

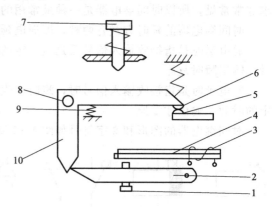

图 1-16　热继电器工作原理示意图
1—压动螺钉；2—扣板；3—加热元件；4—双金属片；
5—静触点；6—动触点；7—复位按键；
8—支点；9—弹簧；10—扣钩

① 原则上热继电器的额定电流应按电动机的额定电流相当，一般取电动机额定电流的 95％～105％。

② 在不频繁启动场合，要保证热继电器在电动机的启动过程中不产生误动作。通常，电动机启动电流为其额定电流 6 倍，启动时间不超过 6s，且很少连续启动时，可按电动机的额定电流选取热继电器。

③ 当电动机为重复且短时工作制时，要注意确定热继电器的允许操作频率。因为热继电器的操作频率是很有限的，如果用它保护操作频率较高的电动机，效果很不理想，有时甚至不能使用。

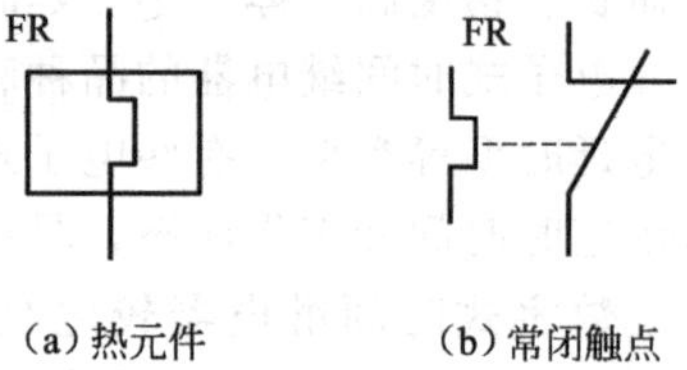

（a）热元件　　（b）常闭触点

图 1-17　热继电器的图形和文字符号

对于可逆运行和频繁通断的电动机，不宜采用热继电器保护，必要时可以选用装在电动机内部的温度继电器。

### 1.3.6　速度继电器

按速度原则动作的继电器，称做速度继电器。它主要应用于三相笼型异步电动机的反接制动，因此又称做反接制动控制器。

感应式速度继电器主要由定子、转子和触点三部分组成。转子是一个圆柱形永久磁铁；定子是一个笼型空心圆环，由硅钢片叠制而成，并装有笼型绕组。

图 1-18 所示为感应式速度继电器原理示意图。其转子的轴与被控电动机的轴相连接，当电动机转动时，速度继电器的转子随之转动。到达一定转速时，定子在感应电流和力矩的作用下跟随转动；到达一定角度时，装在定子轴上的摆锤推动簧片动作，使常闭触点打开，常开触点闭合；当电动机转速低于某一数值时，定子产生的转矩减小，触点在簧片作用下返回到原来位置，使对应的触点恢复到原来状态。

一般感应式速度继电器转轴在 120r/min 左右时，触点动作；在 100r/min 以下时，触点复位。速度继电器的图形和文字符号如图 1-19 所示。

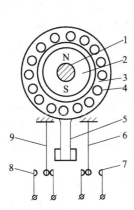

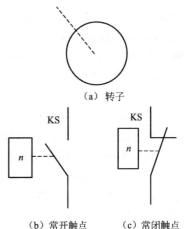

(a) 转子

(b) 常开触点　　　　(c) 常闭触点

图 1-18　感应式速度继电器的原理示意图　　　　　图 1-19　速度继电器的图形和文字符号
1—转轴；2—转子；3—定子；4—绕组；
5—摆锤；6、9—簧片；7、8—静触点

# 1.4　熔断器

熔断器基于电流热效应原理和发热元件热熔断原理设计，具有一定的瞬动特性，用于电路的短路保护和严重过载保护。使用时，熔断器串接于被保护的电路中。当电路发生短路故障时，熔断器中的熔体被瞬时熔断而分断电路，起到保护作用。它具有结构简单、体积小、使用维护方便、分断能力较强、限流性能良好、价格低廉等特点。

### 1.4.1　熔断器的结构与分类

（1）熔断器的结构

熔断器在结构上主要由熔断管（或盖、座）、熔体及导电部件等元器件组成。其中，熔体是主要部分，它既是感测元件，又是执行元件。熔断管一般由硬质纤维或瓷质绝缘材料制成半封闭式或封闭式管状外壳，熔体装于其内。熔断管的作用是便于安装熔体和有利于熔体熔断时熄灭电弧。熔体由不同金属材料（铅锡合金、锌、铜或银）制成丝状、带状、片状或笼状，它串接于被保护电路。熔断器的作用是当电路发生短路时，通过熔体的电流使其发热，当达到熔化温度时，熔体自行熔断，从而分断故障电路。

在电气原理图中，熔断器的图形和文字符号如图 1-20 所示。

FU

图 1-20　熔断器的图形和文字符号

（2）熔断器的分类

熔断器的种类很多。按结构来分，有半封闭插入式、螺旋式、无填料密封管式和有填料密封管式；按用途来分，有一般工业用熔断器和半导体器件保护用快速熔断器及特殊熔断器（如具有两段保护特性的快慢动作熔断器、自复式熔断器等）。

① 插入式熔断器　主要用于低压分支电路的短路保护，由于其分断能力较小，一般多

用于民用和照明电路中。

② 螺旋式熔断器　该系列产品的熔管内装有石英砂或惰性气体，用于熄灭电弧，具有较高的分断能力，并带熔断指示器。当熔体熔断时，指示器自动弹出。

③ 封闭管式熔断器　这种熔断器分为无填料、有填料和快速三种。无填料熔断器在低压电力网络成套配电设备中做短路保护和连续过载保护。其特点是可拆卸，即当熔体熔断后，用户可以按要求自行拆开，重新装入新的熔体。有填料熔断器具有较大的分断能力，用于较大电流的电力输配电系统中，还可以用于熔断器式隔离器、开关熔断器等电器中。

④ 自复式熔断器　这是一种新型熔断器。它利用金属钠做熔体，在常温下，钠的电阻很小，允许通过正常的工作电流。当电路发生短路时，短路电流产生高温，使钠迅速气化。气态钠的电阻变得很高，限制了短路电流；当故障消除后，温度下降，金属钠重新固化，恢复其良好的导电性。自复式熔断器的优点是能重复使用，不必更换熔体。它在线路中只能限制故障电流，不能切断故障电路。

⑤ 快速熔断器　它主要用于半导体整流元件或整流装置的短路保护。由于半导体元件的过载能力很低，只能在极短时间内承受较大的过载电流，因此要求短路保护具有快速熔断的能力。快速熔断器的结构和有填料封闭式熔断器基本相同，但熔体材料和形状不同。

### 1.4.2　熔断器的技术参数

（1）额定电压

指熔断器长期工作时和分断后能够承受的电压，其值一般等于或大于电气设备的额定电压。

（2）额定电流

指熔断器长期工作时，温升不超过规定值时所能承受的电流。为了减少熔断管的规格，熔断管的额定电流等级比较少，而熔体的额定电流等级比较多，即在一个额定电流等级的熔断管内可以分几个额定电流等级的熔体，但熔体的额定电流最大不能超过熔断管的额定电流。

（3）极限分断能力

熔断器在规定的额定电压和功率因数（或时间常数）条件下能分断的最大电流值为极限分断能力，而在电路中出现的最大电流值一般指短路电流值。所以，极限分断能力也反映了熔断器分断短路电流的能力。

### 1.4.3　熔断器的选择

熔断器的选择包括熔断器类型的选择和熔体额定电流的选择两部分。

（1）熔断器类型的选择

选择熔断器类型时，主要依据负载的保护特性和短路电流的大小。例如，用于保护照明设备和电动机的熔断器，一般是考虑它们的过载保护，这时，希望熔断器的熔化系数适当小些。所以，容量较小的照明线路和电动机宜采用熔体为铅锌合金的熔断器；对于大容量的照明线路和电动机，除过载保护外，还应考虑短路时分断短路电流的能力。若短路电流较小，可采用熔体为锡质的或熔体为锌质的熔断器。用于车间低压供电线路的保护熔断器，一般应考虑短路时的分断能力。当短路电流较大时，宜采用具有高分断能力的熔断器。当短路电流相当大时，宜采用有限流作用的熔断器。

（2）熔体额定电流的选择

① 用于保护照明或电热设备的熔断器，因负载电流比较稳定，熔体的额定电流一般应等于或稍大于负载的额定电流，即

$$I_{re} \geqslant I_e \qquad\qquad (1-2)$$

式中，$I_{re}$ 为熔体的额定电流；$I_e$ 为负载的额定电流。

② 用于保护单台长期工作的电动机（即供电支线）的熔断器，考虑电动机启动时不应

熔断，即

$$I_{re} \geqslant (1.5 \sim 2.5) I_e \qquad (1-3)$$

式中，$I_{re}$ 为熔体的额定电流；$I_e$ 为电动机的额定电流。

轻载启动或启动时间比较短时，系数可取近似 1.5。重载启动或启动时间比较长时，系数可取近似 2.5。

③ 用于保护频繁启动电动机（即供电支线）的熔断器，考虑频繁启动时发热而熔断器不会立即熔断，即

$$I_{re} \geqslant (3 \sim 3.5) I_e \qquad (1-4)$$

④ 用于保护多台电动机（即供电干线）的熔断器，在出现尖峰电流时不应熔断。通常将其中容量最大的一台电动机启动，将其余电动机正常运行时出现的电流作为尖峰电流。为此，熔体的额定电流应满足下述关系：

$$I_{re} \geqslant (1.5 \sim 2.5) I_{e,max} + \sum I_e \qquad (1-5)$$

式中，$I_{e,max}$ 为多台电动机中容量最大一台的额定电流；$\sum I_e$ 为其余电动机的额定电流之和。

⑤ 为防止发生越级熔断，上、下级（即供电干、支线）熔断器间应良好地协调、配合。为此，应使上一级（供电干线）熔断器的熔体额定电流比下一级（供电支线）大 1～2 个级差。

⑥ 应选择熔断器的额定电压等于或大于所在电路的额定电压。

# 1.5　开关电器

开关电器广泛用于配电系统和电力拖动控制系统，用做电源的隔离、电气设备的保护和控制。

### 1.5.1　刀开关

刀开关俗称闸刀开关，是一种结构最简单、价格低廉的手动电器，主要用于接通和切断长期工作设备的电源及不经常启动和制动、容量小于 7.5kW 的异步电动机。目前在大部分的应用场合，刀开关已被自动开关取代。

刀开关主要由操作手柄、触刀、触点座和底座组成，依靠手动实现触刀插入触点座与脱离触点座的控制。按刀数，分为单极、双极和三极刀开关。

在选择刀开关时，应使其额定电压等于或大于电路的额定电压，其电流等于或大于电路的额定电流。当用刀开关控制电动机时，其额定电流要大于电动机额定电流的 3 倍。

在安装刀开关时，手柄要向上，不得倒装或平装，避免由于重力自由下落，而引起误动作和合闸。接线时，应将电源线接在上端，负载线接在下端，拉闸后刀片与电源隔离，防止可能发生的意外事故。

刀开关的图形和文字符号如图 1-21 所示。

### 1.5.2　低压断路器

低压路器也称做自动开关或空气开关，是低压配电网络和电力拖动系统中非常重要的开关电器和保护电器，它集控制和多种保护功能于一身。除了能接通和分断电路外，低压断路器还能对电路或电气设备发生的短路、严重过载及欠电压等进行保护，也可以用于不频繁地启动电动机。在保护方面，它与漏电器及测量、

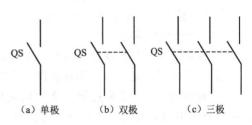

图 1-21　刀开关的图形和文字符号

远程操作等模块单元配合使用，完成更高级的保护和控制任务。现在的断路器还能提供隔离和安全保护功能，特别是在针对人身安全、设备安全以及配电系统的可靠性方面，都能满足配电系统更高、更新的要求。

自动空气开关具有操作安全、使用方便、工作可靠、安装简单、动作后（如短路故障排除后）不需要更换元件等优点，因此在自动化系统和民用中被广泛使用。

在低压配电系统中，常用它作为终端开关或支路开关，所以现在大部分的使用场合中，断路器取代了过去常用的闸刀开关和熔断器的组合。

**（1）低压断路器的结构及工作原理**

低压断路器主要由三个基本部分组成：触头、灭弧系统和各种脱扣器。脱扣器包括过电流脱扣器、失压（欠电压）脱扣器、热脱扣器、分励脱扣器和自由脱扣器。图 1-22 所示是低压断路器工作原理示意图。开关是靠操作机构手动或电动合闸的。触头闭合后，自由脱扣机构将触头锁在合闸位置上。当电路发生故障时，通过各自的脱扣器使自由脱扣机构动作，自动跳闸，

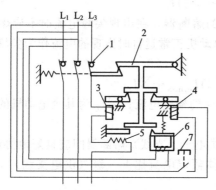

图 1-22　低压断路器的工作原理示意图
1—主触点；2—自由脱扣机构；3—过电流脱扣器；4—分励脱扣器；
5—热脱扣器；6—失压脱扣器；7—按钮

实现保护作用。

① 过电流脱扣器　当流过断路器的电流在整定值以内时，过电流脱扣器 3 所产生的吸力不足以吸动衔铁。当电流超过整定值时，强磁场的吸力克服弹簧的拉力拉动衔铁，使自由脱扣机构动作，断路器跳闸，实现过流保护。

② 失压脱扣器　失压脱扣器 6 的工作过程与过电流脱扣器恰恰相反。当电源电压在额定电压时，失压脱扣器产生的磁力足以将衔铁吸合，使断路器保持在合闸状态。当电源电压下降到低于整定值或降为零时，在弹簧的作用下衔铁释放，自由脱扣机构动作而切断电源。

③ 热脱扣器　热脱扣器 5 的作用和工作原理与前面介绍的热继电器相同。

④ 分励脱扣器　分励脱扣器 4 用于远距离操作。在正常工作时，其线圈是断电的；在需要远程操作时，按动按钮使线圈通电，其电磁机构使自由脱扣机构动作，断路器跳闸。

说明：以上介绍的是自动开关实现的功能，并不是说每一个自动开关都具有这些功能。比如，有的自动开关没有分励脱扣器，有的没有热保护等。但大部分自动开关都具备过电流（短路）保护和失压保护等功能。

低压断路器的图形和文字符号如图 1-23 所示。

**（2）低压断路器的主要参数**

① 额定电压：是指断路器在长期工作时的允许电压，通常等于或大于电路的额定电压。

② 额定电流：是指断路器在长期工作时的允许持续电流。

③ 通断能力：是指断路器在规定的电压、频率以及规定的线路参数（交流电路为功率因数，直流电路为时间常数）下，所能接通和分断的短路电流值。

④ 分断时间：是指断路器切断故障电流所需的时间。

（3）低压断路器的主要类型

低压断路器的分类有以下几种：

① 按极数分，有单极、两极和三极。

② 按保护形式分，有电磁脱扣器式、热脱扣器式、复合脱扣器式（常用）和无脱扣器式。

③ 按分断时间分，有一般和快速式（先于脱扣机构动作，脱扣时间在 0.02s 以内）。

④ 按结构形式分，有塑壳式、框架式、模块式等。

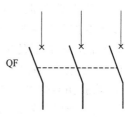

图 1-23 低压断路器的图形和文字符号

电力拖动与自动控制线路中常用的自动空气开关为塑壳式。塑料外壳式低压断路器又称做装置式低压断路器，具有用模压绝缘材料制成的封闭型外壳，将所有构件组装在一起，用做配电网络的保护和电动机、照明电路及电热器等的控制开关。

模块化小型断路器由操作机构、热脱扣器、电磁脱扣器、触头系统、灭弧室等部件组成，所有部件都置于一个绝缘壳中。在结构上，它具有外形尺寸模块化（9mm 的倍数）和安装导轨化的特点，即单极断路器的模块宽度为 18mm，凸颈高度为 45mm。它安装在标准的 35mm 电器安装轨上，利用断路器后面的安装槽及带弹簧的夹紧卡子定位，拆卸方便。该系列断路器可作为线路和交流电动机等的电源控制开关，以及用于过载、短路等保护，广泛应用于工矿企业、建筑物及家庭等场所。

传统的断路器的保护功能利用了热效应或电磁效应原理，通过机械系统的动作来实现。智能化断路器采用以微处理器或单片机为核心的智能控制器（智能脱扣器）。它不仅具备普通断路器的各种保护功能，还具备实时显示电路中的各种电气参数（电流、电压、功率因数等），对电路进行在线监视、测量、试验、自诊断和通信等；还能够对各种保护功能的动作参数进行显示、设定和修改；并能将电路动作时的故障参数存储在非易失存储器中以便查询。智能化断路器原理框图如图 1-24 所示。

智能化断路器有框架式和塑料外壳式两种。框架式智能化断路器主要用于智能化自动配

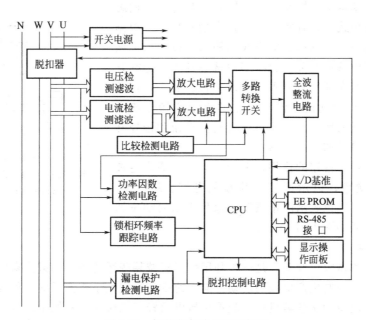

图 1-24 智能化断路器原理框图

电系统中的主断路器。塑料外壳式智能化断路器主要用在配电网络中分配电能和作为线路及电源设备的控制与保护，也可用于三相笼型异步电动机的控制。

（4）低压断路器的选择

① 额定电流和额定电压应大于或等于线路、设备的正常工作电压和工作电流。

② 热脱扣器的整定电流应与所控制负载（比如电动机）的额定电流一致。

③ 欠电压脱扣器的额定电压等于线路的额定电压。

④ 过电流脱扣器的额定电流 $I_z$ 大于或等于线路的最大负载电流。对于单台电动机来说，可按下式计算：

$$I_z \geqslant K I_q \tag{1-6}$$

式中，$K$ 为安全系数，可取 $1.5 \sim 1.7$；$I_q$ 为电动机的启动电流。

对于多台电动机来说，可按下式计算：

$$I_z \geqslant K I_{q.max} + \sum I_{er} \tag{1-7}$$

式中，$K$ 也可取 $1.5 \sim 1.7$；$I_{q.max}$ 为最大一台电动机的启动电流；$\sum I_{er}$ 为其他电动机的额定电流之和。

# 1.6　主令电器

主令电器是自动控制系统中用于发送和转换控制命令的电器。主令电器用于控制电路，不能直接分合主电路。主令电器应用十分广泛，种类很多，本节介绍几种常用的主令电器。

## 1.6.1　控制按钮

控制按钮简称按钮，是一种结构简单且使用广泛的手动电器，在控制电路中用于手动发出控制信号，以控制接触器、继电器等。

控制按钮一般由按钮帽、复位弹簧、触点和外壳等部分组成，其结构如图 1-25 所示。当按下按钮时，先断开常闭触点，然后接通常开触点。按钮释放后，在复位弹簧作用下使触点复位。

控制按钮在结构上分按钮式、自锁式、紧急式、钥匙式、旋钮式和保护式等；有些按钮还带有指示灯，可根据使用场合和具体用途来选择。旋钮式和钥匙式按钮也称做选择开关，有双位选择开关，也有多位选择开关。选择开关和一般按钮的最大区别就是不能自动复位。其中，钥匙式开关具有安全保护功能，没有钥匙的人不能操作该开关，只有把钥匙插入后，旋钮才可被旋转。按钮和选择开关的图形和文字符号如图 1-26 所示。

为便于识别各个按钮的作用，避免误操作，通常将按钮帽制成不同颜色，以示区别，其颜色有红、绿、黄、蓝、白等。例如，红色表示停止按钮，绿色表示启动按钮等，其形象化符号如图 1-27 所示。

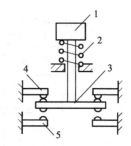

图 1-25　控制按钮结构示意图
1—按钮帽；2—复位弹簧；3—动触点；
4—常闭触电；5—常开触点

## 1.6.2　行程开关

行程开关又称做限位开关，是一种利用生产机械某些运动部件的碰撞来发出控制命令的主令电器，是用于控制生产机械的运动方向、速度、行程大小或位置的一种自动控制器件。

行程开关广泛应用于各类机床、起重机械以及轻工机械的行程控制。当生产机械运动到某一预定位置时，行程开关通过机械可动部分的动作，将机械信号转换为电信号，实现对生

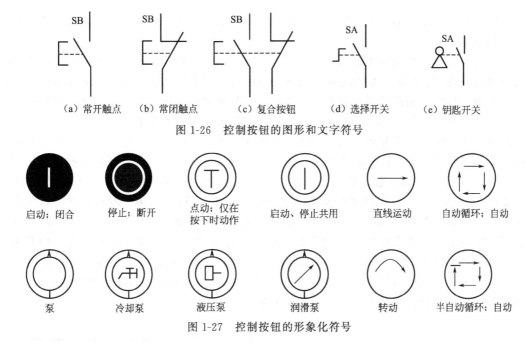

图 1-26　控制按钮的图形和文字符号

图 1-27　控制按钮的形象化符号

产机械的控制，限制它们的动作和位置，借此对生产机械给以必要的保护。

行程开关按其结构分为直动式、滚轮式和微动式，其结构示意图如图 1-28 所示。

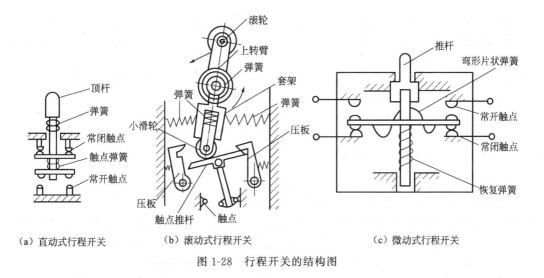

图 1-28　行程开关的结构图

行程开关的图形和文字符号如图 1-29 所示。

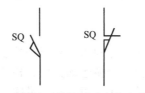

图 1-29　行程开关的图形和文字符号

### 1.6.3　万能转换开关

转换开关是一种多挡式、控制多回路的主令电器，广泛应用于各种配电装置的电源隔离、电路转换、电动机远距离控制等，也常作为电压表、电流表的换相开关，还可用于控制小容量的电动机。

转换开关由多组相同结构的触点组件叠装而成，图 1-30 所示为 LW12 系列转换开关某一层的结构原理图。LW12 系列转换开关触头底座由 1～12 层组成，每层底座最多可装 4 对触头，并由底座中间的凸轮进行控制。由于每层凸轮可做成不同的形状，因此，当手柄转到不同位置时，通过凸轮的作用，各对触头按所需要的规律接通和分断。

转换开关的触点在电路图中的图形和文字符号如图 1-31 所示。由于其触点的分合状态与操作手柄的位置有关，因此，在电路图中除画出触点圆形符号之外，还应有操作手柄位置与触点分合状态的表示方法。表示方法有两种，一种是在电路图中画虚线和画"●"的方法，如图 1-31（a）所示，即用虚线表示操作手柄的位置，用有无"●"表示触点的闭合和断开状态。比如，在触点图形符号下方的虚线位置上画"●"，表示当操作手柄处于该位置时，触点处于闭合状态；若在虚线位置上未画"●"，表示该触点处于断开状态。另一种方法是在电路图中既不画虚线也不画"●"，而是在触点图形符号上标出触点编号，再用接通表表示操作手柄处于不同位置时的触点分合状态，如图 1-31（b）所示。在接通表中用有无"×"来表示操作手柄不同位置时触点的闭合和断开状态。

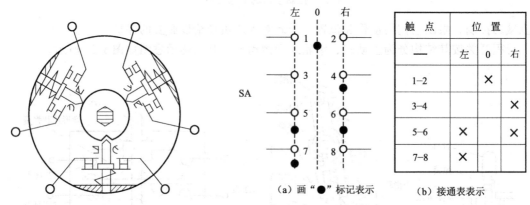

图 1-30　LW12 系列转换开关某一层结构图　　　　图 1-31　转换开关的图形和文字符号

### 1.6.4　电子低压电器

前面介绍的按钮、接触器、继电器等有触点的电器是通过外界对这些电器的控制，利用其触头闭合与断开来接通或切断电路，达到控制目的。随着开关速度加快，依靠机械动作的电器触头难以满足控制要求；同时，有触点电器存在着一些固有的缺点，如机械磨损，触头的电蚀损耗，触头分合时往往有颤动而产生电弧等，因此这类电器较容易损坏，开关动作不可靠。

随着微电子技术、电力电子技术的不断发展，人们应用电子元件组成各种新型低压控制电器，克服有触点电器的一系列缺点。本节简单介绍电气控制系统中较常用的几种新型电子式无触点低压电器。

（1）接近开关

接近开关又称无触点行程开关。它的用途除行程控制和限位保护外，还可作为检测金属体的存在、高速计数、测速、定位、变换运动方向、检测零件尺寸、液面控制及用作无触点按钮等。它具有工作可靠、寿命长、无噪声、动作灵敏、体积小、耐振、操作频率高和定位精度高等优点。

接近开关以高频振荡型最常用，它占全部接近开关产量的 80% 以上。其电路形式多样，但都是由振荡、检测及晶体管输出等部分组成。它的工作基础是高频振荡电路状态的变化。

当金属物体进入以一定频率稳定振荡的线圈磁场时，由于该物体内部产生涡流损耗，使振荡回路电阻增大，能量损耗增加，以致振荡减弱直至终止。因此，在振荡电路后面接上放大电路与输出电路，就能检测出金属物体存在与否，并能给出相应的控制信号去控制继电器，以达到控制的目的。

图 1-32 所示为 LXJ0 型晶体管无触点接近开关的原理电路图。图 1-32 中，$L$ 为磁头的电感，与电容器 $C_1$、$C_2$ 组成电容三点式振荡回路。

正常情况下，晶体管 $VT_1$ 处于振荡状态，晶体管 $VT_2$ 导通，使集电极 b 点电位降低，$VT_3$ 基极电流减小，其集电极 c 点电位上升，通过 $R_2$ 电阻对 $VT_2$ 起正反馈，加速 $VT_2$ 的导通和 $VT_3$ 的截止，继电器 KA 的线圈无电流通过，因此开关不动作。

当金属物体接近线圈时，在金属体内产生涡流。此涡流将减小原振荡回路的品质因数 $Q$ 值，使之停振。此时 $VT_2$ 的基极无交流信号，$VT_2$ 在 $R_2$ 的作用下加速截止，$VT_3$ 迅速导通，继电器 KA 的线圈有电流通过，继电器 KA 动作，其常闭触头断开，常开触头闭合。

LXJ0 型接近开关的使用电压有交流和直流两种。

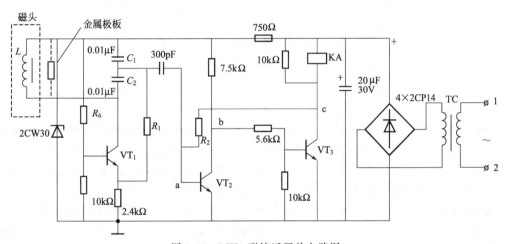

图 1-32 LXJ0 型接近开关电路图

使用接近开关时应注意选配合适的有触点继电器作为输出器，同时应注意温度对其定位精度的影响。

（2）电子式时间继电器

电子式时间继电器的种类很多，最基本的有延时吸合和延时释放两种。它们大多是利用电容充放电原理来达到延时目的的。

JS20 系列电子式时间继电器具有延时时间长、线路较简单、延时调节方便、性能稳定、延时误差小、触点容量较大等优点。图 1-33 所示为 JS20 系列电子式时间继电器原理图。刚接通电源时，电容器 $C_2$ 尚未充电，此时 $u_C = 0$，场效应管 $VT_6$ 的栅极与源极之间的电压 $U_{GS} = -U_S$。此后，直流电源经电阻 $R_{10}$、$RP_1$、$R_2$ 向 $C_2$ 充电，电容 $C_2$ 上的电压逐渐上升，直至 $u_C$ 上升到 $|u_C - U_S| < |U_P|$（$U_P$ 为场效应管的夹断电压）时，$VT_6$ 开始导通。由于 $I_D$ 在 $R_3$ 上产生电压降，D 点电位开始下降。一旦 D 点电位降低到 $VT_7$ 的发射极电位以下时，$VT_7$ 将导通。$VT_7$ 的集电极电流 $I_C$ 在 $R_4$ 上产生压降，使场效应管 $U_S$ 降低，使负栅偏压越来越小，$R_4$ 起正反馈作用。$VT_7$ 迅速地由截止变为导通，并触发晶闸管 VT 导通，继电器 KA 动作。由上可知，从时间继电器接通电源开始，$C_2$ 被充电，到 KA 动作为止的这段时间即为通电延时动作时间。KA 动作后，$C_2$ 经 KA 常开触点对电阻 $R_9$ 放电，

同时氖泡 Ne 启辉，并使场效应管 $VT_6$ 和晶体管 $VT_7$ 都截止，为下次工作做准备。此时，晶闸管 VT 仍保持导通，除非切断电源，使电路恢复到原来的状态，继电器 KA 才释放。

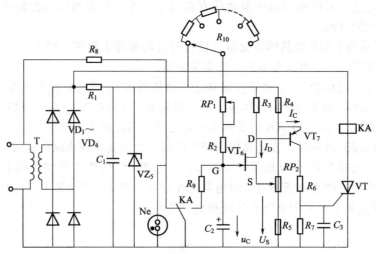

图 1-33　JS20 系列电子式时间继电器电路图

（3）电子式电流型漏电开关

电子式漏电开关由主开关、试验回路、零序电流互感器、压敏电阻、电子放大器、晶闸管及脱扣器等组成，其工作原理如图 1-34 所示。

目前常用的主要有 DJL18 系列。其额定电压为 220V，额定漏电动作电流有 30mA、15mA 和 10mA 三种，对应的漏电不动作电流为 15mA、7.5mA 和 6mA，动作时间小于 0.1s。

漏电开关中，电子组件板是关键部件，它主要由专用集成块和晶闸管组成，图 1-35 所示是它的原理框图。图中虚线框内的部分为专用集成块的结构原理图。

漏电或触电信号通过零序电流互感器送入 1、8 端，然后与基准稳压源输出的信号进行比较。当漏电信号小于基准信号时，差动放大器保持其初始状态，2 端为零电平。5 端输出电平小于或等于 0.3V。反之，若漏电信号大于基准信号，2 端输出高电平，该信号被送入电平判别电路，并被滤去干扰信号。一旦确认是漏电信号，当即为整形驱动电路进行整形输出，并通过晶闸管驱动脱扣器，使之动作。稳压回路提供稳定的工作电压。为克服电子器件耐压低的缺点，线路中加入 MYH 型压敏电阻作为过电压吸收元件。

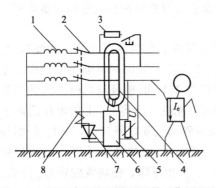

图 1-34　电子式电流型漏电开关工作原理图

1—电源变压器；2—主开关；3—试验回路；4—零序电流互感器；5—压敏电阻；6—电子放大器；7—晶闸管；8—脱扣器

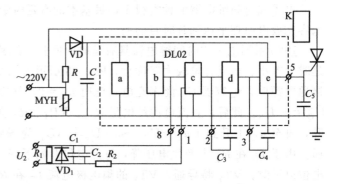

图 1-35　电子组件板原理线路图

（4）温度继电器

在温度自动控制或报警装置中，常采用带电触点的水银温度计或热敏电阻、热电偶等制成的各种形式的温度继电器。

图 1-36 所示是用热敏电阻作为感温元件的温度继电器。晶体管 $VT_1$、$VT_2$ 组成射极耦合双稳态电路。晶体管 $VT_3$ 之前串联接入稳压管 $VZ_1$，可提高反相器开始工作的输入电压值，使整个电路的开关特性更加良好。适当调整电位器 $RP_2$ 的电阻，可减小双稳态电路的回差。$RT$ 是采用负温度系数的热敏电阻器，当温度超过极限值时，使 A 点电位上升到 2～4V，触发双稳态电路翻转。

电路的工作原理是：当温度在极限值以下时，$RT$ 呈现很大电阻值，使 A 点电位在 2V 以下，则 $VT_1$ 截止，$VT_2$ 导通，$VT_2$ 的集电极电位约 2V，远低于稳压管 $VZ_1$5～6.5V 的稳定电压值，$VT_3$ 截止，继电器 KA 不吸合。当温度上升到超过极限值时，$RT$ 阻值减小，使 A 点电位上升到 2～4V，$VT_1$ 立即导通，迫使 $VT_2$ 截止，$VT_2$ 集电极电位上升，$VZ_1$ 导通，$VT_3$ 导通，KA 吸合。

该温度继电器可利用 KA 的常开或常闭触头对加热设备进行温度控制，对电动机实现过热保护。可通过调整电位器 $RP_1$ 的阻值实现对不同温度的控制。

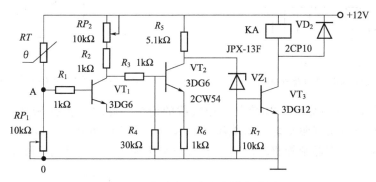

图 1-36　电子式温度继电器电路图

（5）固态继电器

固态继电器（SSR）是近年发展起来的一种新型电子继电器，具有开关速度快、工作频率高、重量轻、使用寿命长、噪声低和动作可靠等优点，不仅在许多自动化装置中代替了常规电磁式继电器，而且广泛应用于数字程控装置、调温装置、数据处理系统及计算机输入/输出接口等电路。固态继电器按其负载类型，分为直流型（DC-SSR）和交流型（AC-SSR）。

常用的 JGD 系列多功能交流固态继电器工作原理如图 1-37 所示。当无信号输入时，光电耦合器中的光敏三极管截止，$VT_1$ 管饱和导通，$VT_2$ 截止，晶体管 $VT_1$ 经桥式整流电路 $VD_3$～$VD_6$ 引入的电流很小，不足以使双向晶闸管 $VT_7$ 导通。

有信号输入时，光电耦合器中的光敏三极管导通。当交流负载电源电压接近零点时，电压值较低，经过 $VD_3$～$VD_6$ 整流，$R_3$ 和 $R_4$ 上分压不足以使 $VT_1$ 导通。整流电压经过 $R_5$ 为晶闸管 $VT_2$ 提供了触发电流，故 $VT_2$ 导通。这种状态相当于短路，电流很大，只要达到双向晶闸管 $VT_7$ 的导通值，$VT_7$ 便导通。$VT_7$ 一旦导通，不管输入信号存在与否，只有当电流过零才能恢复关断。电阻 $R_7$ 和电容 $C_1$ 组成浪涌抑制器。

图 1-38 所示为 SSR 的外部引线图。

一般在电路设计时，应让 SSR 的开关电流至少为断态电流的 10 倍。负载电流若低于该值，应该并联电阻 $R$，以提高开关电流，如图 1-39 所示。

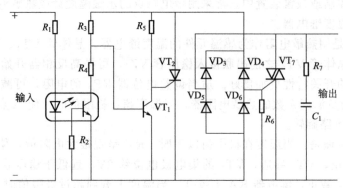

图 1-37　有电压过零功能的交流固态继电器原理图

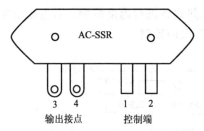

图 1-38　交流 SSR 原理及外部引线图

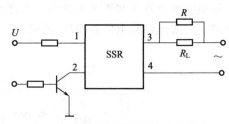

图 1-39　交流 SSR 用于小负载接线

图 1-40 所示为利用交流 SSR 控制三相负载的情况，此时要注意 SSR 的驱动电流已增加。当固态继电器的负载驱动能力不能满足要求时，可外接功率扩展器，如直流 SSR 可外接大功率晶体管、单向晶闸管驱动，交流 SSR 可采用大功率双向晶闸管驱动。

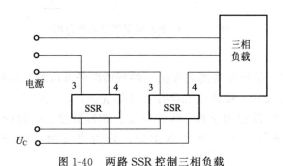

图 1-40　两路 SSR 控制三相负载

固态继电器用于控制直流电动机时，应在负载两端接入二极管，以阻断反电势。控制交流负载时，必须估计过电压冲击的程度，并采取相应的保护措施（如加装 RC 吸收电路或压敏电阻等）。当控制电感性负载时，固态继电器的两端还需加压敏电阻。

# 思考与练习

1-1　什么是电器？什么是低压电器？

1-2　电磁式电器主要由哪几部分组成？各部分的作用是什么？

1-3　单相交流电磁铁的短路环断裂或脱落后，在工作中会出现什么现象？为什么？

1-4　常用的灭弧方法有哪些？

1-5　接触器的作用是什么？根据结构特征如何区分交、直流接触器？

1-6　交流电磁线圈误接入直流电源，直流电磁线圈误接入交流电源，会发生什么问题？为什么？

1-7　说明热继电器和熔断器保护功能的不同之处。

1-8　当出现通风不良或环境温度过高而使电动机过热时，能否采用热继电器进行保护？为什么？

1-9　熔断器的额定电流、熔体的额定电流和熔体的极限分断电流三者有何区别？

1-10　按钮与行程开关有何异同点？

1-11　接近开关适用哪些场合？有什么优点？

1-12　固态继电器适用哪些场合？有什么优点？

1-13　使用固态继电器时应注意什么？

1-14　无触点电器有何优点？

# 第2章 基本电气控制电路

本章首先介绍电气图的图形符号、文字符号及绘制原则；接着介绍广泛应用的三相笼型异步电动机的启动、调速、制动的基本控制电路的组成原理及控制方法；最后分析典型机床控制电路。

电气控制在生产、科学研究及其他各个领域的应用十分广泛，其涉及面很广。各种电气控制设备的种类繁多、功能各异，但其控制原理、基本控制电路、设计方法等类似。本节主要以电动机为控制对象进行讨论。

在电气控制系统中，把各种有触点的接触器、继电器、按钮、行程开关等电气元件，用导线按一定方式连接起来组成电气控制电路。电气控制系统用于实现对电力拖动系统的控制和过程控制。电气控制系统也称为继电—接触器控制系统，其特点是：结构简单、直观、易掌握、价格低廉、维护方便、运行可靠。

电气控制电路多种多样、千差万别。但是，无论电气控制电路有多复杂，它们都是由一些比较简单的基本电气控制电路有机地组合而成。因此，掌握基本电气控制电路，将有助于我们掌握阅读、分析、设计电气控制电路的方法。基本电气控制电路也称为电气控制电路的基本环节。

## 2.1 电气图的图形符号、文字符号及绘制原则

### 2.1.1 电气控制图

电气控制系统是由若干电气元件按照一定的要求连接而成的。将这些电气元件及其连接线路用一定的图形表达出来，这种图形就是电气控制图或称电气图。它们用统一的图形符号及文字符号绘制而成。

电气图的种类很多，常见的有电气原理图、接线图、位置图、系统图等。本章主要介绍电气原理图。

### 2.1.2 电气图中的图形符号及文字符号

电气图形符号是电气技术领域必不可少的工程语言，只有正确识别和使用电气图形符号和文字符号，才能阅读电气图和绘制符号标准的电气图。

在电气原理图中，电气元件的图形符号和文字符号必须符合国家标准。国家标准化管理委员会是负责组织国家标准的制定、修订和管理的组织，一般来说，国家标准是在参照国际电工委员会（IEC）和国际标准化组织（ISO）颁布的标准的基础上制定的。近几年来，有关电气图形符号和文字符号的国家标准变化较大。GB 4728—2005《电气简图用图形符号》更改较大，而 GB 7159—1987《电气技术中的文字符号制定通则》早已废止。现在和电气制图有关的主要国家标准有：

① GB/T 4728：《电气简图用图形符号》；

② GB/T 5465：《电气设备用图形符号》；

③ GB/T 20063：《简图用图形符号》；

④ GB/T 5094：《工业系统、装置与设备以及工业产品——结构原则与参照代号》；

⑤ GB/T 20939：《技术产品及技术产品文件结构原则字母代码——按项目用途和任务

划分的主类和子类》;

⑥ GB/T 6988:《电气技术用文件的编制》。

常用的电气图形符号及文字符号可参见附表 1。

### 2.1.3　电气控制线路图的绘制原则

(1) 电气原理图

① 电气原理图及其绘制原则　绘制电气原理图的目的是使人们便于阅读和分析控制线路,应根据结构简单、层次分明清晰的原则,采用电气元件展开形式绘制。它包括所有电气元件的导电部件和接线端子,但并不按照电气元件的实际布置位置来绘制,也不反映电气元件的实际大小。电气原理图是电气控制系统设计的核心。

电气原理图、电气安装接线图和电气元件布置图的绘制应遵循的相关国家标准是 GB/T 6988《电气技术用文件的编制》。

下面以图 2-1 所示的某机床电气原理图为例,说明电气原理图的规定画法和应注意的事项。

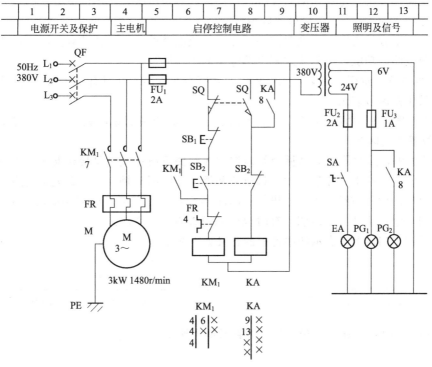

图 2-1　某机床电气原理图

绘制电气原理图时应遵循的主要原则如下所述:

• 电气原理图一般分主电路和辅助电路两部分。主电路是电气控制线路中大电流通过的部分,包括从电源到电动机之间相连的电气元件,一般由组合开关、主熔断器、接触器主触点、热继电器的热元件和电动机等组成。辅助电路是控制线路中除主电路以外的电路,其流过的电流比较小。辅助电路包括控制电路、照明电路、信号电路和保护电路。其中,控制电路由按钮、接触器和继电器的线圈及辅助触点、热继电器触点、保护电器触点等组成。

• 电气原理图中的所有电气元件都应采用国家标准中统一规定的图形符号和文字符号表示。

• 电气原理图中电气元件的布局,应根据便于阅读的原则安排。主电路安排在图面左侧或上方，辅助电路安排在图面右侧或下方。无论主电路还是辅助电路，均按功能布置，尽可能按动作顺序从上到下、从左到右排列。

• 在电气原理图中，当同一电气元件的不同部件（如线圈、触点）分散在不同位置时，为了表示是同一元件，要在电气元件的不同部件处标注统一的文字符号。对于同类器件，要在其文字符号后加数字序号来区别。如两个接触器，可用 $KM_1$、$KM_2$ 文字符号区别。

• 在电气原理图中，所有电器的可动部分均按没有通电或没有外力作用时的状态画出：对于继电器、接触器的触点，按其线圈不通电时的状态画出；控制器按手柄处于零位时的状态画出；对于按钮、行程开关等触点，按未受外力作用时的状态画出。

• 在电气原理图中，应尽量减少线条和避免线条交叉。各导线之间有电联系时，对"T"形连接点，在导线交点处可以画实心圆点，也可以不画；对"+"形连接点，必须画实心圆点。根据图面布置需要，可以将图形符号旋转绘制，一般逆时针方向旋转 90°，但文字符号不可倒置。

② 图面区域的划分　图纸上方的 1、2、3、…数字是图区的编号，是为了便于检索电气线路，方便阅读分析，避免遗漏而设置的。图区编号也可设置在图的下方。图幅大时，可以在图纸左方加入 a、b、c、…字母图区编号。

图区编号下方的文字表明它对应的下方元件或电路的功能，使读者能清楚地知道某个元件或某部分电路的功能，以利于理解全部电路的工作原理。

③ 符号位置的索引　当某一元件相关的各符号元素出现在只有一张图纸的不同图区时，索引代号只用图区号表示。

如图 2-1 图区 9 中的 KA 常开触点下面的"8"即为最简单的索引代号。它指出继电器 KA 线圈位置在图区 8。

在图 2-1 中，接触器 KM 线圈及继电器 KA 线圈下方的文字是接触器 KM 和继电器 KA 相应触点的索引。在电气原理图中，接触器和继电器线圈与触点的从属关系使用下图编号表示，即在原理图中相应线圈下方给出触点的图形符号，并在下面标明相应触点的索引代码，且对未使用的触点用"×"表明，有时也可采用省略表示方法。

对接触器 KM，上述表示法中各栏的含义如下所示。

| 左　栏 | 中　栏 | 右　栏 |
|---|---|---|
| 主触点所在的图区号 | 辅助常开触点所在的图区号 | 辅助常闭触点所在的图区号 |

对继电器 KA，上述表示法中各栏的含义如下所示。

| 左　栏 | 右　栏 |
|---|---|
| 辅助常开触点所在的图区号 | 辅助常闭触点所在的图区号 |

(2) 电气安装接线图

电气安装接线图用于电气设备和电气元件的安装、配线、维护和检修电器故障。图中标示出各元件之间的关系、接线情况以及安装和敷设的位置等。对某些较为复杂的电气控制系统或设备，当电气控制柜中或电气安装板上的元器件较多时，还应该画出各端子排的接线图。一般情况下，电气安装图和原理图需配合起来使用。

绘制电气安装图应遵循的主要原则如下所述：

① 必须遵循相关国家标准绘制电气安装接线图。

② 各电气元件的位置、文字符号必须和电气原理图中的标注一致，同一个电气元件的各部件（如同一个接触器的触点、线圈等）必须画在一起，各电气元件的位置应与实际安装位置一致。

③ 不在同一安装板或电气柜上的电气元件或信号的电气连接一般应通过端子排连接，并按照电气原理图中的接线编号连接。

④ 走向相同、功能相同的多根导线可用单线或线束表示。画连接线时，应标明导线的规格、型号、颜色、根数和穿线管的尺寸。

（3）电气元件布置图

电气元件布置图主要用来表明电气设备或系统中所有电气元件的实际位置，为制造、安装、维护提供必要的资料。电气元件布置图可按电气设备或系统的复杂程度集中绘制或单独绘制。元件轮廓线用细实线或点划线表示，如有需要，也可以用粗实线绘制简单的外形轮廓。

电气元件布置图的设计应遵循以下原则。

① 必须遵循相关国家标准设计和绘制电气元件布置图。

② 布置相同类型的电气元件时，应把体积较大和较重的安装在控制柜或面板的下方。

③ 发热的元件应该安装在控制柜或面板的上方或后方，但热继电器一般安装在接触器的下面，以方便与电动机和接触器连接。

④ 对于需要经常维护、整定和检修的电气元件、操作开关、监视仪器仪表，其安装位置应高低适宜，以便工作人员操作。

⑤ 强电、弱电应该分开走线，注意屏蔽层的连接，防止干扰窜入。

⑥ 电气元件的布置应考虑安装间隙，并尽可能做到整齐、美观。

有关电气安装接线图和元件布置图更丰富的知识需要大家在以后的实践中继续学习，将理论和实际相结合，不断提高电气控制系统的设计水平。

# 2.2　基本控制电路

三相笼型异步电动机由于结构简单、价格便宜、坚固耐用等优点获得了广泛的应用。在生产实际中，它的应用占到使用电动机的 80% 以上。本章主要讲解三相笼型异步电动机的控制线路，它一般由继电器、接触器和按钮等有触点电器组成。本节介绍其基本的控制线路。

## 2.2.1　三相笼型异步电动机全电压启动控制线路

在电力拖动系统中，启停控制是最基本的、最主要的一种控制方式。基本电气控制电路就是控制启动和停止的电路。

### 2.2.1.1　电动机单向运行控制电路

（1）单向点动控制电路

图 2-2 所示为三相笼型异步电动机单向点动控制电路。它是一个最简单的控制电路，由刀开关 QS、熔断器 $FU_1$、接触器 KM 的常开主触点与电动机 M 构成主电路。$FU_1$ 用作电动机 M 的短路保护。

按钮 SB、熔断器 $FU_2$、接触器 KM 的线圈构成控制电路。$FU_2$ 用作控制电路的短路保护。

电路图中的电器一般不表示出空间位置，同一电器的不同组成部分可不画在一起，但文字符号应标注一致。PE 为电动机 M 的保护接地线。

该电路的工作原理是：启动时，合上刀开关 QS，引入三相电源。按下按钮 SB，接触器 KM 线圈得电吸合，主触点 KM 闭合，电动机 M 因接通电源启动运转。松开按钮 SB，按钮在自身弹簧的作用下恢复到原来断开的位置，接触器KM线圈失电释放，接触器KM主触点断开，电动机失电停止运转。可见，按钮SB兼作停止按钮。

这种"一按（点）就动，一松（放）就停"的电路称为点动控制电路。点动控制电路常用于调整机床、对刀操作等。因短时工作，电路中不设热继电器。

（2）单向自锁控制电路

图2-3所示为三相笼型异步电动机单向自锁控制电路。

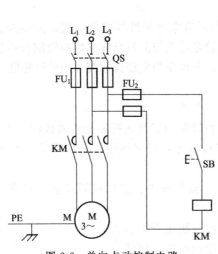

图2-2　单向点动控制电路

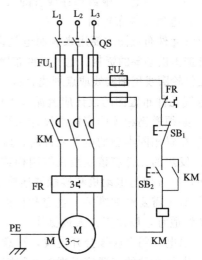

图2-3　单向自锁控制电路

单向点动控制电路只适用于机床调整、刀具调整。而机械设备工作时，要求电动机连续运行，即要求按下按钮后，电动机就能启动并连续运行，直至加工完毕为止。单向自锁控制电路就是具有这种功能的电路。因此，它是一种常用的简单的控制电路。

① 电路的工作原理　启动时，合上QS，引入三相电源。按下启动按钮$SB_2$，交流接触器KM的吸引线圈通电，接触器主触点闭合，电动机因接通电源直接启动运转。同时，与$SB_2$并联的常开辅助触点KM闭合，当手松开，$SB_2$自动复位时，接触器KM的线圈仍可通过接触器KM的常开辅助触点使接触器线圈继续通电，保持电动机连续运行。这种依靠接触器自身辅助触点而使其线圈保持通电的现象称为自锁。起自锁作用的辅助触点称为自锁触点。

要使电动机M停止运转，只要按下停止按钮$SB_1$，将控制电路断开即可。这时，接触器KM线圈断电释放，KM的常开主触点将三相电源切断，电动机M停止旋转。当手松开按钮后，$SB_1$的常闭触点在复位弹簧的作用下，虽恢复到原来的常闭状态，但接触器线圈不再依靠自锁触点通电，因为原来闭合的自锁触点早已随着接触器线圈断电而断开。

② 电路的保护环节

• 短路保护　熔断器FU作为电路短路保护，达不到过载保护的目的。为使电动机在启动时熔体不被熔断，熔断器熔体的规格必须根据电动机启动电流大小适当选择。

• 过载保护　热继电器FR具有过载保护作用。使用时，将热继电器的热元件接在电动机的主电路中作为检测元件，用以检测电动机的工作电流，而将热继电器的常闭触点接在控制电路中。当电动机长期过载或严重过载时，热继电器才动作，其常闭控制触点断开，切断控制电路，接触器KM线圈断电释放，电动机停止运转，实现过载保护。

• 欠电压保护与失电压保护　当电源电压由于某种原因而严重欠电压或失电压时，接触器的衔铁自行释放，电动机停止旋转。当电源电压恢复正常时，接触器线圈不能自动通电，只有在操作人员再次按下启动按钮 $SB_2$ 后，电动机才会启动。控制电路具备了欠电压和失电压保护功能后，有如下三个方面的优点：

第一，防止电压严重下降时，电动机低电压运行。

第二，避免电动机同时启动而造成电压严重下降。

第三，防止电源电压恢复时，电动机突然启动运转，造成设备和人身事故。

（3）单向点动、自锁混合控制电路

生产实际中，有的生产机械既需要连续运转进行加工生产，又需要在调整工作时采用点动控制，这就产生了单向点动、自锁混合控制电路，可由图 2-4（a）所示电路实现。图 2-4 中采用了一个复合按钮 $SB_3$。点动控制时，按下点动按钮 $SB_3$，其常闭触点先断开自锁电路，常开触点后闭合，使接触器 KM 线圈通电，主触点闭合，电动机启动旋转。当松开 $SB_3$ 时，$SB_3$ 的常开触点先断开，常闭触点后合上，接触器 KM 线圈断电，主触点断开，电动机停止转动，实现点动控制。若需要电动机连续运转，按启动按钮 $SB_2$ 即可；停机时，按停止按钮 $SB_1$。

注意，点动时，若接触器 KM 的释放时间大于按钮恢复时间，则点动结束；$SB_3$ 常闭触点复位时，接触器 KM 的常开触点尚未断开，使接触器自保电路继续通电，无法实现点动。

在图 2-4（b）中，按点动按钮 $SB_3$ 时，KM 线圈通电，主触点闭合，电动机启动运转。当松开 $SB_3$ 时，KM 线圈断电，主触点断开，电动机停止转动。若需要电动机连续运转，按下 $SB_2$ 启动按钮即可，此时中间继电器 KA 线圈通电吸合并自锁。KA 另一对触点接通接触器 KM 线圈。当需停止电动机运转时，按下停止按钮 $SB_1$。由于使用了中间继电器 KA，使点动与连续工作联锁可靠。

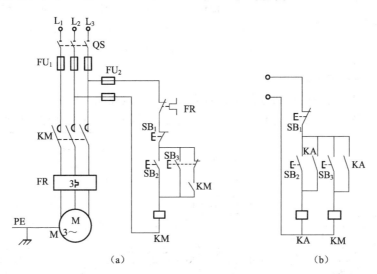

（a）　　　　　　　　　　　　（b）

图 2-4　单向点动、自锁混合控制电路

#### 2.2.1.2　电动机正、反转控制电路

（1）正、反转控制电路

有些生产机械常常要求具有上下、左右、前后等相反方向的运动，如机床工作台的往复运动，就要求电动机能可逆运行。由电动机原理可知，将三相异步电动机的三相电源进线中任意两相对调，电动机即可反向运转。因此，可借助接触器改变定子绕组相序来实现正、反向的切换工作，其电路如图 2-5 所示。

当出现误操作，即同时按正、反向启动按钮 SB₂ 和 SB₃ 时，若采用图 2-5（a）所示线路，造成短路故障，如主电路图中虚线所示，因此正、反向间需要有一种联锁关系。通常采用图 2-5（b）所示电路，将其中一个接触器的常闭触点串入另一个接触器线圈电路，则任一接触器线圈先带电后，即使按下相反方向按钮，另一接触器也无法得电。这种联锁通常称做互锁，即两者存在相互制约的关系。工程上通常使用带有机械互锁的可逆接触器，进一步保证两者不能同时通电，提高可靠性。

图 2-5（b）所示的电路要实现反转运行，必须先停止正转运行，再按反向启动按钮才行，反之亦然，所以这个电路称做"正—停—反"控制。图 2-5（c）所示的电路可以实现不按停止按钮，直接按反向按钮就能使电动机反向工作，所以该电路称为"正—反—停"控制。

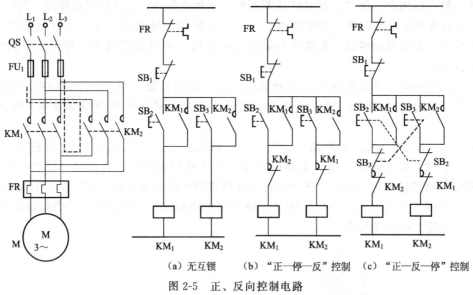

（a）无互锁　　（b）"正—停—反"控制　　（c）"正—反—停"控制

图 2-5　正、反向控制电路

（2）自动往返控制电路

在生产实践中，有些生产机械的工作台需要自动往返控制。图 2-6 所示为最基本的自动往复循环控制电路，它是利用行程开关实现往复运动控制的，这通常称做行程控制。

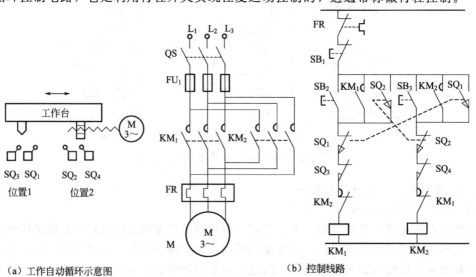

（a）工作自动循环示意图　　　　（b）控制线路

图 2-6　自动往复循环控制电路

　　限位开关 $SQ_1$ 放在左端需要反向的位置，$SQ_2$ 放在右端需要反向的位置，机械挡铁装在运动部件上。启动时，利用正向或反向启动按钮，如按正转按钮 $SB_2$，接触器 $KM_1$ 通电吸合并自锁，电动机正向旋转并带动工作台左移。当工作台移至左端并碰到 $SQ_1$ 时，将 $SQ_1$ 压下，其常闭触点断开，切断 $KM_1$ 接触器线圈电路；同时，使其常开触点闭合，接通反转接触器 $KM_2$ 线圈电路。此时，电动机由正向旋转变为反向旋转，带动工作台向右移动，直到压下 $SQ_2$ 限位开关，电动机由反转变为正转，工作台向左移动。因此，工作台实现自动的往复循环运动。

　　由上述控制情况可以看出，运动部件每经过一个自动往复循环，电动机要进行两次反接制动，会出现较大的反接制动电流和机械冲击。因此，这种电路只适用于电动机容量较小，循环周期较长，电动机转轴具有足够刚性的拖动系统中。另外，在选择接触器容量时，应比一般情况下选择的容量大一些。

　　在图 2-6 中，行程开关 $SQ_3$ 和 $SQ_4$ 安装在工作台往返运动的极限位置上，防止行程开关 $SQ_1$ 和 $SQ_2$ 失灵，工作台继续运动不停止而造成事故，起到极限保护的作用。

　　机械式行程开关容易损坏，现在多用接近开关或光电开关来取代行程开关实现行程控制。

### 2.2.2　三相电动机降压启动控制电路

　　较大容量的电动机直接启动时，启动电流较大，会对电网产生巨大冲击，所以较大容量的电动机一般都采用降压方式来启动。

　　(1) 三相笼型异步电动机降压启动控制电路

　　三相笼型异步电动机降压启动方式有定子电路串电阻（或电抗）、星形—三角形、自耦变压器、延边三角形和使用软启动器等多种。其中，定子电路串电阻和延边三角形方法已基本不用，常用的方法是星形—三角形降压启动和使用软启动器。

　　① 星形—三角形降压启动控制电路　　正常运行时，定子绕组接成三角形的笼型异步电动机，可采用星形—三角形降压启动方式来限制启动电流。

　　启动时将电动机定子绕组接成星形，加到电动机每相绕组上的电压为额定值的 $1/\sqrt{3}$，减小了启动电流对电网的影响。当转速接近额定转速时，定子绕组改接成三角形，使电动机在额定电压下正常运转。图 2-7(a) 所示为星形—三角形转换绕组连接示意图，星形—三角形降压启动电路如图 2-7(b) 所示。这一电路的设计思想是按时间原则控制启动过程，待启动结束后，按预先整定的时间换接成三角形接法。

　　当启动电动机时，合上开关 QS，按下启动按钮 $SB_2$，接触器 KM、$KM_Y$ 与时间继电器 KT 的线圈同时得电，接触器 $KM_Y$ 的主触点将电动机接成星形并经过 KM 的主触点接至电源，电动机降压启动。当 KT 的延时时间到，则 $KM_Y$ 线圈失电，$KM_\triangle$ 线圈得电，电动机主回路换接成三角形接法，电动机投入正常运转。

　　星形—三角形启动的优点是星形启动电流降为原来三角形接法直接启动时的 1/3，启动电流为电动机额定电流的 2 倍左右，启动电流特性好、结构简单、价格低；其缺点是启动转矩相应下降为原来三角形直接启动时的 1/3，转矩特性差。因而本电路适用于电动机空载或轻载启动的场合。

　　② 自耦变压器降压启动的控制电路　　在自耦变压器降压启动的控制电路中，电动机启动电流的限制是靠自耦变压器降压来实现的。该电路的设计思想也是采用时间继电器完成电动机由启动到正常运行的自动切换。启动时串入自耦变压器，启动结束时自动将其切除。

　　串联自耦变压器降压启动的控制电路如图 2-8 所示。当启动电动机时，合上开关 QS，按下启动按钮 $SB_2$，接触器 $KM_1$、$KM_3$ 与时间继电器 KT 的线圈同时得电，$KM_1$、$KM_3$

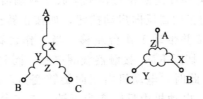

（a）星形—三角形转换绕组连接图

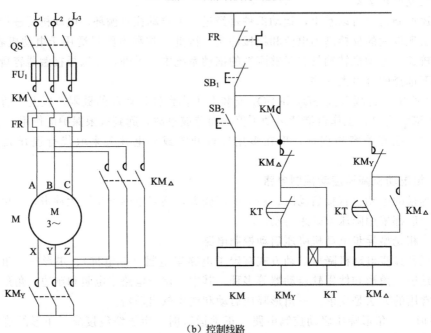

（b）控制线路

图 2-7　星形—三角形启动控制电路

主触点闭合，电动机定子绕组经自耦变压器接至电源降压启动。当时间继电器 KT 延时时间到，一方面其常闭的延时触点打开，$KM_1$、$KM_3$ 线圈失电，$KM_1$、$KM_3$ 主触点断开，将自耦变压器切除；另一方面，KT 的常开延时触点闭合，接触器线圈 $KM_2$ 得电，$KM_2$ 主触点闭合，电动机投入正常运转。

串联自耦变压器启动的优点是启动时对电网的电流冲击小，功率损耗小；缺点是自耦变压器结构相对复杂，价格较高。这种方式主要用于较大容量的电动机，以减小启动电流对电网的影响。

③ 软启动　前述几种传统的三相异步电动机的启动电路比较简单，不需要增加额外的启动设备；但其启动电流冲击一般很大，启动转矩较小，而且固定不可调。电动机停机时都是控制接触器触点断开，切断电动机电源，电动机自由停车，造成剧烈的电网波动和机械冲击。在直接启动方式下，启动电流为额定值的 4～8 倍，启动转矩为额定值的 0.5～1.5 倍；在定子串电阻降压启动方式下，启动电流为额定值的 4.5 倍，启动转矩为额定值的 0.5～0.75 倍；在星形—三角形启动方式下，启动电流为额定值的 1.8～2.6 倍。在星形—三角形切换时也会出现电流冲击，且启动转矩为额定值的 0.5 倍。对于自耦变压器降压启动，启动电流为额定值的 1.7～4 倍，在电压切换时出现电流冲击，启动转矩为额定值的 0.4～0.85 倍。因而上述方法经常用于对启动特性要求不高的场合。

在一些对启动要求较高的场合，可选用软启动装置。它采用电子启动方法，其主要特点

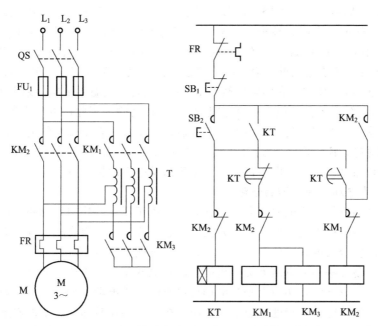

图 2-8　定子串自耦变压器降压启动控制电路

是具有软启动和软停车功能，启动电流、启动转矩可调节，还具有电动机过载保护等功能。

在软启动异步电动机的过程中，软启动器通过控制加到电动机上的电压来控制电动机的启动电流和转矩；启动转矩逐渐增加，转速也逐渐增加。一般软启动器可以通过改变参数设定得到不同的启动特性，以满足不同的负载特性要求。

（2）三相绕线转子异步电动机启动控制电路

绕线转子异步电动机可以通过集电环在转子绕组中串接外加电阻来达到减小启动电流、提高转子电路的功率因数和增加启动转矩的目的。

串接在三相转子绕组中的外加启动电阻一般都接成星形联结。在启动前，外加启动电阻全部接入转子绕组。随着启动过程结束，外接启动电阻被逐段短接。

在图 2-9 所示主电路中，串接两级启动电阻，启动过程中逐步短接 $R_1$、$R_2$ 启动电阻。串接启动电阻的级数越多，启动越平稳。接触器 $KM_2$、$KM_3$ 为加速接触器。

在控制过程中，选择电流作为控制参量进行控制的方式称为电流原则。图 2-9 所示是按电流原则控制绕线转子异步电动机启动的控制电路。它采用电流继电器，并依据电动机转子电流的变化，来自动逐段切除转子绕组中所串的启动电阻。

在图 2-9 中，$K_1$ 和 $K_2$ 是电流继电器，其线圈串接在转子电路中。这两个电流继电器的吸合电流的大小相同，但释放电流不一样，$K_1$ 的释放电流大，$K_2$ 的释放电流小。刚启动时，转子绕组中的启动电流很大，电流继电器 $K_1$

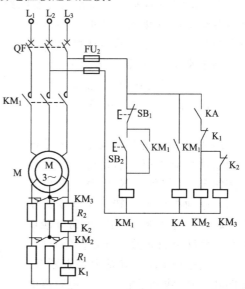

图 2-9　绕线转子异步电动机控制电路

和 $K_2$ 都吸合，它们接在控制电路中的常闭触点都断开，外接启动电阻全部接入转子绕组电路；待电动机的转速升高后，转子电流减小，使电流继电器 $K_1$ 先释放，$K_1$ 的常闭触点复位闭合，使接触器 $KM_2$ 线圈通电吸合，转子电路中 $KM_2$ 的主触点闭合，切除电阻 $R_1$；当 $R_1$ 电阻被切除后，转子电流重新增大，使转速平稳。随着转速继续上升，转子电流又会减小，使电流继电器 $K_2$ 释放，它的常闭触点 $K_2$ 复位闭合，接触器 $KM_3$ 线圈通电吸合，转子电路中 $KM_3$ 的主触点闭合，把第二级电阻 $R_2$ 又短接切除。至此，电动机启动过程结束。

中间继电器 KA 的作用是保证启动时全部启动电阻接入转子绕组的电路，只有在中间继电器 KA 线圈通电，KA 的常开触点闭合后，接触器 $KM_2$ 和 $KM_3$ 线圈才有可能通电吸合，然后才能逐级切除电阻，保证电动机在串入全部启动电阻的情况下启动。

### 2.2.3 三相异步电动机制动控制电路

三相异步电动机从切除电源到完全停止旋转，由于惯性的作用，总要经过一段时间，这往往不能适应某些机械工艺的要求，如万能铣床、卧式镗床和组合机床等。无论是从提高生产效率，还是从安全及准确定位等方面考虑，都要求能迅速停车，因此要求对电动机进行制动控制。制动控制方法一般有两大类：机械制动和电气制动。机械制动是用机械装置来强迫电动机迅速停车；电气制动实质上是当电动机停车时，给电动机加上一个与原来旋转方向相反的制动转矩，迫使电动机转速迅速下降。由于机械制动比较简单，下面着重介绍电气制动控制电路，包括反接制动和能耗制动。除此之外，如果在系统中已经使用了软启动器或者变频器，这两种智能化的控制设备也可以很容易地实现软制动，完成电动机的制动控制任务。

（1）反接制动控制电路

反接制动是利用改变电动机电源的相序，使定子绕组产生相反方向的旋转磁场，产生制动转矩的一种制动方法。

由于反接制动时，转子与旋转磁场的相对速度接近于 2 倍的同步转速，所以定子绕组中流过的反接制动电流相当于全电压直接启动时电流的 2 倍。因此，反接制动的特点之一是制动迅速，效果好，但冲击大，仅适用于 10kW 以下的小容量电动机。为了减小冲击电流，通常要求串接一定的电阻，以限制反接制动电流。这个电阻称做反接制动电阻。反接制动的另一个要求是在电动机转速接近于零时，及时切断反相序的电源，防止电动机反向再启动。

① 电动机单向运行反接制动控制电路　反接制动的关键在于电动机电源相序的改变；且当转速下降到接近于零时，能自动将电源切除。为此，采用速度继电器来检测电动机的速度变化。在 $120\sim 3000\mathrm{r/min}$ 范围内速度继电器触点动作；当转速低于 $100\mathrm{r/min}$ 时，其触点恢复原位。

图 2-10 所示为带制动电阻的单向反接制动控制电路。启动时，按下启动按钮 $SB_2$，接触器 $KM_1$ 线圈通电并自锁，电动机通电旋转。在电动机正常运转时，速度继电器 KS 的常开触点闭合，为反接制动做好准备。停车时，按下停止按钮 $SB_1$，其常闭触点断开，接触器 $KM_1$ 线圈断电，电动机脱离电源。由于此时电动机的惯性转速还很

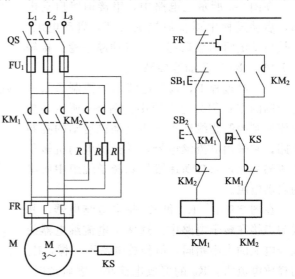

图 2-10　单向反接制动的控制电路

高，KS 的常开触点仍然处于闭合状态，所以当 SB$_1$ 常开触点闭合时，反接制动接触器 KM$_2$ 线圈通电并自锁，其主触点闭合，使电动机定子绕组得到与正常运转相序相反的三相交流电源，电动机进入反接制动状态，电动机转速迅速下降。当电动机转速低于速度继电器动作值时，速度继电器常开触点复位，接触器 KM$_2$ 线圈电路被切断，反接制动结束。

②具有反接制动电阻的可逆运行反接制动控制电路  图 2-11 所示为具有反接制动电阻的可逆运行反接制动控制电路。图中，电阻 $R$ 是反接制动电阻，同时具有限制启动电流的作用。KS$_1$ 和 KS$_2$ 分别为速度继电器 KS 的正转和反转常开触点。

该电路工作原理如下所述：按下正转启动按钮 SB$_2$，中间继电器 KA$_3$ 线圈通电并自锁，其常闭触点打开，互锁中间继电器 KA$_4$ 线圈电路。KA$_3$ 常开触点闭合，使接触器 KM$_1$ 线圈通电，KM$_1$ 主触点闭合，使定子绕组经 3 个电阻 $R$ 接通正序三相电源，电动机开始降压启动。当电动机转速上升到一定值时，速度继电器正转，使常开触点 KS$_1$ 闭合，使中间继电器 KA$_1$ 通电并自锁。这时由于 KA$_1$、KA$_3$ 的常开触点闭合，接触器 KM$_3$ 线圈通电，于是 3 个电阻 $R$ 被短接，定子绕组直接加以额定电压，电动机转速上升到稳定工作转速。在电动机正常运转过程中，若按下停止按钮 SB$_1$，则 KA$_3$、KM$_1$、KM$_3$ 三只线圈相继断电。由于此时电动机转子的惯性转速仍然很高，速度继电器的正转常开触点 KS$_1$ 尚未复原，中间继电器 KA$_1$ 仍处于工作状态，所以在接触器 KM$_1$ 常闭触点复位后，接触器 KM$_2$ 线圈通电，其常开触点闭合，使定子绕组经 3 个电阻 $R$ 获得反相序三相交流电源，对电动机进行反接制动，电动机转速迅速下降。当电动机转速低于速度继电器动作值时，速度继电器常开触点复位，KA$_1$ 线圈断电，接触器 KM$_2$ 释放，反接制动过程结束。

电动机反向启动和制动停车过程与正转时相同，此处不再赘述。

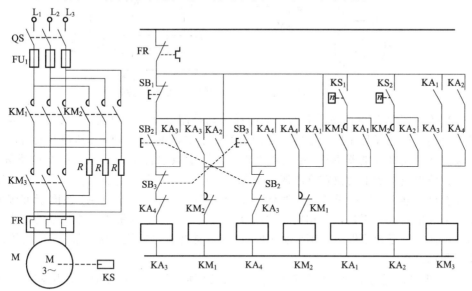

图 2-11  具有反接制动电阻的可逆运行反接制动的控制电路

（2）能耗制动控制电路

所谓能耗制动，就是在电动机脱离三相交流电源之后，定子绕组上加一个直流电压，即通入直流电流，利用转子感应电流与静止磁场的作用达到制动的目的。根据能耗制动时间控制原则，可用时间继电器进行控制；也可以根据能耗制动速度原则，用速度继电器进行控制。下面分别用单向能耗制动和正反向能耗制动控制电路为例来说明。

①电动机单向运行能耗制动控制电路  图 2-12 所示为以时间原则控制的单向能耗制动

控制电路。在电动机正常运行的时候，若按下停止按钮 $SB_1$，电动机由于 $KM_1$ 断电释放而脱离三相交流电源；直流电源则由于接触器 $KM_2$ 线圈通电，使其主触点闭合而加入定子绕组。时间继电器 KT 线圈与 $KM_2$ 线圈同时通电并自锁，于是电动机进入能耗制动状态。当其转子的惯性速度接近于零时，时间继电器延时打开的常闭触点断开接触器 $KM_2$ 的线圈电路。由于 $KM_2$ 常开辅助触点复位，时间继电器 KT 线圈的电源也被断开，电动机能耗制动结束。图中，KT 的瞬时常开触点的作用是当出现 KT 线圈断线或机械卡住故障时，电动机在按下按钮 $SB_1$ 后仍能迅速制动，两相的定子绕组不至于长期接入能耗制动的直流电流。所以，在 KT 发生故障后，该电路具有手动控制能耗制动的能力，即只要使停止按钮处于按下的状态，电动机就能实现能耗制动。

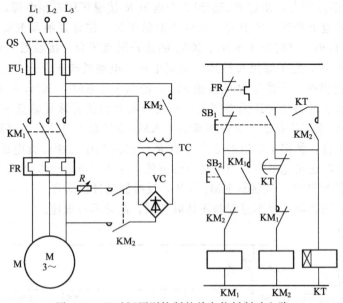

图 2-12　以时间原则控制的单向能耗制动电路

　　图 2-13 所示为以速度原则控制的单向能耗制动控制电路。该电路与图 2-12 所示的控制电路基本相同，这里仅是在控制电路中取消了时间继电器 KT 的线圈及其触点电路，而在电动机轴端安装了速度继电器 KS，并且用 KS 的常开触点取代了 KT 延时打开的常闭触点。这样一来，该电路中的电动机在刚刚脱离三相交流电源时，由于电动机转子的惯性速度仍然很高，速度继电器 KS 的常开触点仍然处于闭合状态，所以接触器 $KA_2$ 线圈能够依靠 $SB_1$ 按钮的按下通电自锁。于是，两相定子绕组获得直流电源，电动机进入能耗制动。当电动机转子的惯性速度低于速度继电器 KS 动作值时，KS 常开触点复位，接触器 $KM_2$ 线圈断电释放，能耗制动结束。

　　② 电动机可逆运行能耗制动控制电路　图 2-14 所示为电动机按时间原则控制的可逆运行的能耗制动控制电路。在其正常的正向运转过程中，需要停止时，按下停止按钮 $SB_1$，使 $KM_1$ 断电，$KM_3$ 和 KT 线圈通电并自锁。

　　$KM_3$ 常闭触点断开，起着锁住电动机启动电路的作用；$KM_3$ 常开触点闭合，使直流电压加至定子绕组，电动机进行正向能耗制动。电动机正向转速迅速下降，当其接近于零时，时间继电器延时打开的常闭触点 KT 断开接触器 $KM_3$ 线圈电源。由于 $KM_3$ 常开辅助触点复位，时间继电器 KT 线圈随之失电，电动机正向能耗制动结束。反向启动与反向能耗制动过程与上述正向情况相同。

　　电动机可逆运行能耗制动也可以以速度原则，用速度继电器取代时间继电器，同样能达

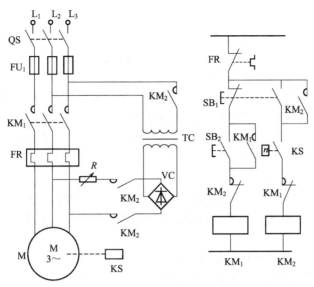

图 2-13　以速度原则控制的单向能耗制动电路

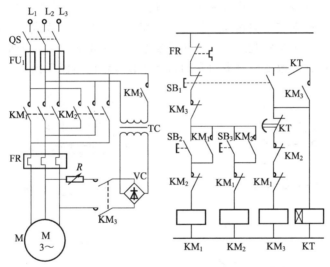

图 2-14　电动机可逆运行的能耗制动控制电路

到制动目的。读者可自行分析该电路，这里不再详细介绍。

　　按时间原则控制的能耗制动一般适用于负载转速比较稳定的生产机械。对于那些能够通过传动系统实现负载速度变换，或者加工零件经常变动的生产机械来说，采用速度原则控制的能耗制动较合适。

　　能耗制动比反接制动消耗的能量少，其制动电流比反接制动电流小得多；但能耗制动的制动效果不及反接制动明显。同时，还需要一个直流电源，控制电路相对复杂，一般适用于电动机容量较大和启动、制动频繁的场合。

### 2.2.4　三相异步电动机调速控制电路

　　在很多领域中，要求三相笼型异步电动机的速度为无级调节，其目的是实现自动控制、节能，以提高产品质量和生产效率。电动机调速方法很多，如定子绕组极对数的变极调速和变频调速方式等。变极调速控制最简单，价格便宜，但不能实现无级调速。变频调速控制最复杂，但性能最好，随着其成本日益降低，目前已广泛应用于工业自动控制领域。

（1）基本概念

三相笼型异步电动机的转速公式为

$$n=n_0(1-s)=\frac{60f_1(1-s)}{p}　　　　　　　(2-1)$$

式中，$n_0$ 为电动机同步转速；$p$ 为极对数；$s$ 为转差率；$f_1$ 为供电电源频率。

从式(2-1) 可以看出，三相笼型异步电动机调速的方法有三种：改变极对数 $p$ 的变极调速、改变转差率 $s$ 的降压调速和改变电动机供电电源频率 $f_1$ 的变频调速。本节只介绍变极调速，其他调速方法可参考相关书籍。

（2）变极调速控制电路

变极调速电路的设计思想是通过接触器触点改变电动机绕组的接线方式来达到调速的目的。变极电动机一般有双速、三速、四速之分。双速电动机定子装有一套绕组，三速、四速电动机有两套绕组。

下面以电动机单相绕组为例来说明变极原理。图 2-15(a) 所示为极数等于 4（$p=2$）时的一相绕组的展开图。绕组由相同的两部分串联而成，两部分各称做半相绕组。一个半相绕组的末端 $X_1$ 与另一个半相绕组的首端 $A_2$ 相连接。图 2-15(b) 所示为绕组的并联连接方式展开图。其磁极数目减少一半，由 4 极变成 2 极（$p=1$）。从图 2-15(a)、(b) 可以看出，串联时两个半相绕组的电流方向相同，都是从首端进、末端出；改成并联后，两个半相绕组的电流方向相反。当一个半相绕组的电流从首端进、末端出时，另一个半相绕组的电流便从末端进、首端出。因此，改变磁极数目是通过将半相绕组的电流反向来实现的。

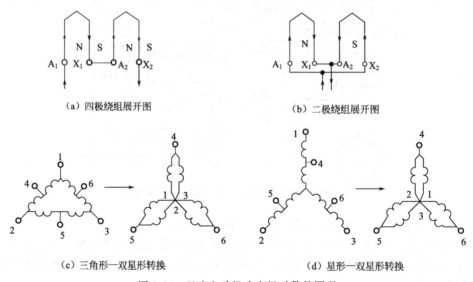

（a）四极绕组展开图　　　　　　　　　　（b）二极绕组展开图

（c）三角形—双星形转换　　　　　　　　（d）星形—双星形转换

图 2-15　双速电动机改变极对数的原理

图 2-15(c) 和(d) 所示为双速电动机三相绕组连接图。图 2-15(c) 所示为三角形（四极，低速）与双星形（二极，高速）接法；图 2-15(d) 所示为星形（四极，低速）与双星形（二级，高速）接法。

若低速运行时，电动机三相绕组端子的 1、2、3 端接入三相电源；在高速运行时，4、5、6 端接入三相电源，会使电动机因变极而改变旋转方向，因此变极后必须改变绕组的相序。各相绕组在空间相差的机械角度是固定不变的，电角度则随磁极数目改变而改变。例如，磁极数目减少一半，使各相绕组在空间相差的电角度增加 1 倍，原来相差 120°电角度的绕组现在相差 240°。如果相序不变，气隙磁场就要反转。

双速电动机调速控制电路如图 2-16 所示。图中，接触器 $KM_1$ 工作时，电动机为低速运行；接触器 $KM_2$、$KM_3$ 工作时，电动机为高速运行。注意，变换后相序已改变。$SB_2$、$SB_3$ 分别为低速和高速启动按钮。按低速按钮 $SB_2$，接触器 $KM_1$ 通电并自锁，电动机接成三角形，低速运转；若按高速启动按钮 $SB_3$，接触器首先使 $KM_1$ 通电自锁，时间继电器 KT 线圈通电自锁，电动机先低速运转；当 KT 延时时间到，其常闭触点打开，切断接触器 $KM_1$ 线圈电源，其常开触点闭合，接触器 $KM_2$、$KM_3$ 线圈通电自锁，$KM_3$ 通电使时间继电器 KT 线圈断电，故自动切换，使 $KM_2$、$KM_3$ 工作，电动机高速运转。这样"先低速后高速"的控制，目的是限制启动电流。

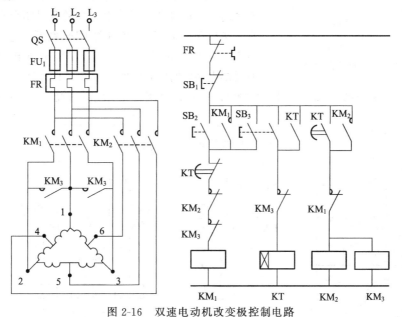

图 2-16　双速电动机改变极控制电路

双速电动机调速的优点是可以适应不同负载性质的要求。如需要恒功率时，可采用三角形—双星形接法；如需要恒转矩调速时，用星形—双星形接法。双速电动机调速电路简单、维修方便；缺点是其调速方式为有级调速。变极调速通常要与机械变速配合使用，以扩大其调速范围。

### 2.2.5　其他典型三相电动机控制电路

（1）多地点控制电路

对于有些机械和生产设备，由于种种原因，常要在两地或两个以上地点进行操作。例如，对于重型龙门刨床，有时在固定的操作台上控制，有时需要站在机床四周用悬挂按钮控制；又如自动电梯，人在轿厢里时可以控制，人在轿厢外也能控制；在有些场合，为了便于集中管理设备，由中央控制台控制，但每台设备调整、检修时，需要就地控制。

多地点控制电路如图 2-17 所示。在图中，两地的启动按钮 $SB_3$、$SB_4$ 常开触点并联起来控制接触器 KM 线圈。只要其中任一按钮闭合，接触器线圈 KM 就通电吸合。两地的停止按钮 $SB_1$、$SB_2$ 常闭触点串联起来控制接触器 KM 线圈。只要其中有一个触点断开，接触器 KM 线圈就断电。推而广之，对于 $n$ 地控制电路，只要将 $n$ 地的启动按钮的常开触点并联起来，将 $n$ 地的停止按钮的常闭触点串联起来控制接触器 KM 线圈即可。

（2）顺序控制电路

在生产实践中，常要求各种运动部件之间能够按顺序工作。例如，车床主轴转动时要求

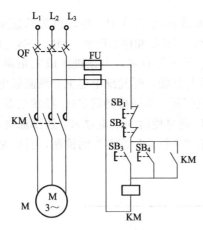

图 2-17　多地点控制电路

油泵先给齿轮箱提供润滑油，即要求保证润滑泵电动机启动后主拖动电动机才允许启动，也就是控制对象对控制电路提出了按顺序工作的联锁要求。如图 2-18 所示，$M_1$ 为油泵电动机，$M_2$ 为主拖动电动机。在图 2-18(a) 中，将控制油泵电动机的接触器 $KM_1$ 的常开辅助触点串入控制主轴动电动机的接触器 $KM_2$ 的线圈电路中，实现按顺序工作的联锁要求。

图 2-18(b) 所示是采用时间继电器，按时间顺序启动的控制电路。电路要求电动机 $M_1$ 启动 $t$ 秒后，电动机 $M_2$ 自动启动。这可利用时间继电器的延时闭合常开触点来实现。按启动按钮 $SB_2$，接触器 $KM_1$ 线圈通电并自锁，电动机 $M_1$ 启动，同时时间继电器 KT 线圈通电。定时 $t$ 秒到，时间继电器延时闭合的常开触点 KT 闭合，接触器 $KM_2$ 线圈通电并自锁，电动机 $M_2$ 启动，同时接触器 $KM_2$ 的常闭触点切断时间继电器 KT 的线圈电源。

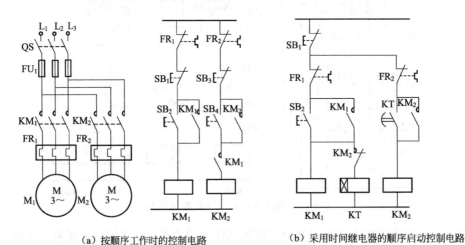

（a）按顺序工作时的控制电路　　　　（b）采用时间继电器的顺序启动控制电路

图 2-18　顺序控制电路

## 2.3　电气控制线路的一般设计方法

在设计电气控制线路时，应最大限度地实现生产机械和工艺对电气控制线路的要求；在满足生产要求的前提下，控制线路应力求简单、经济、安全可靠。

① 尽量缩短连接导线的长度和数量。

如图 2-19(a) 所示接线是不合理的，因为按钮在操作台或面板上，而接触器在电气柜

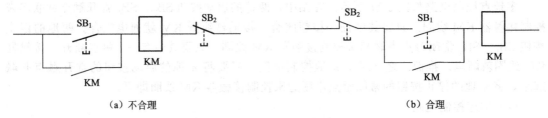

（a）不合理　　　　　　　　　　　　　　　　（b）合理

图 2-19　电气连接

内，这样接线需要由电气柜引出到操作台的按钮上。改为图 2-19(b) 所示方式后，可减少一些引出线。

② 正确连接电气的线圈如图 2-20 所示。

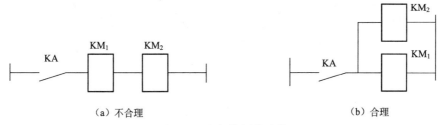

（a）不合理　　　　　　　　　　　（b）合理

图 2-20　电气线圈的连接

在交流控制中，不能串联两个电气的线圈，如图 2-20(a) 所示。因为每一个线圈上所分到的电压与线圈阻抗成正比，两个电气动作总是有先有后，不可能同时吸合。例如 KM$_1$ 先吸合，由于 KM$_1$ 的磁路闭合，线圈的电感显著增加，因而在该线圈上的电压降也显著增大，从而使 KM$_2$ 的线圈电压达不到动作电压。因此，两个电气需要同时动作时，其线圈应该如图 2-20(b) 所示并联起来。

③ 应尽量避免许多电气依次动作才能接通另一个电气的控制线路。

④ 应具有完善的保护环节。

在实际工作中，电气控制线路的设计方法还有许多要注意的地方，本书不再叙述。

# 2.4　典型机床控制电路

在现代生产机械设备中，电气控制系统是重要的组成部分。本节将通过分析典型机床的电气控制电路，进一步介绍电气控制电路的组成以及各种基本控制电路在具体系统中的应用。同时，介绍分析电气控制电路的方法，使读者从中找出规律，逐步提高阅读电气控制电路图的能力。

### 2.4.1　CA6140 车床控制电路

CA6140 车床是一种应用极为广泛的金属切削通用机床，它能够车削外圆、内圆、端面、螺纹、螺杆以及定型表面等。该车床的型号含义如下所述：

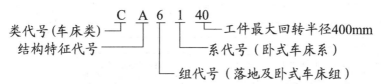

（1）主要结构及运动形式

CA6140 型车床的外形如图 2-21 所示。

车床的运动形式有切削运动、进给运动、辅助运动。切削运动包括卡盘带动工件旋转的主运动和刀具的直线进给运动；进给运动是刀架带动刀具的直线运动；辅助运动有尾架的纵向移动，以及工件的夹紧与放松等。

（2）电路工作原理

图 2-22 所示为 CA6140 车床电路原理图。机床电路一般比电力拖动基本环节电路复杂，为便于读图、分析、查找图中电气元件及其触点的位置，机床电路图的表示方法有自己的特

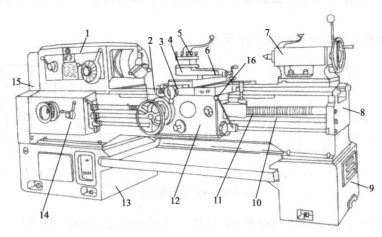

图 2-21　CA6140 型普通车床外形图

1—主轴箱；2—纵溜板；3—横溜板；4—转盘；5—方刀架；6—小溜板；7—尾架；8—床身；9—右床座；
10—光杆；11—丝杆；12—溜板箱；13—左床座；14—进给箱；15—挂轮架；16—操纵手柄

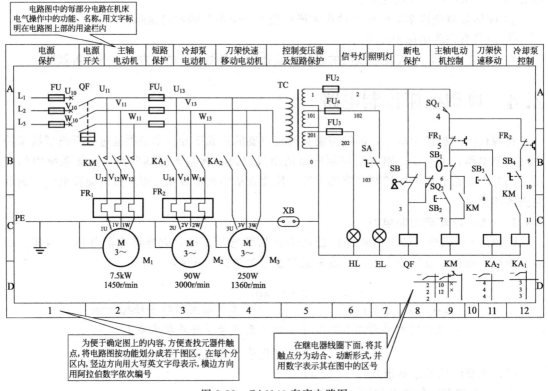

图 2-22　CA6140 车床电路图

点，见图中引出标示。

①　主电路　主电路有三台电动机，均为正转控制。主轴电动机 $M_1$ 由交流接触器 KM 控制，带动主轴旋转和工件做进给运动；冷却泵电动机 $M_2$ 由中间继电器 $KA_1$ 控制，输送切削冷却液；刀架快速移动电动机 $M_3$ 由 $KA_2$ 控制，在机械手柄的控制下带动刀架快速做横向或纵向进给运动。主轴的旋转方向、主轴的变速和刀架的移动方向

均由机械控制。

主轴电动机 $M_1$ 和冷却泵电动机 $M_2$ 设过载保护，$FU_1$ 作为冷却泵电动机 $M_2$、快速移动电动机 $M_3$、控制变压器 TC 初级的短路保护。

**提示**：机床电路的读图应从主电路着手，根据主电路电动机控制形式，分析其控制内容，包括启动方式、调速方法、制动控制和自动循环等基本控制环节。

② 控制电路

• 机床电源引入的操作步骤如下所述：

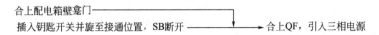

正常工作状态下，SB 和 $SQ_2$ 处于断开状态，QF 线圈不通电。打开配电箱壁龛门时，$SQ_2$ 恢复闭合，QF 线圈得电，断路器 QF 自动断开，切断电源进行安全保护。控制回路的电源由控制变压器 TC 二次侧输出 110V 电压，$FU_2$ 为控制回路提供短路保护。

• 主轴电动机的控制

$M_1$ 启动的步骤如下所述：

$M_1$ 停止的步骤如下所述：

按下 $SB_1$ ⟶ KM 线圈失电 ⟶ KM 触点复位 ⟶ $M_1$ 失电停转。

$FR_1$ 作为主轴电动机的过载保护装置。

• 快速移动电动机 $M_3$ 控制　刀架快速移动电动机 $M_3$ 的启动，由安装在刀架快速进给操作手柄顶端的按钮 $SB_3$ 点动控制。

• 冷却泵电动机 $M_2$ 的控制　冷却泵电动机 $M_2$ 与主轴电动机 $M_1$ 采用顺序控制，只有当接触器 KM 得电，主轴电动机 $M_1$ 启动后，转动旋钮开关 $SB_4$，中间继电器 $KA_1$ 线圈得电，冷却泵电动机 $M_2$ 才能启动。KM 失电，主轴电动机停转，$M_2$ 自动停止运行。$FR_2$ 为冷却泵电动机提供过载保护。

• 照明、信号回路　控制变压器 TC 的二次侧输出的 24V、6V 电压分别作为车床照明、信号回路电源，$FU_4$、$FU_3$ 分别为其各自回路提供短路保护。

**提示**：可按控制功能的不同，将控制电路划分成若干控制环节进行分析，采用"化零为整"的方法；在分析各控制环节时，应注意各环节之间的联锁关系，再"积零为整"，对整体电路进行分析。

## 2.4.2　M7130 型平面磨床控制电路

平面磨床是用砂轮磨削加工各种零件的平面。M7130 型平面磨床是平面磨床中使用较普遍的一种机床。该磨床操作方便，磨削精度和光洁度都比较高，适于磨削精密零件和各种工具，并可作镜面磨削。

M7130 磨床型号含义如下所述：

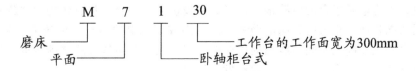

（1）主要结构及运动形式

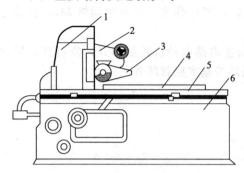

图 2-23　M7130 型平面磨床外形图
1—立柱；2—滑座；3—砂轮架；4—电磁
吸盘；5—工作台；6—床身

M7130 型平面磨床是卧轴矩形工作台式，其结构如图 2-23 所示，主要由床身、工作台、电磁吸盘、砂轮架（又称磨头）、滑座和立柱等部分组成。它的主运动是砂轮的快速旋转，辅助运动是工作台的纵向往复运动以及砂轮的横向和垂直进给运动。工作台每完成一次纵向往返运动，砂轮架横向进给一次，从而连续地加工整个平面。当整个平面磨完一遍后，砂轮架在垂直于工件表面的方向移动一次，称为吃刀运动。通过吃刀运动，将工件尺寸磨到所需的尺寸。

（2）电路工作原理

M7130 型平面磨床的电路图如图 2-24 所示。

① 主电路　主电路中有三台电动机，$M_1$ 为砂轮电动机，$M_2$ 为冷却泵电动机，$M_3$ 为液压泵电动机，它们共用一组熔断器 $FU_1$ 作为短路保护。砂轮电动机 $M_1$ 用接触器 $KM_1$ 控制，用热继电器 $FR_1$ 进行过载保护。由于冷却泵箱和床身是分装的，所以冷却泵电动机 $M_2$ 通过接插器 $X_1$ 和砂轮电动机 $M_1$ 的电源线相连。冷却泵电动机的容量较小，没有单独设置过载保护。液压泵电动机 $M_3$ 由接触器 $KM_2$ 控制，由热继电器 $FR_2$ 做过载保护。

② 控制电路

· 电磁吸盘电路　电磁吸盘电路包括整流电路、控制电路和保护电路三部分。

整流变压器 $T_1$ 将 220V 交流电压降为 145V，经桥式整流器 VC 输出 110V 直流电压。

$QS_2$ 是电磁吸盘 YH 的转换开关（又叫退磁开关），有"吸合"、"放松"和"退磁"三个位置。控制过程如下：

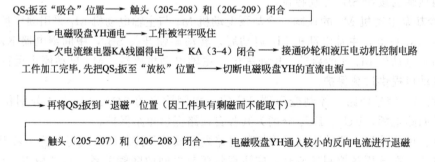

退磁结束，将 $QS_2$ 扳回到"放松"位置，即可将工件取下

如果有些工件不易退磁，可将附件退磁器的插头插入插座 XS，使工件在交变磁场的作用下退磁。

若将工件夹在工作台上，而不需要电磁吸盘时，应将电磁吸盘 YH 的 $X_2$ 插头从插座上拔下，同时将转换开关 $QS_2$ 扳到"退磁"位置，这时接在控制电路中 $QS_2$ 的常开触头（3—4）闭合，接通电动机的控制电路。

电磁吸盘的保护电路由放大电电阻 $R_3$ 和欠电流继电器 KA 组成。电阻 $R_3$ 是电磁吸盘的放电电阻。因为电磁吸盘的电感很大，当电磁吸盘从"吸合"状态转变为"放松"状态的瞬间，线圈两端将产生很大的自感电动势，使线圈或其他电器由于过电压而损坏。电阻 $R_3$ 的作用是在电磁吸盘断电瞬间给线圈提供放电通路，吸收线圈释放的磁场能量。欠电流继电器 KA 用以防止电磁吸盘断电时工件脱出发生事故。

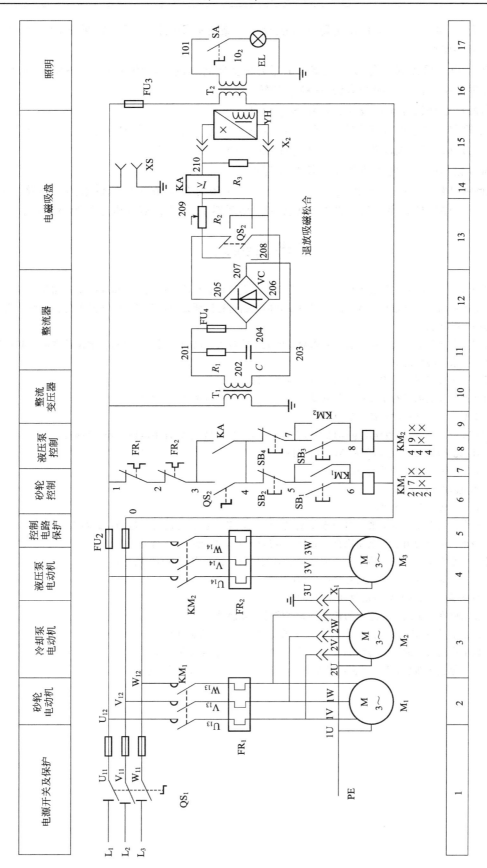

图2-24 M7130 型平面磨床的电路图

电阻 $R_1$ 与电容器 C 的作用是防止电磁吸盘回路交流侧的过电压。熔断器 $FU_4$ 为电磁吸盘提供短路保护。

• 液压电动机控制　在 $QS_2$ 或 KA 的常开触头闭合情况下，按下 $SB_3$ ——→$KM_2$ 线圈通电，其辅助触头（7—8）闭合自锁——→$M_3$ 旋转。

如需液压电动机停止，按停止按钮 $SB_4$ 即可。

• 砂轮和冷却泵电动机控制　在 $QS_2$ 或 KA 的常开触头闭合情况下，按下 $SB_1$ ——→$KM_1$ 线圈通电，其辅助触头（5—6）闭合自锁——→$M_1$ 和 $M_2$ 旋转。

如需砂轮和冷却泵电动机停止，按 $SB_2$ 即可。

• 照明电路　照明变压器 $T_2$ 将 380V 交流电压降为 36V 安全电压供给照明电路。EL 为照明灯，一端接地，另一端由开关 SA 控制。熔断器 $FU_3$ 用作照明电路的短路保护。

# 思考与练习

2-1　三相笼型异步电动机在什么条件下可直接启动？试设计带有短路、过载、失压保护的三相笼型异步电动机直接启动的主电路和控制电路。对所设计的电路进行简要说明，并指出哪些元器件在电路中完成了哪些保护功能。

2-2　某三相笼型异步电动机单向运转，要求启动电流不能过大，制动时要快速停车。试设计主电路和控制电路，要求有必要的保护。

2-3　星形—三角形降压启动方法有什么特点？说明其适用场合。

2-4　三相笼型异步电动机有哪几种电气制动方式？各有什么特点和适用场合？

2-5　三相笼型异步电动机的调速方法有哪几种？

2-6　$M_1$ 和 $M_2$ 均为三相笼型异步电动机，可直接启动，按下列要求设计主电路和控制电路：

（1）$M_1$ 先启动，经一段时间后 $M_2$ 自行启动。

（2）$M_2$ 启动后，$M_1$ 立即停车。

（3）$M_2$ 能单独停车。

（4）$M_1$ 和 $M_{12}$ 均能点动。

2-7　设计一个控制电路，要求第一台电动机启动 10s 后，第二台电动机自行启动；运行 5s 后，第一台电动机停止，同时使第三台电动机自行启动；再运行 10s，电动机全部停止。

2-8　设计一个小车运行控制电路。小车由异步电动机拖动，其动作程序如下所述：

（1）小车由原位开始前进，到终端后自动停止；

（2）在终端停留 2min 后自动返回原位停止；

（3）要求能在前进或后退途中的任意位置都能停止或启动。

2-9　设有三台电动机 $M_1$、$M_2$、$M_3$，按下列要求设计主电路和控制电路：

（1）按下启动按钮后，$M_1$ 启动，经 2s 后 $M_2$ 启动，再经 2s 后 $M_3$ 启动。

（2）按下停止按钮后，$M_3$ 停止，经 2s 后 $M_2$ 停止，再经 2s 后 $M_1$ 停止。

# 第3章　可编程控制器概述

随着计算机技术的发展，可编程控制器作为通用的工业控制计算机，其功能日益强大，已经成为工业控制领域的主流控制设备。本章叙述了 PLC 的发展过程和应用领域，介绍系统的组成、工作原理及编程语言与结构。

可编程控制器（Programmable Controller）是以微处理器为基础，综合了计算机技术、自动控制技术和通信技术等现代科技而发展起来的一种新型工业自动控制装置，是将计算机技术应用于工业控制领域的新产品。早期的可编程控制器主要用于代替继电器实现逻辑控制，因此称为可编程逻辑控制器（Programmable Logic Controller），简称 PLC。随着科学技术的发展，现代可编程控制器的功能已经超过了逻辑控制的范围。

PLC 从诞生至今，仅有 40 多年的历史，但是发展异常迅猛，与 CAD/CAM、机器人技术一起被誉为当代工业自动化的三大支柱。

## 3.1　PLC 的产生

在 PLC 问世之前，工业控制领域中继电器控制占主导地位。但继电器控制系统有着十分明显的缺点：体积大、耗电多、可靠性差、寿命短、运行速度慢、适应性差，尤其当生产工艺发生变化时，必须重新设计、重新安装，造成时间和资金的严重浪费。1968 年美国最大的汽车制造商通用汽车公司（GM）为了适应汽车型号不断更新的需求，使公司能在竞争激烈的汽车工业中占有优势，提出研制一种新型的工业控制装置来取代继电器控制装置，为此，GM 公司拟定了 10 项公开招标的技术要求，即

① 编程简单方便，可在现场修改程序。
② 硬件维护方便，最好是插件式结构。
③ 可靠性高于继电器控制装置。
④ 体积小于继电器控制装置。
⑤ 可将数据直接送入管理计算机。
⑥ 成本上可与继电器控制装置竞争。
⑦ 输入可以为市电。
⑧ 输出为市电，输出电流在 2A 以上，能直接驱动电磁阀、接触器等。
⑨ 扩展时，原有系统只需做很小的改动。
⑩ 用户程序存储器容量至少可以扩展到 4KB。

根据招标要求，1969 年美国数字设备公司（DEC）研制出世界上第一台 PLC，并在通用汽车公司自动装配线上试用成功，开创了工业控制新时期。从此，PLC 这一新的控制技术迅速发展起来，特别是在工业发达国家发展得很快。

PLC 诞生不久即显示了其在工业控制中的重要地位，日本、德国、法国等国家相继研制出各自的 PLC。PLC 技术随着计算机和微电子技术的发展而迅速发展，由最初的 1 位机发展为 8 位机，并随着微处理器 CPU 和微型计算机技术在 PLC 中的应用，形成了现代意义上的 PLC。目前，PLC 产品已使用 16 位、32 位高性能微处理器，而且实现了多处理器的多通道处理。通信技术使 PLC 产品的应用进一步发展，如今，PLC 技术已非常成熟。

目前，世界上有 200 多个厂家生产可编程控制器产品，比较著名的厂家有美国的 AB、通用（GE）、莫迪康（MODICON）；日本的三菱（MITSUBISHI）、欧姆龙（OMRON）、富士电机（FUJI）、松下电工；德国的西门子（SIEMENS）；法国的 TE、施耐德（SCHNEIDER）；韩国的三星（SAMSUNG）、LG 等（其中，MODICON 和 TE 已归到 SCHNEIDER 旗下）。

# 3.2　PLC 的发展与分类

### 3.2.1　PLC 的发展趋势

PLC 总的发展趋势是向高集成度、小体积、大容量、高速度、易使用、高性能方向发展，具体表现在以下几个方面。

（1）向小型化、专用化、低成本方向发展

20 世纪 80 年代初，小型 PLC 在价格上还高于小系统用的继电器控制装置。随着微电子技术的发展，新型器件大幅度提高功能和降低价格，使 PLC 结构更为紧凑，大小仅相当于一本精装书，操作使用也十分简便。同时 PLC 的功能不断增加，原来大、中型 PLC 才有的功能部分地移植到小型 PLC 上，如模拟量处理、数据通信和复杂的功能指令等，且其价格不断下降，使 PLC 真正成为现代电气控制系统中不可替代的控制装置。

（2）向大容量、高速度方面发展

大型 PLC 采用多微处理器系统，有的采用 32 位微处理器，可同时进行多任务操作，处理速度提高，特别是增强了过程控制和数据处理的功能。另外，存储容量大大增加。

（3）智能型 I/O 模块的发展

智能型 I/O 模块是以微处理器和存储器为基础的功能部件，其 CPU 与 PLC 的主 CPU 并行工作，占用主 CPU 的时间很少，有利于提高 PLC 扫描速度。它们本身就是一个小的微型计算机系统，有很强的信息处理能力和控制功能，有的模块甚至可以自成系统，单独工作。它们可以完成 PLC 的主 CPU 难以兼顾的功能，简化了某些控制系统的系统设计和编程，提高了 PLC 的适应性和可靠性。智能 I/O 模块主要有模拟量 I/O、高速计数输入、中断输入、机械运动输入、热电偶输入、热电阻输入、条形码阅读器、多路 BCD 码输入/输出、模糊控制器、PID 回路控制和各种通信模块等。

（4）基于 PC 的编程软件取代编程器

随着计算机日益普及，越来越多的用户使用基于个人计算机的编程软件。编程软件可以对 PLC 控制系统的硬件组态，即设置硬件的结构和参数，例如设置各框架各个插槽上模块的型号、模块的参数、各串行通信接口的参数等。在屏幕上可以直接生成和编辑梯形图、语句表、功能块图和顺序功能图程序，并实现不同编程语言的相互转换。程序被编译下载到 PLC，也可以将用户程序上传到计算机。程序可以存盘或打印；通过网络或 Modem 卡，还可以实现远程操作。

编程软件的调试和监控功能远远超过大型手持式编程器。例如，在调试时可以设置执行用户程序的扫描次数；有的编程软件可以在调试程序时设置断点；有的具有跟踪功能，用户可以周期性地选择保存若干编程元件的历史数据，并将数据上传后存为文件。

通过与 PLC 通信，可以在梯形图中显示触点的通断和线圈的状态，使得查找复杂电路的故障非常方便。

（5）PLC 编程语言的标准化

与个人计算机相比，PLC 的硬件、软件的体系结构都是封闭的，而不是开放的。在硬件方面，各厂家的 CPU 模块和 I/O 模块互不相通。PLC 的编程语言和指令系统的功能与表达方式也不一致，因此各厂家的可编程控制器互不兼容。为了解决这一问题，IEC（国际电工委员会）制定了可编程控制器标准（IEC1131），其中的第 3 部分（IEC1131-3）是 PLC 的编程语言标准。标准中共有 5 种编程语言，其中的顺序功能图（SFC）是一种结构块控制程序流程图，梯形图和功能块图是两种图形语言，还有两种文字语言——语句表和结构文体。除了提供几种编程语言供用户选择外，标准还允许编程者在同一程序中使用多种编程语言，这使编程者能够选择不同的语言来适应特殊的工作。

目前，已有越来越多的工控产品厂商推出了符合 IEC1131-3 标准的 PLC 指令系统或在 PC（个人计算机）上运行的软件包（软件 PLC）。如西门子公司的 STEP7-Micro/WIN32 编程软件给用户提供了两套指令集，一套符合 IEC1131-3 标准，另一套指令集（SIMATIC 指令集）中的大多数指令也符合 IEC1131-3 标准。

（6）PLC 通信的易用化

PLC 的通信联网功能使其能与个人计算机和其他智能控制设备交换数字信息，使系统形成统一的整体，实现分散控制和集中管理。通过双绞线、同轴电缆或光纤联网，信息可以传送到几十公里远的地方，通过 Modem 和互联网与世界上其他地方的计算机装置通信。

为了尽量减少用户在通信编程方面的负担，PLC 厂商做了大量的工作，使设备之间的通信自动地、周期性地进行，不需要用户为通信编程。用户的工作只是在组成系统时做一些硬件或软件上的初始化设置。

（7）组态软件与 PLC 的软件化

个人计算机（PC）的价格便宜，有很强的数学运算、数据处理、通信和人机交互的功能。过去的个人计算机主要用作 PLC、操作站或人机接口终端，工业控制现场一般使用工业控制计算机（IPC），相应地出现了应用于工业控制系统的组态软件。利用这些软件可以方便地进行工业控制流程的实时和动态监控，完成警报、历史趋势和各种复杂的控制功能，节约控制系统的控制时间，提高系统的可靠性。既然使用了 PC，为何不把 PLC 的功能也用软件在 PC 上实现呢？这就是软 PLC 产生的动机，加上现在智能 I/O 终端的发展，使得软PLC 的开发出现了上升的势头。目前已有很多家厂商推出了在 PC 上运行的可实现 PLC 功能的软件包。

（8）PLC 与现场总线相结合

IEC 对现场总线（Field Bus）的定义是："安装在制造和过程区域的现场装置与控制室内的自动控制装置之间的数字式、串行、多点通信的数据总线称为现场总线"。它是当前工业自动化的热点之一。现场总线以开放的、独立的、全数字化的双向多变量通信代替 0～10mA 或 4～20mA 的现场电动仪表信号。现场总线 I/O 集检测、数据处理、通信为一体，可以代替变送器、调节器、记录仪等模拟仪表。它不需要框架、机柜，可以直接安装在现场导轨槽上。现场总线 I/O 的接线极为简单，只需一根电缆，从主机开始，沿数据链从一个现场总线 I/O 连接到下一个现场总线 I/O。使用现场总线后，自控系统的配线、安装、调试和维护等方面的费用可以节约 2/3 左右，现场总线 I/O 与 PLC 可以组成功能强大的、廉价的 DCS 系统。

现场总线控制系统将 DCS 的控制站功能分散给现场控制设备，仅靠现场总线设备就可以实现自动控制的基本功能。例如，将电动调节阀及其驱动电路、输出特性补偿、PID 控制和运算、阀门自校验和自诊断功能集成在一起，再配上温度变送器，就可以组成一个闭环温度控制系统，有的传感器中植入了 PID 控制功能。现在功能强大的 PLC 配有和现场总线联网的模块，使之可以就近挂接到现场总线上。

使用现场总线后，操作员可以在中央控制室实现远程监控，对现场设备进行参数调整，还可以通过现场设备的自诊断功能预测故障和寻找故障点。

### 3.2.2　PLC 的分类

PLC 发展到今天，已经有多种形式，而且功能不尽相同。分类时，一般按以下原则来考虑。

（1）按 I/O 点数、容量分类

一般而言，处理的 I/O 点数比较多，则控制关系比较复杂，用户要求的程序存储器容量比较大，要求 PLC 指令及其他功能比较多，指令执行的过程也比较快。按 PLC 输入、输出点数的多少，将 PLC 分为以下三类。

① 小型机　小型 PLC 的功能一般以开关量控制为主。小型 PLC 输入、输出总点数一般在 256 点以下，用户程序存储器容量在 4K 字左右。现在的高性能小型 PLC 还具有一定的通信能力和少量的模拟量处理能力。这类 PLC 的特点是价格低廉、体积小巧，适合于控制单台设备和开发机电一体化产品。

典型的小型机有 SIEMENS 公司的 S7-200 系列、OMRON 公司的 CPM2A 系列、MITSUBISHI 公司的 FX 系列和 AB 公司的 SLC500 系列等整体式 PLC 产品。

② 中型机　中型 PLC 的输入、输出总点数在 256～2048 点之间，用户程序存储器容量达到 8K 字左右。中型 PLC 不仅具有开关量和模拟量的控制功能，还具有更强的数字计算能力，它的通信功能和模拟量处理能力更强大。中型机的指令比小型机更丰富，中型机适用于复杂的逻辑控制系统以及连续生产线的过程控制场合。

典型的中型机有 SIEMENS 公司的 S7-300 系列、OMRON 公司的 C200H 系列、AB 公司的 SLC500 系列等模块式 PLC 产品。

③ 大型机　大型 PLC 的输入、输出总点数在 2048 点以上，用户程序存储器容量达到 16K 字以上。大型 PLC 的性能已经与工业控制计算机相当，它具有计算、控制和调节的功能，还具有强大的网络结构和通信联网能力，有些 PLC 还具有冗余能力。它的监视系统采用 CRT 显示，能够表示过程的动态流程，记录各种曲线、PID 调节参数等；它配备多种智能板，构成一台多功能系统。这种系统还可以和其他型号的控制器互联，和上位机相连，组成一个集中与分散相结合的生产过程和产品质量控制系统。大型机适用于设备自动化控制、过程自动化控制和过程监控系统。

典型的大型 PLC 有 SIEMENS 公司的 S7-400、OMRON 公司的 CVM1 和 CS1 系列、AB 公司的 SLC5/05 等系列产品。

以上划分没有十分严格的界限。随着 PLC 技术飞速发展，某些小型 PLC 也具有中型或大型 PLC 的功能，这是 PLC 的发展趋势。

（2）按结构形式分类

根据结构形式的不同，PLC 主要分为整体式和模块式两类。

① 整体式结构　整体式结构的特点是将 PLC 的基本部件，如 CPU 板、输入板、输出板、电源板等紧凑地安装在一个标准机壳内，构成一个整体，组成 PLC 的一个基本单元（主机）或扩展单元。基本单元上没有扩展端口，通过扩展电缆与扩展单元相连，配有许多专用的特殊功能模块，如模拟量输入/输出模块、热电偶模块、热电阻模块、通信模块等，以构成 PLC 不同的配置。整体式结构的 PLC 体积小，成本低，安装方便。

微型和小型 PLC 一般为整体式结构，如西门子的 S7-200 系列。

② 模块式结构　模块式结构的 PLC 是由一些模块单元构成，如 CPU 模块、输入模块、输出模块、电源模块和各种功能模块等，将这些模块插在框架上或基板上即可。各模块功能是独立的，外形尺寸是统一的，可根据需要灵活配置。

目前，中、大型 PLC 多采用这种结构形式，如西门子的 S7-300 和 S7-400 系列。

整体式 PLC 每一个 I/O 点的平均价格比模块式的便宜，在小型控制系统中一般采用整体式结构。但是模块式 PLC 的硬件组态方便灵活，I/O 点数的多少、输入点数与输出点数的比例、I/O 模块的使用等方面的选择余地都比整体式 PLC 大得多，维修时更换模块、判断故障范围也很方便，因此较复杂的、要求较高的系统一般选用模块式 PLC。

## 3.3　PLC 的特点

现代工业生产过程是复杂多样的，它们对控制的要求各不相同。PLC 一出现就受到广大工程技术人员的欢迎，它具有以下特点。

（1）抗干扰能力强，可靠性高

PLC 专门为工业环境而设计，具有很高的可靠性。它的主要模块均采用大规模与超大规模集成电路，I/O 系统设计有完善的通道保护与信号调理电路；在结构上，对耐热、防潮、防尘、抗震等都有精确考虑；在硬件上，采用隔离、屏蔽、滤波、接地等抗干扰措施；在软件上，采用数字滤波等抗干扰和故障诊断措施。所有这些使 PLC 具有较高的抗干扰能力，因此运行稳定、可靠，抗干扰能力强。与继电器接触装置和通用计算机相比，PLC 更能适应工业现场较为恶劣的生产环境。

（2）控制系统结构简单，通用性强

PLC 及外围模块品种多，可由各种组件灵活组合成大小不同和适应不同要求的控制系统。在 PLC 构成的控制系统中，只需在 PLC 的端子上接入相应的输入/输出信号线即可，不需要继电器之类的物理电子器件和大量且繁杂的硬接线线路。当控制要求改变，需要变更控制系统的功能时，可以用编程器在线或离线修改程序。同一个 PLC 装置可用于不同的控制对象，只是输入/输出组件和应用软件不同。PLC 的输入/输出可直接与交流 220V、直流 24V 等强电相连，并有较强的带负载能力。

（3）编程方便，易于使用

PLC 是面向用户的设备，PLC 的设计者充分考虑到现场工程技术人员的技能和习惯，因此 PLC 程序的编制采用梯形图或面向工业控制的简单指令形式。梯形图与继电器原理图相类似，这种编程语言形象、直观，容易掌握，不需要专门的计算机知识和语言，只要具有一定的电工和工艺知识就可在短时间内学会。

（4）功能完善

现代 PLC 不仅有逻辑运算、计时、计数、步进控制功能，还能完成 A/D 转换、D/A 转换、模拟量处理、高速计数、联网通信等功能，可以通过上位计算机显示、报警、记录，完成人机对话，使控制水平大为提高。因此，PLC 具有极强的适应性，能够很好地满足各种类型控制的需要，是目前工厂中应用最广的自动化设备。

（5）体积小，维护操作方便

PLC 体积小，质量轻，便于安装。PLC 的输入/输出系统能够直观地反映现场信号的变化状态，还能通过各种方式直观地反映控制系统的运行状态，如内部工作状态、通信状态、I/O 点状态、异常状态和电源状态等，对此均有醒目的指示，非常有利于运行和维护人员对系统进行监控。

## 3.4　PLC 的应用

在 PLC 发展初期，由于其价格高于继电器控制装置，使其应用受到限制。但最近十多年来，PLC 的应用面越来越广，主要原因是：一方面由于微处理器芯片及有关元件的价格大大下降，使得 PLC 的成本下降；另一方面，PLC 的功能大大增强，它已能解决复杂的计算和通信问题。目前，PLC 广泛应用于钢铁、采矿、水泥、石油、化工、电力、机械制造、汽车、装卸、造纸、纺织、环保和娱乐等行业，其应用范围通常分成以下 5 种类型。

（1）顺序控制

这是 PLC 应用最广泛的领域，也是最适合 PLC 使用的领域。它用来取代传统的继电器顺序控制，应用于单机控制、多机群控、生产自动线控制等。例如，注塑机械、印刷机械、订书机械、包装机械、切纸机械、组合机床、磨床、装配生产线、电镀流水线及电梯控制等。

（2）运动控制

PLC 制造商目前提供了拖动步进电机或伺服电机的单轴或多轴位置控制模块。在多数情况下，PLC 把描述目标位置的数据送给模块，其输出移动一轴或数轴到目标位置。每个轴移动时，位置控制模块保持适当的速度和加速度，确保运动平滑。

相对来说，位置控制模块比 CNC 装置体积更小，价格更低，速度更快，操作更方便。

（3）过程控制

PLC 还能控制大量的过程参数，例如温度、流量、压力、液体和速度。PID 模块提供了使 PLC 具有闭环控制的功能，即一个具有 PID 控制能力的 PLC 可用于过程控制。当过程控制中某个变量出现偏差时，PID 控制算法会计算出正确的输出，把变量保持在设定值上。

（4）数据处理

在机械加工中，PLC 作为主要的控制和管理系统用于 CNC 和 NC 系统中，完成大量的数据处理工作。

（5）通信网络

PLC 的通信包括主机与远程 I/O 之间的通信、多台 PLC 之间的通信、PLC 和其他智能控制设备（如计算机、变频器、数控装置）之间的通信。PLC 与其他智能控制设备一起，可以组成"集中管理、分散控制"的分布式控制系统。

# 3.5 PLC 的系统组成

PLC 实质上是一种工业控制计算机。PLC 与计算机的组成十分相似，只不过它比一般的计算机具有更强的与工业过程相连接的接口，以及更直接的适应控制要求的编程语言。从硬件结构看，它由 CPU、存储器、输入/输出接口、电源等组成。PLC 的结构框图如图 3-1 所示。

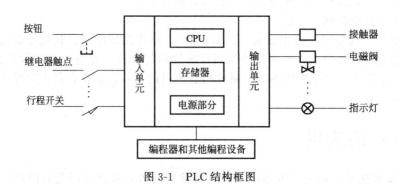

图 3-1　PLC 结构框图

### 3.5.1　中央处理器（CPU）

中央处理器（CPU）一般由控制器、运算器和寄存器组成，这些电路都集成在一块芯片内。CPU 通过数据总线、地址总线和控制总线与存储单元、输入/输出接口电路相连接。

与一般计算机一样，CPU 是 PLC 的核心，它按 PLC 中系统程序赋予的功能指挥 PLC 有条不紊地工作。用户程序和数据事先存入存储器，当 PLC 处于运行方式时，CPU 按循环扫描方式执行用户程序。

CPU 主要完成下列工作：

① 接收、存储用户通过编程器等输入设备输入的程序和数据。

② 用扫描的方式通过 I/O 部件接收现场信号的状态或数据，并存入输入映像寄存器或数据存储器。

③ 诊断 PLC 内部电路的工作故障和编程中的语法错误等。

④ PLC 进入运行状态后，执行用户程序，完成各种数据的处理、传输，存储相应的内部控制信号，以完成用户指令规定的各种操作。

⑤ 响应各种外围设备（如编程器、打印机等）的请求。

### 3.5.2　存储器

PLC 的存储器包括系统存储器和用户存储器。

（1）系统存储器

系统存储器用来存放由 PLC 生产厂家编写的系统程序，并固化在 ROM 内，用户不能直接更改。它使 PLC 具有基本的功能，能够完成 PLC 设计者规定的各项工作。系统程序质量的好坏，很大程度上决定了 PLC 的性能。

（2）用户存储器

用户存储器包括用户程序存储器（程序区）和数据存储器（数据区）两部分。用户程序存储器用来存放用户针对具体控制任务而用规定的 PLC 编程语言编写的各种用户程序。用户程序存储器根据所选用的存储器单元类型的不同（可以是 RAM、EPROM 或 EEPROM 存储器），其内容由用户修改或增删。用户数据存储器用来存放（记忆）用户程序中所使用器件的 ON/OFF 状态和数值、数据等。它的大小关系到用户程序容量的大小，是反映 PLC 性能的重要指标之一。

PLC 使用的存储器类型有下述三种。

① 随机存取存储器（RAM）　用户可以用编程装置读出 RAM 中的内容，也可以将用户程序写入 RAM，因此 RAM 又叫读/写存储器。它是易失性的存储器，电源中断后，其存储的信息将丢失。

RAM 的工作速度快，价格便宜，改写方便。在关断可编程控制器的外部电源后，可用锂电池保存 RAM 中的用户程序和某些数据。锂电池可用 2～5 年，需要更换锂电池时，由 PLC 发出信号通知用户。现在大部分 PLC 已不用锂电池来完成掉电保护功能了。

② 只读存储器（ROM）　ROM 的内容只能读出，不能写入。它是非易失性的，电源消失后，其仍能保存存储的内容。ROM 一般用来存放可编程控制器的系统程序。

③ 可电擦除可编程的只读存储器（EEPROM 或 $E^2$PROM）　它是非易失性的。但是可以用编程装置对其编程，兼有 ROM 的非易失性和 RAM 的随机存取优点，但是信息写入所需的时间比 RAM 长得多。EEPROM 用来存入用户程序和需长期保存的重要数据。

### 3.5.3　输入/输出接口

输入/输出单元是 PLC 与外界连接的接口。输入单元接收来自用户设备的各种控制信号，通过接口电路将这些信号转换成中央处理器能够识别和处理的信号，并存到输入映像寄存器。

运行时，CPU 从输入映像寄存器读取输入信息并进行处理，然后将处理结果放到输出映像寄存器。输出映像寄存器由输出点相对应的触发器组成，输出接口电路将其由弱电控制信号转换成现场需要的强电信号输出，以驱动电磁阀、接触器、指示灯等被控设备的执行元件。

当 S7-200 主机的输入/输出点数不能满足控制的需要时，可以选配各种模块来扩展。

PLC 的接口模块有数字量模块、模拟量模块、智能模块等。

（1）数字量模块

① 数字量输入模块　数字量输入模块的每一个输入点可接收一个来自用户设备的离散信号，如按钮、各类开关、继电器触点等。

• 直流输入模块。直流输入模块的输入电路如图 3-2 所示，图中，$R_1$ 为限流电阻；$R_2$ 和 $C$ 构成滤波电路，可以滤掉输入信号的谐波；VL 为输入指示灯；VLC 为光耦合器。输入模块的外接直流电源极性可以任意选择。

直流模块的工作原理是：当输入开关闭合时，现场开关闭合后，外部直流电压经过电阻 $R_1$ 和阻容滤波后加到双向光耦合器的发光二极管上；经光耦合，光敏晶体管接收光信号，并将接收的信号送入内部状态。即当现场开关闭合时，对应的输入映像寄存器为"1"状态；当现场开关断开时，对应的输入映像寄存器为"0"状态。当输入端的发光二极管（VL）点亮，即指示现场开关闭合时，光耦合器隔离了输入电路与 PLC 内部电路的电气连接，使外部信号通过光耦合变成内部电路能接收的标准信号。

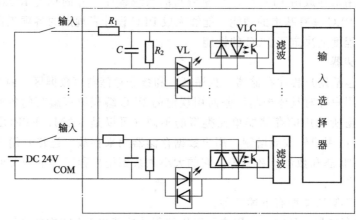

图 3-2　直流输入模块电路原理图

• 交流输入模块。交流输入模块的电路原理图如图 3-3 所示。为防止输入信号过高，每路输入信号并接取样电阻 $R_1$ 用来限幅；为减少高频信号窜入，串接 $R_2$、$C$ 作为高频去耦电路；$R_2$、$R_3$ 对交流电压起到分压作用。

交流模块的工作原理是：当输入开关闭合时，交流电源经 $C$、$R_2$、双向光耦合器，将该信号送至 PLC 内部电路，供 CPU 处理。双向二极管 VL 指示输入状态。

② 数字量输出模块

• 直流输出模块。直流输出模块的电路原理图如图 3-4 所示。直流输出模块是晶体管输出方式，外加直流负载电源。当 CPU 根据用户程序的运算把输出信号送入 PLC 的输出映像区后，通过内部总线把输出信号送到输出锁存器中。当输出锁存器的对应位为"1"时，其对应的晶体管 V 导通，把负载 L 和电源连通起来，使得负载 L 获得电流，发光二极管 VL 导通；当输出锁存器的对应位为"0"时，其对应的晶体管 V 截止，把负载 L 和电源隔断，使得负载不会获得电流，发光二极管 VL 不导通。

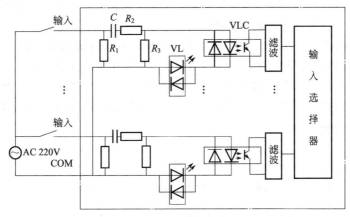

图 3-3　交流输入模块电路原理图

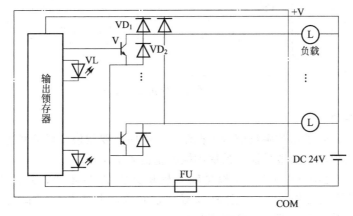

图 3-4　直流输出模块电路原理图

• 交流输出模块。交流输出模块的电路原理图如图 3-5 所示。交流输出模块采用光控双向硅开关驱动，所以又叫双向二极晶闸管输出模块，外加交流电源。当 CPU 根据用户程序的运算把输出信号送入 PLC 的输出映像区后，通过内部总线把输出信号送到输出锁存器中。当输出锁存器的对应位为"1"时，其对应的光耦合器 VLC 导通，把负载 L 和电源连通起来，使得负载 L 获得电流，发光二极管 VL 发光。当输出锁存器的对应位为"0"时，其对应的光耦合 VLC 截止，把负载 L 和电源隔断，使得负载不会获得电流，发光二极管 VL 不导通。

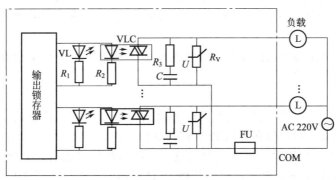

图 3-5　交流输出模块电路原理图

当晶闸管由导通变为阻断时，如果负载中含有电感的话，电感中磁场能量的释放是通过阻容吸收电路 $R_3$、$C$ 和压敏电阻 $R_V$ 吸收的。

• 交直流输出模块。其输出电路图如图 3-6 所示。交直流输出模块采用断电器输出方式。当输出锁存器的对应位为 "1" 时，其对应的二极管 VL 导通发光，继电器 $K_1$ 的线圈带电，$K_1$ 的触点把负载 L 和电源连通起来，使得负载 L 获得电流；当输出锁存器的对应位为 "0" 时，其对应的二极管 VL 不导通，$K_1$ 线圈不带电，$K_1$ 的触点把负载 L 和电源隔断，使得负载 L 不会获得电流。

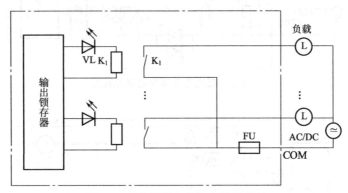

图 3-6　继电器输出模块电路原理图

（2）模拟量模块

在工业控制中，除了用数字量信号来控制外，有时还要用模拟量信号进行控制。模拟量模块有模拟量输入模块、模拟量输出模块和模拟量输入输出模块。

① 模拟量输入模块（A/D）　模拟量输入模块又称 A/D 模块，是把模拟信号转换成 PLC 的 CPU 可以接收的数字量，一般为 12 位二进制数，也有比 12 位高的或比 12 位低的。应该说，数字量位数越多的模块，分辨率越高。

② 模拟量输出模块（D/A）　模拟量输出模块又称 D/A 模块，是把 PLC 的 CPU 送往模拟量输出模块的数字量转换成外部设备可以接收的模拟量（电压或电流）。一般输出模拟信号都是标准的传感器信号。模拟量输出模块所接收的数字信号一般为 12 位二进制数，也有比 12 位高的或比 12 位低的。同样，数字量位数越多的模块，分辨率越高。

### 3.5.4　电源部分

PLC 一般使用 220V 交流电源，内部的开关电源为 PLC 的中央处理器、存储器等电路提供 5V、±12V、24V 等直流电源，使 PLC 能正常工作。

电源部件的位置形式有多种。对于整体式结构的 PLC，通常电源封装到机壳内部；对于模块式 PLC，有的采用单独电源模块，有的将电源与 CPU 封装到一个模块中。

### 3.5.5　扩展接口

扩展接口用于将扩展单元以及功能模块与基本单元相连，使 PLC 的配置更加灵活，以满足不同控制系统的需要。

### 3.5.6　通信接口

为了实现 "人—机" 或 "机—机" 之间的对话，PLC 配有多种通信接口。PLC 通过这些通信接口与监视器、打印机和其他 PLC 或计算机相连。

当 PLC 与打印机相连时，可将过程信息、系统参数等输出打印；当与监视器（CPT）相连时，可将过程图像显示出来；当与其他 PLC 相连时，可以组成多机系统或联成网络，实现更大模块的控制；当与计算机相连时，可以组成多级控制系统，实现控制与管理相结合的综合控制。

### 3.5.7 编程器

编程器的作用是供用户进行程序的编制、编辑、调试和监视。用户通过编程器编写控制程序，并通过通信单元（编程器接口）将程序装入 PLC。

还可以利用 PC 作为编程器。PLC 生产厂家配有相应的编程软件，使用编程软件在屏幕上直接生成和编辑梯形图、语句表、功能块图和顺序功能图程序，并实现不同编程语言的相互转换。程序被编译后下载到 PLC，也可以将 PLC 中的程序上传到计算机。程序可以存盘或打印；通过网络，还可以实现远程传送。现在有些 PLC 不再提供编程器，而只提供微机编程软件，并且配有相应的通信连接电缆。

# 3.6 PLC 的工作原理

### 3.6.1 PLC 的工作方式和运行框图

众所周知，继电器控制系统是一种"硬件逻辑系统"，如图 3-7(a) 所示，它的三条支路是并行工作的。当按下按钮 $SB_1$ 时，中间继电器 K 得电，K 的两个触点闭合，接触器 $KM_1$、$KM_2$ 同时得电且并行动作，所以继电器控制系统采用的是并行工作方式。

PLC 是一种工业控制计算机，其工作原理建立在计算机工作原理基础之上，即通过执行反映控制要求的用户程序来实现，如图 3-7(b) 所示。但是 CPU 是以分时操作方式来处理各项任务的，计算机在每一瞬间只能做一件事，所以程序的执行是按程序顺序依次完成相应各电器的动作，所以它属于串行工作方式。

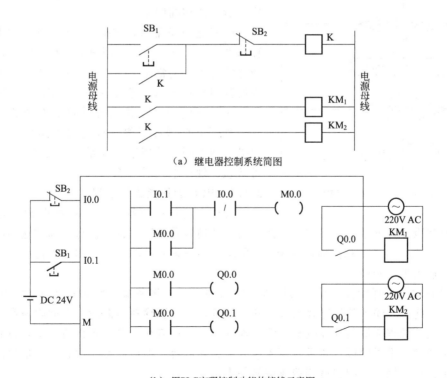

（a）继电器控制系统简图

（b）用PLC实现控制功能的接线示意图

图 3-7　PLC 控制系统与继电器控制系统的比较

概括而言，PLC 是按集中输入、集中输出，周期性循环扫描的方式工作的。每一次扫描所用的时间称为扫描周期或工作周期。CPU 从执行第一条指令开始，按顺序逐条地执行用户程序，直到用户程序结束；然后返回第一条指令，开始新一轮的扫描。PLC 就是这样周而复始地重复上述循环扫描的。

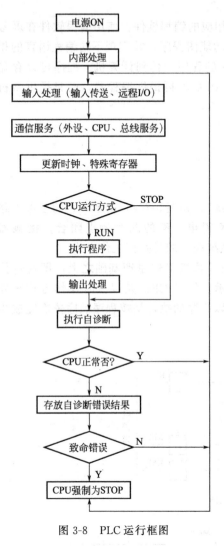

图 3-8　PLC 运行框图

PLC 工作的全过程可用图 3-8 所示的运行框图来表示。整个过程分为以下三个部分。

第一部分是上电处理。机器上电后，对 PLC 系统进行一次初始化，包括硬件初始化、I/O 模块配置检查、停电保持范围设定及其他初始化处理等。

第二部分是扫描过程。PLC 上电处理完成以后进入扫描工作过程。先完成输入处理，其次完成与其他外设的通信处理，再次进行时钟、特殊寄存器更新。当 CPU 处于 STOP 方式时，转入执行自诊断检查。当 CPU 处于 RUN 方式时，还要完成用户程序的执行和输出处理，再转入执行自诊断检查。

第三部分是出错处理。PLC 每扫描一次，执行一次自诊断检查，确定 PLC 自身的动作是否正常，如 CPU、电池电压、程序存储器、I/O 和通信等是否异常或出错。若检查出异常，CPU 面板上的 LED 及异常继电器会接通，在特殊寄存器中会存入出错代码；当出现致命错误时，CPU 被强制为 STOP 方式，所有的扫描停止。

PLC 运行正常时，扫描周期的长短与 CPU 的运算速度、I/O 点的情况、用户应用程序的长短及编程情况等有关。通常用 PLC 执行 1KB 指令所需时间来说明其扫描速度（一般 1～10ms/KB）。值得注意的是，对于不同指令，其执行时间是不同的，从零点几微秒到上百微秒不等，故选用不同指令，所用的扫描时间不同。若用于高速系统，要缩短扫描周期，可从软、硬件上同时考虑。

### 3.6.2　PLC 的扫描工作过程

分析上述扫描过程，如果对过程 I/O 特殊模块和其他通信服务暂不考虑，扫描过程就只剩下"输入采样"、"程序执行"和"输出刷新"三个阶段了。PLC 典型的扫描周期如图 3-9 所示（不考虑立即输入、立即输出情况）。

（1）输入采样阶段

PLC 在输入采样阶段，首先扫描所有输入端子，并将各输入状态存入相对应的输入映像寄存器。此时，输入映像寄存器被刷新。接着，进入程序执行阶段。在此阶段和输入刷新阶段，输入映像寄存器与外界隔离，无论输入信号如何变化，其内容保持不变，直到下一个扫描周期的输入采样阶段，才重新写入输入端的新内容。所以一般来说，输入信号的宽度要大于一个扫描周期，否则很可能造成信号丢失。

（2）程序执行阶段

根据 PLC 梯形图程序扫描原则，一般来说，PLC 按从左至右、从上到下的顺序执行程序。当指令中涉及输入、输出状态时，PLC 就从输入映像寄存器中"读入"对应的输入端子状态，从元件映像寄存器"读入"对应元件（"软继电器"）的当前状态。然后，进行相应的运算，运算结果存入元件映像寄存器。对元件映像寄存器来说，每一个元件（"软继电器"）的状态会随着程序执行过程而变化。

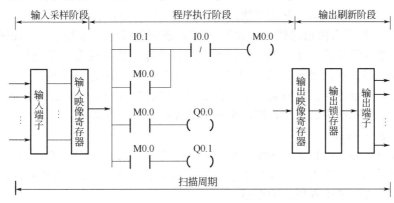

图 3-9　PLC 扫描工作过程

（3）输出刷新阶段

在所有指令执行完毕后，元件映像寄存器中所有输出继电器的状态（接通/断开）在输出刷新阶段转存到输出锁存器中，通过一定方式输出，最后经过输出端子驱动外部负载。

# 3.7　PLC 的编程语言和程序结构

### 3.7.1　PLC 的编程语言

PLC 为用户提供了完整的编程语言，以适应编制用户程序的需要。PLC 提供的编程语言通常有以下几种：梯形图、语句表、功能图、功能块图。下面以 S7-200 系列 PLC 为例来说明。

（1）梯形图（LAD）

梯形图（Ladder）编程语言是从继电器控制系统原理图的基础上演变而来的。PLC 的梯形图与继电器控制系统梯形图的基本思想是一致的，只是在使用符号和表达方式上有一定区别。

图 3-10 所示是典型的梯形图。左、右两条垂直的线称为母线。母线之间是触点的逻辑连接和线圈的输出。

梯形图的一个关键概念是"能流"（Power Flow），这只是概念上的"能流"。在图 3-10 中，把左边的母线假想为电源"火线"，把右边的母线（虚线所示）假想为电源"零线"。如果有"能流"从左至右流向线圈，则线圈被激励；如果没有"能流"，则线圈未被激励。

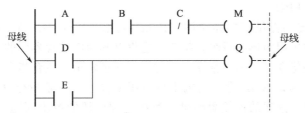

图 3-10　梯形图举例

"能流"可以通过被激励（ON）的常开接点和未被激励（OFF）的常闭接点自左向右流。"能流"在任何时候都不会通过接点自右向左流。如图 3-10 中，当 A、B、C 接点都接通后，线圈 M 才能接通（被激励），只要其中一个接点不接通，线圈就不会接通；而 D、E 接点中任何一个接通，线圈 Q 就被激励。

要强调指出的是，引入"能流"的概念，仅仅是为了和继电接触器控制系统相比较，来对梯形图有一个深入的认识，其实"能流"在梯形图中是不存在的。

有的 PLC 梯形图有两根母线，但大部分 PLC 现在只保留左边的母线。在梯形图中，触点代表逻辑"输入"条件，如开关、按钮和内部条件等；线圈通常代表逻辑"输出"结果，如灯、电机接触器、中间继电器等。对 S7-200 PLC 来说，还有一种输出——"盒"，它代表附加的指令，如定时器、计数器和功能指令等，以后学习到指令时会详细介绍。

梯形图语言简单明了，易于理解，是所有编程语言中的首选。

（2）语句表（STL）

语句表（Statements List）类似于计算机中的助记符语言，它是 PLC 最基础的编程语言。所谓语句表编程，是用一个或几个容易记忆的字符来代表 PLC 的某种操作功能。具体指令的说明在后续章节中有详细的介绍。

图 3-11 所示是一个简单的 PLC 程序，图（a）是梯形图程序，图（b）是相应的语句表。一般来说，语句表编程适合于熟悉 PLC 和有经验的程序员使用。

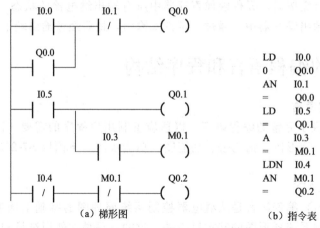

（a）梯形图　　　　　　　　　　　　（b）指令表

图 3-11　LAD 和 STL 应用举例

（3）顺序功能流程图（SFC）

顺序功能流程图（Sequence Function Chart）编程是一种图形化的编程方法，亦称功能图。使用它可以对具有并发、选择等复杂结构的系统进行编程。许多 PLC 都提供了用于 SFC 编程的指令，本书第 6 章详细介绍这种编程方法。目前国际电工委员会（IEC）正在实施并发展这种语言的编程标准。

（4）功能块图（FBD）

S7-200 的 PLC 专门提供了功能块图（Function Block Diagram）编程语言。利用 FBD 可以查看到像普通逻辑门图形的逻辑盒指令。它没有梯形图编程器中的触点和线圈，但有与之等价的指令，这些指令是作为盒指令出现的，程序逻辑由这些盒指令之间的连接决定。也就是说，一个指令（例如 AND 盒）的输出可以用来接通另一条指令（例如定时器），以建立所需要的控制逻辑。这样的连接思想可以解决范围广泛的逻辑问题。FBD 编程语言有利于程序流的跟踪，但目前使用较少。图 3-12 所示为 FBD 的一个简单实例。

### 3.7.2　PLC 的程序结构

控制一个任务或过程，是通过在 RUN 方式下，使主机循环扫描并连续执行用户程序来

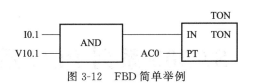

图 3-12　FBD 简单举例

实现的。用户程序决定了一个控制系统的功能。程序的编制可以使用编程软件在计算机或其他专用编程设备中完成（如图形输入设备），也可使用手编器。

广义上的 PLC 程序由三部分构成：用户程序、数据块和参数块。

（1）用户程序

用户程序是必选项，在存储器空间中也称为组织块。它处于最高层次，可以管理其他块，是用各种语言（如 STL、LAD 或 FBD 等）编写的用户程序。不同机型的 CPU，其程序空间容量也不同。用户程序的结构比较简单，一个完整的用户控制程序应当包含一个主程序、若干子程序和若干中断程序三大部分。

（2）数据块

数据块为可选部分，它主要存放控制程序运行所需的数据。

（3）参数块

参数块也是可选部分，它存放的是 CPU 组态数据，如果在编程软件或其他编程工具上未进行 CPU 组态，系统以默认值自动配置。

# 思考与练习

3-1　PLC 有什么特点？

3-2　PLC 与继电接触式控制系统相比有哪些异同？

3-3　PLC 有哪些基本组成部分？各部分的主要作用是什么？

3-4　试述 S7-200 输入/输出接口模块的类型与作用。

3-5　PLC 的工作原理是什么？简述 PLC 的扫描过程。

3-6　PLC 是按什么样的方式工作的？它的中心工作过程分哪几个阶段？在每个阶段主要完成哪些控制任务？

3-7　PLC 有些什么编程语言？

# 第 4 章　S7-200 系列 PLC 系统概述

S7-200 系列 PLC 是西门子公司 20 世纪 90 年代推出的整体式小型可编程控制器，开始称为 CPU 21＊，其后的改进称为 CPU 22＊。21＊和 22＊各有 4、5 个型号。其结构紧凑，功能强，具有很高的性价比，在中小规模控制系统中应用广泛。本章介绍 CPU 22＊系列 PLC 的各项技术指标及应用知识。

## 4.1　系统功能概述

S7-200 PLC 系统是紧凑型可编程控制器。系统的硬件构架由系统的 CPU 模块和丰富的扩展模块组成。它能够满足各种设备的自动化控制需求。S7-200 除具有 PLC 基本的控制功能外，更在如下方面有其独到之处。

（1）功能强大的指令集

指令内容包括位逻辑指令、计数器、定时器、复杂数学运算指令、PID 指令、字符串指令、时钟指令、通信指令以及和智能模块配合的专用指令等。

（2）丰富强大的通信指令功能

S7-200 提供了近 10 种通信方式以满足不同的应用需求，从简单的 S7-200 之间的通信到 S7-200 通过 Profibus-DP 网络通信，甚至到 S7-200 通过以太网通信。在联网需求日益成为必需的今天，强大的通信无疑使 S7-200 能为更多的用户服务，其通信功能远远超出小型 PLC 的整体通信水平。

（3）编程软件的易用性

STEP7-Micro/WIN32 编程软件为用户提供了开发、编辑和监控的良好编程环境。全中文界面、中文在线帮助信息、Windows 的界面风格以及丰富的编程向导，使用户快速进入状态，得心应手。

（4）不断创新

创新是西门子公司的一贯风格，它不断推出新品，这在 S7-200 上体现得淋漓尽致。

## 4.2　S7-200 PLC 的结构及扩展模块

考虑到西门子公司的产品在中国应用非常广泛，其功能比较全面和典型，具有一定的代表性，因此本节以 S7-PLC CPU 22＊系列为例，详细介绍 S7-200 系列 PLC 的硬件系统、内部元器件和寻址方式等。

### 4.2.1　S7-200 PLC 的结构

（1）S7-200 CPU

S7-200 CPU 外形如图 4-1 所示。

（2）S7-200 CPU 规格

目前提供的 S7-200 CPU 有 CPU 221、CPU 222、CPU 224、CPU 224XP、CPU 226 和 CPU 226XM。

① CPU 221：它有 6 输入/4 输出，I/O 共计 10 点，无扩展能力，程序和数据存储容量

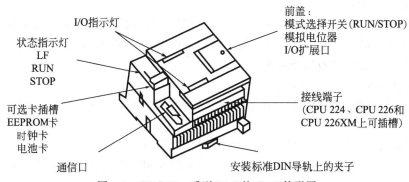

图 4-1　CPU 22 * 系列 PLC 的 CPU 外形图

较小，有一定的高速计数处理能力，非常适合于少点数的控制系统。

② CPU 222：它有 8 输入/6 输出，I/O 共计 14 点。和 CPU 221 相比，它可以进行一定模拟量的控制和 2 个模块的扩展，因此是应用更广泛的全功能控制器。

③ CPU 224：它有 14 输入/10 输出，I/O 共计 24 点。和前两者相比，存储容量扩大了 1 倍，可以有 7 个扩展模块，有内置时钟；它有更强的模拟量和高速计数的处理能力，是使用得最多的 S7-200 产品。

④ CPU 224XP：这是最新推出的一种实用机型，和 CPU 224 相比，其最大的区别是在主机上增加了 2 入/1 出的模拟量单元和一个通信口，非常适合在有少量模拟量信号的系统中使用。

⑤ CPU 226：它有 24 输入/16 输出，I/O 共计 40 点。和 CPU 224 相比，增加了通信口的数量，通信能力大大增强。它可用于点数较多、要求较高的小型或中型控制系统。

⑥ CPU 226XM：这是西门子公司推出的一种增强型主机，它在用户程序存储容量和数据存储容量上进行了扩展，其他指标和 CPU 226 相同。

（3）S7-200 CPU 技术规范

对于每个型号，西门子提供直流（24V）和交流（120～220V）两种电源供电的 CPU 类型。

附表 2～附表 5 列出了 S7-200 PLC CPU 的主要技术规范，包括 CPU 规范、CPU 输入规范和 CPU 输出规范等。CPU 的技术数据对了解 PLC 的性能和进行 PLC 选择非常有用。

### 4.2.2　扩展模块

当 CPU 的 I/O 点数不够用或需要进行特殊功能的控制时，就要进行 I/O 的扩展。I/O 扩展包括 I/O 点数的扩展和功能模块的扩展。不同的 CPU 有不同的扩展规范，主要受 CPU 的功能限制。使用时可参考西门子系统手册。

（1）I/O 扩展模块

用户可以使用主机 I/O 和扩展 I/O 模块。S7-200 系列 CPU 提供一定数量的主机数字量 I/O 点，但在主机 I/O 点数不够的情况下，必须使用扩展模块的 I/O 点。

典型的数字量输入/输出扩展模块有以下几类：

① 输入扩展模块 EM 221 有 2 种，分别为 8 点 DC 输入、8 点 AC 输入。

② 输出扩展模块 EM 222 有 3 种，分别为 8 点 DC 晶体管输出、8 点 AC 输出、8 点继电器输出。

③ 输入/输出混合扩展模块 EM 223 有 6 种，分别为 4 点（8 点、16 点）DC 输入/4 点（8 点、16 点）DC 输出、4 点（8 点、16 点）DC 输入/4 点（8 点、16 点）继电器输出。

（2）功能扩展模块

当需要完成某些特殊功能的控制任务时，CPU 主机可以扩展特殊功能模块。如要求进行 Profibus-DP 现场总线连接时，就需要 EM 277 Profibus-DP 模块。

典型的特殊功能模块有以下几种：

① 模拟量输入/输出扩展模块

• 模拟量输入扩展模块 EM 231 有 3 种：4 路模拟量输入、2 路热电阻输入和 4 路热电偶输入。

• 模拟量输出扩展模块 EM 232 具有 2 路模拟量输出。

• 模拟量输入/输出扩展模块 EM 235 具有 4 路模拟量输入/1 路模拟量输出（占用 2 路输出地址）。

② 特殊功能模块　有 EM 253 位置控制模块、EM 277 Profibus-DP 模块、EM 241 调制解调器模块、CP243-1 以太网模块、CP243-2AS-I 接口模块等。

功能模块性能的讲解请参见最新的 S7-200 PLC 系统手册或本书后面的有关章节。

（3）I/O 点数扩展和编址

例如，某一控制系统采用 CPU 224，系统所需的输入/输出点数各为：数字量输入 24 点、数字量输出 20 点、模拟量输入 6 点和模拟量输出 2 点。

本系统有多种不同模块的选取组合，并且各模块在 I/O 链中的位置排列方式也有多种。图 4-2 所示为其中的一种模块连接形式。表 4-1 所列为其对应的各模块编址情况。表中的地址间隙（用斜体表示）无法在程序中使用。

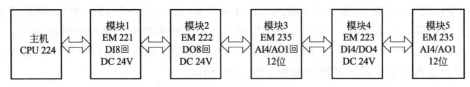

图 4-2　模块连接方式

表 4-1　各模块编址

| 主机 I/O | | 模块 1 I/O | 模块 2 I/O | 模块 3 I/O | | 模块 4 I/O | | 模块 5 I/O | |
| --- | --- | --- | --- | --- | --- | --- | --- | --- | --- |
| I0.0 | Q0.0 | I2.0 | Q2.0 | AIW0 | AQW0 | I3.0 | Q3.0 | AIW8 | AQW4 |
| I0.1 | Q0.1 | I2.1 | Q2.1 | AIW2 | | I3.1 | Q3.1 | AIW10 | |
| I0.2 | Q0.2 | I2.2 | Q2.2 | AIW4 | | I3.2 | Q3.2 | AIW12 | |
| I0.3 | Q0.3 | I2.3 | Q2.3 | AIW6 | | I3.3 | Q3.3 | AIW14 | |
| I0.4 | Q0.4 | I2.4 | Q2.4 | | | | | | |
| I0.5 | Q0.5 | I2.5 | Q2.5 | | | | | | |
| I0.6 | Q0.6 | I2.6 | Q2.6 | | | | | | |
| I0.7 | Q0.7 | I2.7 | Q2.7 | | | | | | |
| I1.0 | Q1.0 | | | | | | | | |
| I1.1 | Q1.1 | | | | | | | | |
| I1.2 | | | | | | | | | |
| I1.3 | | | | | | | | | |
| I1.4 | | | | | | | | | |
| I1.5 | | | | | | | | | |

由此可见，S7-200 系统扩展对输入/输出的组态规则为：

① 同类型输入或输出的模块进行顺序编址。

② 对于数字量，输入/输出映像寄存器的单位长度为 8 位（1 个字节）；本模块高位实际

位数未满 8 位的，未用位不能分配给 I/O 链的后续模块。

③ 对于模拟量，输入/输出以 2 个字节（1 个字）递增方式来分配空间。

# 4.3　S7-200 PLC 的寻址

S7-200 CPU 将信息存储在不同的存储单元，每个单元都有唯一的地址。S7-200 CPU 使用数据地址访问所有的数据，称为寻址。输入/输出点、中间运算数据等各种数据类型具有各自的地址定义；大部分指令都需要指定数据地址。

## 4.3.1　数据长度

S7-200 寻址时，可以使用不同的数据长度。不同的数据长度表示的数值范围不同。S7-200 指令需要不同的数据长度。

数据长度和数值范围如表 4-2 所示。

表 4-2　数据长度和数值范围

| 数 据 长 度 | 字节（B） | 字（W） | 双字（D） |
|---|---|---|---|
| 无符号整数 | 0～255<br>0～FF | 0～65,535<br>0～FFFF | 0～4,294,967,295<br>0～FFFF FFFF |
| 符号整数 | −128～+127<br>80～7F | −32,768～+32,767<br>8000～7FFF | −2,147,483,648～+2,147,483,647<br>8000 0000～7FFF FFFF |
| 实数<br>IEEE 32 位浮点数 | | | +1.175495E−38～+3.402823E+38（正数）<br>−1.175495E−38～−3.402823E+38（负数） |

## 4.3.2　寻址方式

（1）直接寻址

直接指出元件名称的寻址方式为直接寻址。

直接寻址中，操作数的地址应按规定的格式表示。指令中，数据类型应与指令符相匹配。

在 S7-200 中，可以存放操作数的存储区有输入映像寄存器（I）存储区、输出映像寄存器（Q）存储区、变量（V）存储区、位存储器（M）存储区、顺序控制继电器（S）存储区、特殊存储器（SM）存储区、局部存储器（L）存储区、定时器（T）存储区、计数器（C）存储区、模拟量输入（AI）存储区、模拟量输出（AQ）存储区、累加器区和高速计数器区。

在 S7-200 系统中，可以按位、字节、字和双字对存储单元寻址。

位寻址的举例如图 4-3 所示，字节寻址的举例如图 4-4 所示。

可以看出，VW100 包括 VB100 和 VB101；VD100 包括 VW100 和 VW102，即 VB100、VB101、VB102 和 VB103 这 4 个字节。

当涉及多字节组合寻址时，S7-200 遵循"高地址、低字节"的规律。如果将 16♯AB（十六进制数值）送入 VB100，16♯CD 送入 VB101，那么 VW100 的值将是 16♯ABCD，即 VB101 作为高地址字节，保存数据的低字节部分。

（2）间接寻址

在一条指令中，如果操作码后面的操作数是以一个数据所在地址的地址形式出现的，这种指令的寻址方式就叫做间接寻址。

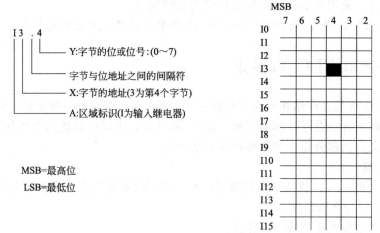

图 4-3 位寻址举例

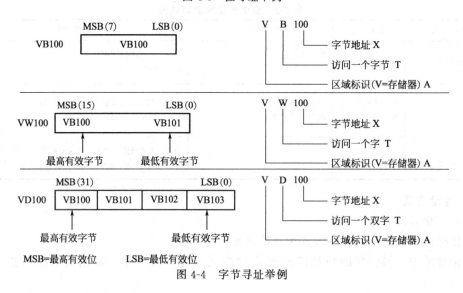

图 4-4 字节寻址举例

S7-200 CPU 以变量存储器（V）、局部存储器（L）或累加器（AC）的内容值为地址进行间接寻址。可间接寻址的存储器区域有 I、Q、V、M、S、T（仅当前值）、C（仅当前值）。不可以对独立的位（Bit）值或模拟量进行间接寻址。

① 建立指针 间接寻址前，应先建立指针［必须用双传送指令（MOVD）］，指针中存放存储器的某个地址。以指针中的内容值为地址就可以进行间接寻址。只能使用变量存储器（V）、局部存储器（L）或累加器（AC1、AC2、AC3）作为指针，AC0 不能用作间接寻址的指针。建立指针时，将存储器的某个地址移入另一个存储器或累加器作为指针。建立指针后，就可把从指针处取出的数值传送到指令输出操作数指定的位置。

例如，MOVD &VB100，VD204

MOVD &VB10，AC2

MOVD &C2，LD16

其中，"&"为地址符号，它与单元编号结合使用，表示所对应单元的 32 位物理地址；VB100 只是一个直接地址编号，并不是它的物理地址。指令中的第二个地址数据长度必须是双字长，如 VD、LD 和 AC 等。

② 使用指针来存取数据 在操作数前面加"*"号，表示该操作数为一个指针。指针

指出的是操作数所在的地址，而不是数值。如图 4-5 所示，创建一个指向 VB200 的指针，存取数值，并增加指针。

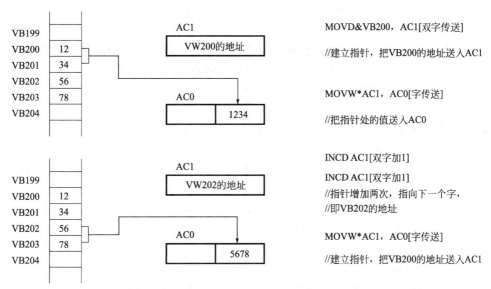

图 4-5  指针存取数据举例

### 4.3.3  各数据存储区寻址

附表 6 和附表 7 给出了 S7-200 CPU 存储器范围和特性。

（1）输入过程映像寄存器（I）

在每次扫描周期的开始，CPU 总对物理输入进行采样，并将采样值写入输入过程映像寄存器。可以按位、字节、字或双字来存取输入过程映像寄存器的数据。

位：            I［字节地址］.［位地址］        I0.1

字节、字或双字：I［长度］［起始字节地址］       IB4  IW1  ID0

（2）输出过程映像寄存器（Q）

在每次扫描周期的结尾，CPU 将输出过程映像寄存器中的数值复制到物理输出点上。可以按位、字节、字或双字来存取输出过程映像寄存器中的数据。

位：            Q［字节地址］.［位地址］        Q0.1

字节、字或双字：Q［长度］［起始字节地址］       QB4  QW1  QD0

（3）变量存储区（V）

可以用 V 存储器存储程序执行过程中控制逻辑操作的中间结果，也可以用它来保存与工序或任务相关的其他数据。可以按位、字节、字或双字来存取 V 存储器中的数据。

位：            V［字节地址］.［位地址］        V10.1

字节、字或双字：V［长度］［起始字节地址］       VB100  VW200  VD300

（4）位存储区（M）

可以用 M 存储器区作为控制继电器来存储中间操作状态和控制信息。可以按位、字节、字或双字来存取 M 存储区中的数据。

位：            M［字节地址］.［位地址］        M26.7

字节、字或双字：M［长度］［起始字节地址］       MB0  MW13  MD20

（5）局部变量存储区（L）

局部变量存储器用来存放局部变量。可以按位、字节、字或双字来存取 L 存储区中的数据。

位：　　　　　　　　L［字节地址］.［位地址］　　　L0.2

字节、字或双字：L［长度］［起始字节地址］　　　LB32　LW13　LD20

（6）特殊存储器（SM）

SM 位为 CPU 与用户程序之间传递信息提供了一种手段。可以用这些位选择和控制 S7-200 CPU 的一些特殊功能，用户可以按位、字节、字或双字的形式来存取。

位：　　　　　　　　SM［字节地址］.［位地址］　　　SM0.1

字节、字或双字：SM［长度］［起始字节地址］　　　SMB86

常用的特殊存储器的功能参见附表 9。更多 SM 的使用参见第 5 章、第 6 章和第 7 章。

（7）顺序控制继电器（S）

顺序控制继电器用在顺序控制或步进控制中。可以按位、字节、字或双字的形式来存取。

位：　　　　　　　　S［字节地址］.［位地址］　　　S3.1

字节、字或双字：S［长度］［起始字节地址］　　　SB4

有关顺序控制继电器的使用，请参考第 6 章。

（8）定时器存储区（T）

在 S7-200 CPU 中，定时器可用于时间累计。定时器寻址有以下两种形式：

① 当前值：16 位有符号整数，存储定时器累计的时间。

② 定时器位：按照当前值和预置值的比较结果来置位或者复位。

两种寻址使用同样的格式，用定时器地址（T＋定时器号，如 T33）来存取这两种形式的定时器数据。究竟使用哪种形式，取决于所使用的指令。

（9）计数器存储区（C）

在 S7-200 CPU 中，计数器可用于累计其输入端脉冲电平由低到高的次数。计数器寻址有以下两种形式：

① 当前值：16 位有符号整数，存储累计值。

② 计数器位：按照当前值和预置值的比较结果来置位或者复位。

可以用计数器地址（C＋计数器号，如 C0）来存取这两种形式的计数器数据。究竟使用哪种形式，取决于所使用的指令。

（10）累加器（AC）

累加器是可以像存储器一样使用的读写存储区。例如，可以用它来向子程序传递参数，也可以从子程序返回参数，以及用来存储计算的中间结果。S7-200 提供 4 个 32 位累加器（AC0、AC1、AC2 和 AC3），可以按字节、字或双字的形式来存取累加器中的数值。被操作的数据长度取决于访问累加器时使用的指令，如图 4-6 所示。

（11）高速计数器（HC）

高速计数器是对高速事件计数，它独立于 CPU 的扫描周期，可作为双字（32 位）来寻址。

格式：　　　　　　　HC［高速计数器号］　　　HC1

（12）模拟量输入（AI）

S7-200 将模拟量值（如温度或电压）转换成 1 个字长（16 位）的数据。可以用区域标志符（AI）、数据长度（W）及字节的起始地址来存取这些值。因为模拟值输入为 1 个字长，且从偶数位字节（如 0、2、4）开始，所以必须用偶数字节地址（如 AIW0、AIW2、AIW4）来存取这些值。模拟量输入值为只读数据，模拟量转换的实际精度是 12 位。

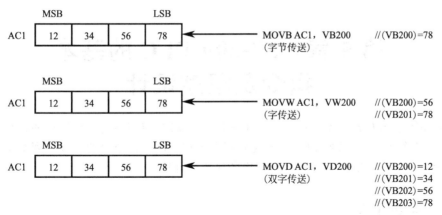

图 4-6　累加器的使用举例

格式：　　　　　　　　AIW［起始字节地址］　　　　AIW4

（13）模拟量输出（AQ）

S7-200 把 1 个字长（16 位）数字值按比例转换为电流或电压，可以用区域标志（AQ）、数据长度（W）及字节的起始地址来改变这些值。因为模拟量为 1 个字长，且从偶数字节（如 0、2、4）开始，所以必须用偶数字节地址（如 AIW0、AIW2、AQW4）来存取这些值。模拟量输出值为只读数据，模拟量转换的实际精度是 12 位。

格式：　　　　　　　　AQW［起始字节地址］　　　　AQW4

常数表示法如表 4-3 所示。

表 4-3　常数表示法

| 数　制 | 格　式 | 举　例 |
|---|---|---|
| 十进制 | ［十进制值］ | 20047 |
| 十六进制 | 16＃［十六进制值］ | 16＃4E4F |
| 二进制 | 2＃［二进制数］ | 2＃1010_0101_1010_0101 |
| ASCII 码 | ′［ASCII 码文本］′ | ′Text goes between single quotes.′ |
| 实数 | ANSI/IEEE 754－1985 | ＋1.175495E－38（正数）　－1.175495E－38（负数） |

# 思考与练习

4-1　一个控制系统需要 12 点数字量输入、30 点数字量输出、7 点模拟量输入和 2 点模拟量输出。试问：

　　（1）可以选用哪种主机型号？

　　（2）如何选择扩展模块？

　　（3）各模块按什么顺序连接到主机？请画出连接图。

　　（4）按书中所举实例画出的图形，其主机和各模块的地址如何分配？

4-2　在 PLC 中，软继电器的主要特点是什么？

4-3　S7-200 系列 PLC 主机中有哪些主要编程元件？

4-4　S7-200 有哪些数据存储区寻址？

# 第 5 章　S7-200 PLC 的基本指令及程序设计

逻辑指令是 PLC 最基本的指令，也是任何一个 PLC 应用系统不可缺少的指令。本章用举例的方式介绍 S7-200 系列 PLC 基本逻辑指令及梯形图、指令表的构成；列举了常用典型电路的编程；深入浅出地讲解了 PLC 程序的简单设计法。

## 5.1　基本指令

### 5.1.1　输入/输出指令

LAD 及 STL 格式如图 5-1 所示。

LAD指令格式:
bit
bit
bit
STL指令格式:
LD bit
LDN bit
= bit

(a) 取指令　(b) 取反指令　(c) 输出指令

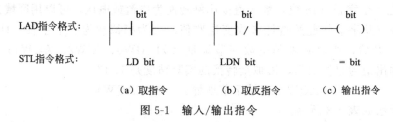

图 5-1　输入/输出指令

① 取指令（LD）：用于与母线连接的常开触点。

② 取反指令（LDN）：用于与母线连接的常闭触点。

③ 输出指令（=）：也叫线圈驱动指令。

**【例 5-1】**　输入/输出指令的应用举例。图 5-2 所示为电气原理图（已标地址），图 5-3 所示为对应的梯形图和语句表。

SB
(I0.0)
KM1
(Q0.1)
KM1
(Q0.1)
KM2
(Q0.2)
KA
(M0.0)

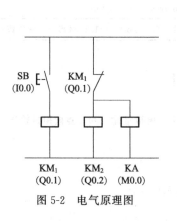

图 5-2　电气原理图

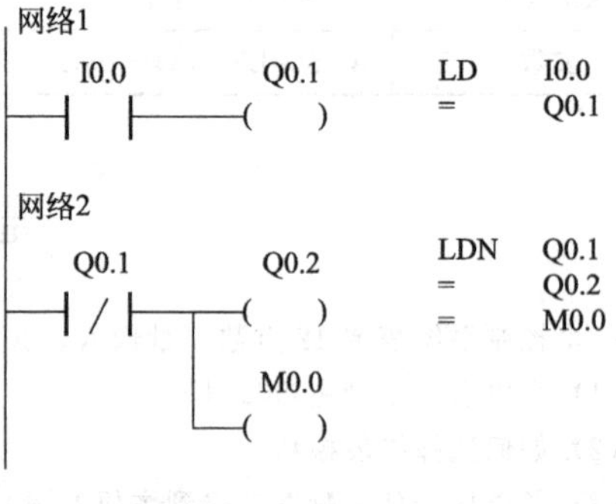

网络1
I0.0
Q0.1
LD I0.0
= Q0.1
网络2
Q0.1
Q0.2
M0.0
LDN Q0.1
= Q0.2
= M0.0

(a) 梯形图　(b) 语句表

图 5-3　输入/输出指令编程使用举例

输入/输出指令使用说明如下：

① LD、LDN、=指令的操作数为 I、Q、M、SM、T、C、V、S、L（位）。T 和 C 也可作为输出线圈，但在 S7-200 中输出时不是以使用=指令形式出现（见定时器和计数器指令）。

② LD、LDN 不止是用于网络块逻辑计算开始时与母线相连的常开和常闭触点，在分支

电路块的开始也要使用 LD、LDN 指令。

③ 并联的＝指令可连续使用任意次。

④ 在同一程序中不能使用双线圈输出，即同一个元器件在同一程序中只使用一次＝指令。

### 5.1.2　触点串联指令

① 与指令（A）：用于单个常开触点的串联连接，其指令格式为

　　　　　　A　　bit

② 与反指令（AN）：用于单个常闭触点的串联连接，其指令格式为

　　　　　　AN　　bit

【例 5-2】　触点串联指令的应用举例。图 5-4 所示为电气原理图（已标地址），图 5-5 所示为对应的梯形图和语句表。

触点串联指令使用说明如下：

① A、AN、指令的操作数为 I、Q、M、SM、T、C、V、S、L（位）。

② A、AN 是单个触点串联连接指令，可连续使用，但在用梯形图编程时会受到打印宽度和屏幕显示的限制。S7-200 PLC 的编程软件中规定的串联触点使用上限为 11 个。

③ 在图 5-5 所示的电路中，可以反复使用＝指令，但次序必须正确，否则不能连续使用＝编程。图 5-6 所示电路就不属于连续输出电路。

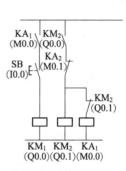

图 5-4　电气原理图

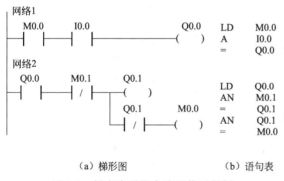

（a）梯形图　　　　　（b）语句表

图 5-5　触点串联指令编程使用举例

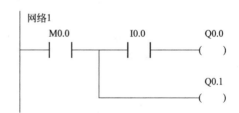

图 5-6　不可连续使用＝指令编程的电路

### 5.1.3　触点并联指令

① 或指令（O）：用于单个常开触点的并联连接，其指令格式为

　　　　　　O　　bit

② 或反指令（ON）：用于单个常闭触点的并联连接，其指令格式为

　　　　　　ON　　bit

【例 5-3】　触点并联指令的应用举例。图 5-7 所示为电气原理图（已标地址），图 5-8 所示为对应的梯形图和语句表。

触点并联指令使用说明如下：

① O、ON 指令的操作数为 I、Q、M、SM、T、C、V、S 和 L。

② 单个触点的 O、ON 指令可连续使用。

### 5.1.4　电路块的连接指令

① 或块指令：用于串联电路块的并联连接，其指令格式为

OLD

两个以上触点串联形成的支路叫做串联电路块。

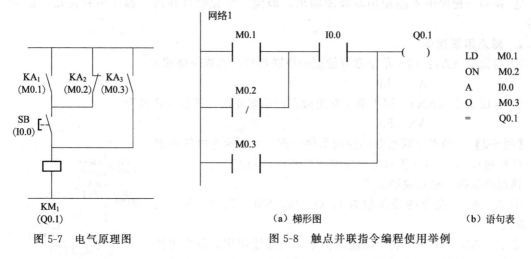

图 5-7　电气原理图

（a）梯形图

```
LD   M0.1
ON   M0.2
A    I0.0
O    M0.3
=    Q0.1
```

（b）语句表

图 5-8　触点并联指令编程使用举例

② 与块指令：用于并联电路块的串联连接，其指令格式为

ALD

两条以上支路并联形成的电路块叫做并联电路块。

**【例 5-4】**　图 5-9、图 5-10 所示分别为或块指令和与块指令的应用。

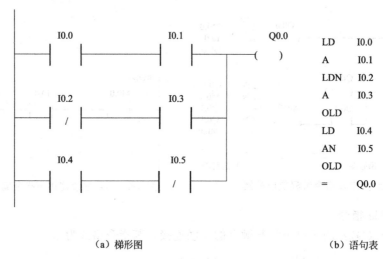

（a）梯形图

```
LD   I0.0
A    I0.1
LDN  I0.2
A    I0.3
OLD
LD   I0.4
AN   I0.5
OLD
=    Q0.0
```

（b）语句表

图 5-9　或块指令的应用

电路块运算指令使用说明如下：

① OLD、ALD 指令无操作数。

② 在块电路开始时要使用 LD 或 LDN 指令。

③ 在每完成一次块电路的并联时，要写上 OLD 指令；每完成一次块电路的串联时，要写上 ALD 指令。

### 5.1.5　取反指令

① 指令格式：LAD 及 STL 格式如图 5-11 所示。

② 功能（又称取非指令）：用于对某一位的逻辑值取反，无操作数。

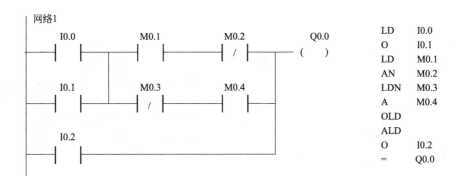

（a）梯形图

```
LD    I0.0
O     I0.1
LD    M0.1
AN    M0.2
LDN   M0.3
A     M0.4
OLD
ALD
O     I0.2
=     Q0.0
```

（b）语句表

图 5-10　与块指令的应用

【例 5-5】　图 5-12 所示为 NOT 指令的应用。

NOT

图 5-11　取反指令

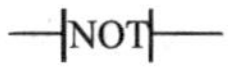

### 5.1.6　置位与复位指令

LAD 及 STL 格式如图 5-13 所示。

① 置位指令（Set）：从 bit 开始的 *N* 个元件置“1”并保持。

② 复位指令（Reset）：从 bit 开始的 *N* 个元件清零并保持。

（a）梯形图

```
LD    I0.0
A     I0.1
=     Q0.0
NOT
=     Q0.1
```

（b）语句表

（c）时序图

图 5-12　NOT 指令应用

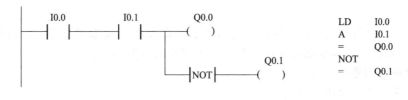

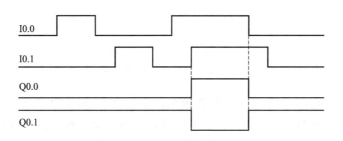

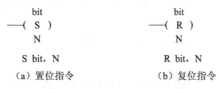

S bit，N

（a）置位指令

R bit，N

（b）复位指令

图 5-13　置位与复位指令

【例 5-6】　图 5-14 所示为 S/R 指令的应用。

S/R 指令使用说明如下：

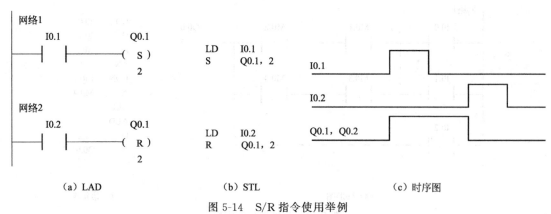

（a）LAD　　　　　　　　　　（b）STL　　　　　　　　　　（c）时序图

图 5-14　S/R 指令使用举例

① S/R 指令的操作数为 I、Q、M、SM、T、C、V、S 和 L。

② $N$ 的常数范围为 $1 \sim 255$，$N$ 也可为 VB、IB、QB、MB、SMB、SB、LB、AC、*VD、*AC 和 *LD。一般情况下使用常数。

③ 对位元件来说，一旦被置位，就保持在通电状态，除非对它复位；而一旦被复位，就保持在断电状态，除非再对它置位。

④ S/R 指令可以互换次序使用，但由于 PLC 采用扫描工作方式，所以写在后面的指令具有优先权。

⑤ 如果对计数器和定时器复位，则计数器和定时器的当前值被清零。定时器和计数器的复位有其特殊性，具体情况可参考计数器和定时器的有关部分。

### 5.1.7　边沿脉冲指令

LAD 及 STL 格式如图 5-15 所示。

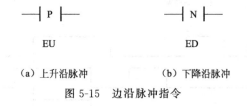

EU　　　　　　　　　　　　ED

（a）上升沿脉冲　　　　　　　（b）下降沿脉冲

图 5-15　边沿脉冲指令

① 上升沿脉冲指令：指某一位操作数的状态由"0"变为"1"的边沿过程，可产生一个脉冲。这个脉冲可以用来启动一个控制程序、启动一个运算过程、结束一个控制等。

② 下降沿脉冲指令：指某一位操作数的状态由"1"变为"0"的边沿过程，可产生一个脉冲。这个脉冲可以像上升沿脉冲一样，用来启动一个控制程序、启动一个运算过程、结束一个控制等。

**注意**：边沿脉冲只存在一个扫描周期，接收这一脉冲控制的元件应写在这一脉冲出现的语句之后。

【**例 5-7**】　图 5-16 所示为边沿脉冲指令的应用。

### 5.1.8　立即指令

立即指令是为了提高 PLC 对输入/输出的响应速度而设置的，它不受 PLC 循环扫描工作方式的影响，允许对输入和输出点进行快速直接存取。当用立即指令读取输入点的状态时，对 I 进行操作，相应的输入映像寄存器中的值并未更新；当用立即指令访问输出点时，对 Q 进行操作，新值同时写到 PLC 的物理输出点和相应的输出映像寄存器。

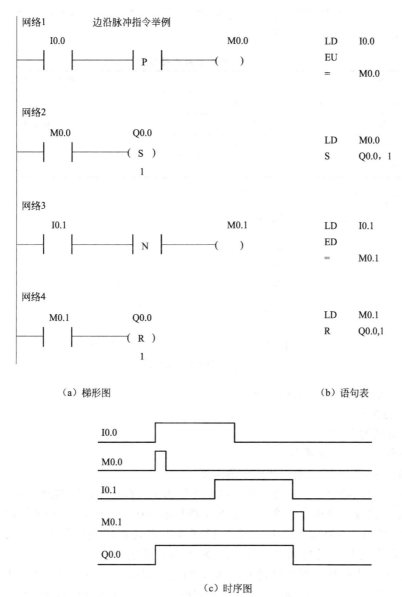

（a）梯形图　　　　　　　　　　　　（b）语句表

（c）时序图

图 5-16　边沿脉冲指令的应用举例

（1）立即 I/O 指令

① 指令格式：LAD 及 STL 格式如图 5-17 所示。

LDI bit　　　　　　　　LDNI bit　　　　　　　=I bit

（a）立即取　　　　　　（b）立即取反　　　　　（c）立即输出

图 5-17　立即 I/O 指令

② 立即 I/O 指令使用说明：LDI、LDNI 指令的操作数为 I，＝I 指令的操作数为 Q。

（2）立即触点连接指令（如表 5-1 所示）

**表 5-1　立即触点连接指令**

| 指令名称 | STL | 使用说明 |
|---|---|---|
| 立即与 | AI　bit | |
| 立即与反 | ANI　bit | bit 只能为 I |
| 立即或 | OI　bit | |
| 立即或反 | ONI　bit | |

（3）立即置位/复位指令

LAD 及 STL 格式如图 5-18 所示。

(a) 立即置位　　　　　　　　(b) 立即复位

图 5-18　立即置位/复位指令

立即置位/复位指令使用说明如下：

① bit 只能为 Q。

② $N$ 的范围为 1～125。

③ $N$ 的操作数同 S/R 指令。

**【例 5-8】**　图 5-19 所示为立即指令的应用。

在理解本例的过程中，一定要注意哪些地方使用了立即指令，哪些地方没有使用立即指令。要理解输出物理点和相应的输出映像寄存器是不一样的概念，并且结合 PLC 工作方式的原理来看时序图。在图 5-19 中，$t$ 为执行到输出点处程序所用的时间，Q0.0、Q0.1、Q0.2 的输入逻辑是 I0.0 的普通常开触点。Q0.0 为普通输出，在程序执行到它时，其映像寄存器的状态随着本扫描周期采集到 I0.0 状态的改变而改变，而其物理触点要等到本扫描周期的输出刷新阶段才改变；Q0.1、Q0.2 为立即输出，在程序执行到它们时，其物理触点和输出映像寄存器同时改变；而对 Q0.3 来说，其输入逻辑是 I0.0 的立即触点，所以在程序执行到它时，Q0.3 的映像寄存器的状态随着 I0.0 即时状态的改变而立即改变，而其物理触点要等到本扫描周期的输出刷新阶段才改变。

必须指出：立即 I/O 指令是直接访问物理输入/输出点的，比一般指令访问输入/输出映像寄存器占用 CPU 的时间要长，因而不能盲目地使用立即指令；否则，会加长扫描周期的时间，对系统造成不利影响。

### 5.1.9　逻辑堆栈操作指令

堆栈是一组能够存储和取出数据的暂存单元，其特点是"后进先出"。每一次执行入栈操作，新值放入栈顶，栈底值丢失；每一次执行出栈操作，栈顶值弹出，栈底值补进随机数。S7-200 PLC 使用了一个 9 层堆栈来处理所有逻辑操作。逻辑堆栈指令主要用来完成对触点的复杂连接，配合 ALD、OLD 指令使用。

逻辑堆栈指令只用于语句表（STL 指令）编程。使用梯形图（LAD）、功能块图

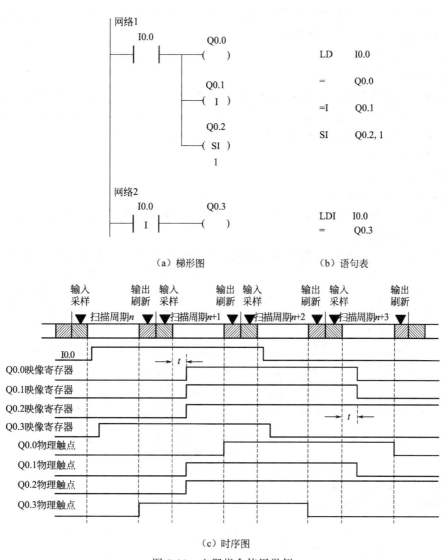

（a）梯形图　　　　　　　　（b）语句表

（c）时序图

图 5-19　立即指令使用举例

（FBD）编程时，梯形图（LAD）、功能图块（FBD）编辑器会自动插入相关的指令处理堆栈操作。

逻辑堆栈操作指令用于一个触点（或触点组）同时控制两个或两个以上线圈的编程，指令无操作数（LDS 例外）。

（1）指令

① 逻辑入栈指令

• 指令格式：LPS

• 功能：又称为分支电路开始指令。从梯形图中的分支结构中可以形象地看出，它用于生成一条新的母线，其左侧为原来的主逻辑块，右侧为新的从逻辑块，因此可以直接编程。从堆栈使用上来讲，LPS 指令的作用是把栈顶值复制后压入堆栈，栈底值丢失。

② 逻辑读栈指令

• 指令格式：LRD

• 功能：当新母线左侧为主逻辑块时，LPS 开始右侧的第一个从逻辑块编程，LRD 开始第二个以后的从逻辑块编程。从堆栈使用来讲，LRD 读取最近的 LPS 压入堆栈的内容，而堆栈本身不执行压入和弹出操作。

③ 逻辑出栈指令

• 指令格式：LPP

• 功能：又称为分支电路结束指令。在梯形图中，LPP 用于 LPS 产生的新母线右侧的最后一个从逻辑块编程，它在读取完离它最近的 LPS 压入堆栈内容的同时，复位该条新母线。从堆栈使用来讲，LPP 把堆栈弹出一级，堆栈内容依次上移。

④ 装入堆栈指令

• 指令格式：LDS　n

n 的范围是 0～8 的整数。

• 功能：复制堆栈中的第 $n$ 个值到栈顶，而栈底丢失，是逻辑推入栈指令的加强。该指令在编程中使用较少。

图 5-20 所示为说明执行逻辑入栈、读栈、出栈和"LDS　2"装入栈的原理示意图。

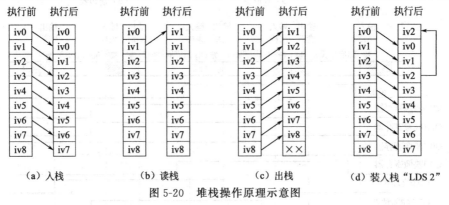

（a）入栈　　　　（b）读栈　　　　（c）出栈　　　　（d）装入栈"LDS 2"

图 5-20　堆栈操作原理示意图

（2）逻辑堆栈指令应用

【例 5-9】　图 5-21 所示为一层堆栈电路。

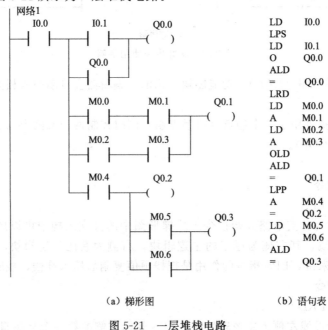

（a）梯形图　　　　　　　　（b）语句表

图 5-21　一层堆栈电路

【例 5-10】　图 5-22 所示为二层堆栈电路。

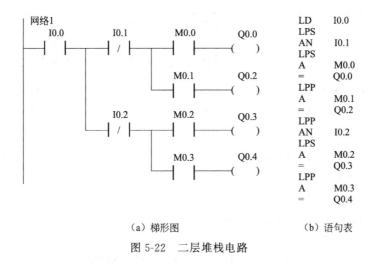

（a）梯形图　　　　　　　（b）语句表

图 5-22　二层堆栈电路

【例 5-11】　图 5-23 所示为四层堆栈电路。

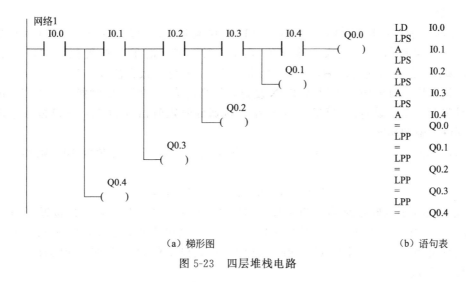

（a）梯形图　　　　　　　（b）语句表

图 5-23　四层堆栈电路

堆栈指令使用说明如下：

① LPS 和 LPP 指令必须成对使用。

② 堆栈层数应少于 9 层。也就是说，LPS、LPP 指令连续使用时应少于 9 次。

③ LPS、LRD、LPP 指令无操作数。

### 5.1.10　定时器

定时器是 PLC 中最常用的元件之一。在顺序控制系统中，时间顺序控制系统是一类重要的控制系统，它主要使用定时器类指令。下面从几个方面来详细讲解定时器指令的使用。

#### 5.1.10.1　定时器的分类

（1）按功能分类

S7-200 PLC 为用户提供了 3 种类型的定时器：接通延时定时器（TON）、有记忆接通延时定时器（TONR）和断开延时定时器（TOF）。

① 指令格式　LAD 及 STL 格式如图 5-24 所示。

• IN：表示输入的是一个位值逻辑信号，起使能输入端的作用。

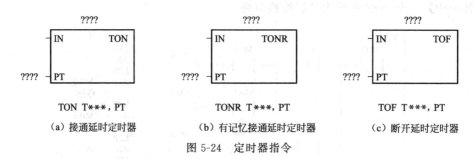

TON T***, PT

（a）接通延时定时器

TONR T***, PT

（b）有记忆接通延时定时器

TOF T***, PT

（c）断开延时定时器

图 5-24　定时器指令

- T＊＊＊：表示定时器的编号。
- PT：定时器的初值。

② 操作数的取值范围

- Txxx：WORD 类型，常数（0～255）。
- IN：BOOL 类型，能流。
- PT：INT 类型，VW、IW、QW、MW、SW、SMW、LW、AIW、T、C、AC、＊VD、＊AC、＊LD 及常数。

③ 功能

- 接通延时定时器（TON）。输入端（IN）接通时，接通延时定时器（TON）开始计时。当定时器当前值等于或大于设定值（PT）时，该定时器位被置位为 "1"。定时器（TON）累计值达到设定时间后，TON 继续计时，一直计到最大值 32767。

输入端（IN）断开时，定时器 TON 复位，即当前值为 "0"，定时器位为 "0"。定时器的实际设定时间 $T$＝设定值（PT）×分辨率。接通延时定时器（TON）是模拟通电延时型物理时间继电器的功能。

例如，TON 指令使用 T37（为 100ms 分辨率的定时器），设定值为 10，则实际定时时间为

$$T＝10×100＝1000(\text{ms})＝1(\text{s})$$

- 有记忆接通延时定时器（TONR）。输入端（IN）接通时，有记忆接通延时定时器（TONR）接通并开始计时。当定时器（TONR）当前值等于或大于设定值（PT）时，该定时器位被置位为 "1"。定时器（TONR）累计值达到设定值后，TONR 继续计时，一直计到最大值 32767。

输入端（IN）断开时，定时器（TONR）的当前值保持不变，定时器位不变。

输入端（IN）再次接通，定时器（TONR）当前值从原保持值开始向上继续计时。因此，可用定时器（TONR）累计多次输入信号的接通时间。

上电周期或首次扫描时，定时器（TONR）的定时器位为 "0"，当前值保持，可利用复位指令（R）清除定时器（TONR）的当前值。

- 断开延时定时器（TOF）。输入端（IN）接通时，定时器位立即被置位为 "1"，并把当前值设为 "0"。

输入端（IN）断开时，定时器（TOF）开始计时。当断开延时定时器（TOF）的计时当前值等于设定时间时，定时器位断开为 "0"，并且停止计时。TOF 指令必须用负跳变（由 "on" 到 "off"）的输入信号启动计时。

以上过程是模拟断电延时型物理时间继电器功能。

（2）按定时器分辨率和编号分类

定时器的分辨率和编号如表 5-2 所示。

表 5-2　定时器分辨率和编号

| 定时器类型 | 分辨率/ms | 最大当前值/s | 定时器编号 |
|---|---|---|---|
| | 1 | 32.767 | T0,T64 |
| TONR | 10 | 327.67 | T1~T4,T65~T68 |
| | 100 | 3276.7 | T5~T31,T69~T95 |
| | 1 | 32.767 | T32,T96 |
| TON,TOF | 10 | 327.67 | T33~T36,T97~T100 |
| | 100 | 3276.7 | T37~T63,T101~T255 |

① 定时器的编号　定时器总共有 256 个，每个定时器都有唯一的编号，编号范围为 T0~T255，不同的编号决定了定时器的功能和分辨率，而某一个标号的定时器的功能和分辨率是固定的，如表 5-2 所示。TON 和 TOF 定时器使用相同的编号，即当使用了 TON 的 T32 时，就不能再使用 TOF 的 T32 了。

在程序中，既可以访问定时器位（表明定时器状态），也可以访问定时器的当前值，它们的使用方式相同，都以定时器加编号的方式访问。

② 定时器分辨率　定时器按定时分辨率（时基）分类，有 1ms、10ms、100ms 三种定时器。定时器的分辨率由定时器号决定，如表 5-2 所示。

对于不同分辨率的定时器，它们当前值的刷新周期是不同的，具体情况如下所述：

• 1ms 分辨率定时器。1ms 分辨率定时器启动后，定时器对 1ms 的时间间隔（即时基信号）计时。定时器当前值每隔 1ms 刷新一次，在一个扫描周期中要刷新多次，不和扫描周期同步。

• 10ms 分辨率定时器。10ms 分辨率定时器启动后，定时器对 10ms 的时间间隔计时。程序执行时，在每次扫描周期的开始对 10ms 定时器刷新，在一个扫描周期内定时器当前值保持不变。

• 100ms 分辨率定时器。100ms 分辨率定时器启动后，定时器对 100ms 的时间间隔计时。只有在定时器指令执行时，100ms 定时器的当前值才被刷新。

③ 定时器的正确使用　在子程序和中断程序中不宜用 100ms 的定时器。子程序和中断程序不是每个扫描周期都执行的，那么在子程序和中断程序中的 100ms 定时器的当前值就不能及时刷新，造成时基脉冲丢失，致使计时失准。在程序中，不能重复使用同一个 100ms 的定时器号，否则该定时器指令在一个扫描周期中多次被执行，定时器的当前值在一个扫描周期中被多次刷新。这样，该定时器就会多计时基脉冲，同样造成计时失准。因而 100ms 定时器只能用于每个扫描周期内同一定时器指令执行一次，且仅执行一次的场合。

在图 5-25 所示的例子中，当用定时器本身的常闭触点作为本定时器的激励输入时，因为三种分辨率的定时器的刷新方式不同，所以程序的运行结果不同。

对于 1ms 定时器 T32，若其当前值刚好在处理 T32 的常闭触点和处理 T32 的常开触点之间的时间内被刷新，则 Q0.0 可以接通一个扫描周期，但是这种情况出现的概率很小。

对于 10ms 的定时器 T33，由于其当前值在每次扫描开始时被刷新，但执行到定时器指令时，定时器将被复位，因而 Q0.0 永远不可能为 ON。

对于 100ms 定时器 T37，由于其定时器在执行时刷新，则定时器 T37 到达设定值时，肯定会产生这个 Q0.0 脉冲。

如把定时器到达设定值产生结果的元器件的常闭触点用作定时器本身的输入，则不论哪种定时器，都能保证定时器达到设定值时，产生宽度为一个扫描周期的脉冲 Q0.0。所以，

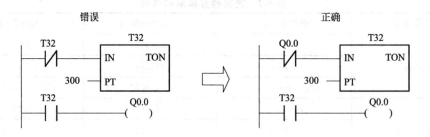

（a）1ms定时器的使用

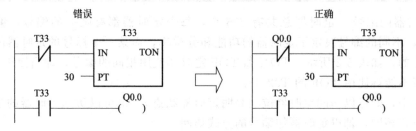

（b）10ms定时器的使用

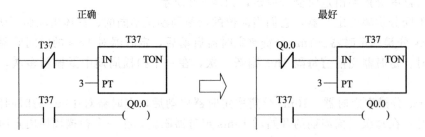

（c）100ms定时器的使用

图 5-25　定时器应用举例

在使用定时器时，要弄清楚定时器的分辨率，否则，一般情况下不要把定时器本身的常闭触点作为自身的复位条件。在实际使用时，为了简单，100ms 定时器常用自复位逻辑，而且100ms 定时器是使用最多的定时器。

#### 5.1.10.2　定时器的应用

**【例 5-12】** 图 5-26 所示为接通延时定时器（TON）指令应用示例，其初值为 10。当I0.0 有效时，定时器开始计时，计时到设定值 1s 时状态位置"1"，其常开触点接通，驱动Q0.0 有输出；其后当前值仍增加，但不影响状态位。当 I0.0 分断时，T37 复位，当前值清"0"，状态位也清"0"，即回复原始状态。若 I0.0 接通时间未到设定值就断开，则 T37 跟随复位，Q0.0 不会有输出。

**【例 5-13】** 图 5-27 所示为断开延时定时器程序举例。从梯形图上看，与图 5-26 没有什么区别，但其工作时序是不同的。

**【例 5-14】** 图 5-28 所示为有记忆接通延时定时器程序举例，请与前两例比较阅读。

### 5.1.11　计数器

计数器用来累计输入脉冲的次数，在实际应用中对产品计数或完成复杂的逻辑控制任务。计数器的使用和定时器基本相似，编程时输入计数设定值，计数器累计脉冲输入端信号上升沿的个数。当计数值达到设定值时，计数器发生动作，完成计数控制任务。

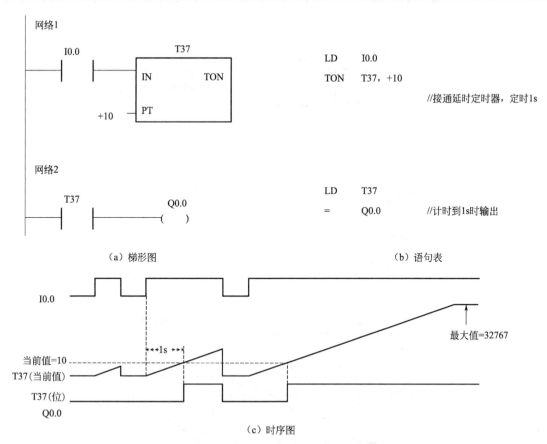

图 5-26　接通延时定时器的使用举例

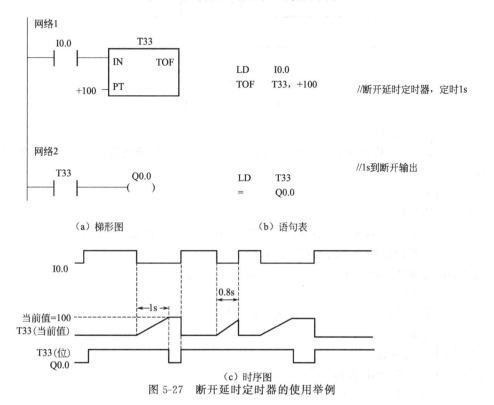

图 5-27　断开延时定时器的使用举例

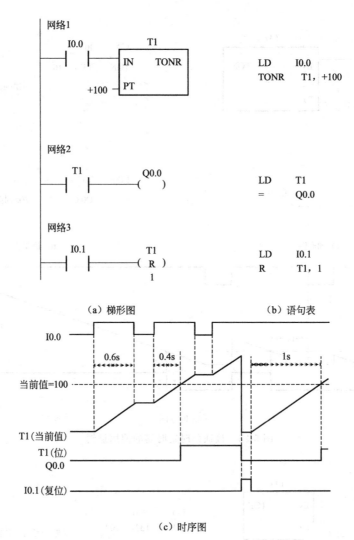

（a）梯形图　　　　　　　　（b）语句表

（c）时序图

图 5-28　有记忆接通延时定时器的使用举例

#### 5.1.11.1　计数器的分类

S7-200 PLC 的计数器有 3 种：增计数器（CTU）、增/减计数器（CTUD）和减计数器（CTD）。

（1）指令格式

LAD 及 STL 格式如图 5-29 所示。

① C＊＊＊：计数器编号。程序通过计数器编号对计数器位或计数器当前值进行访问。

② CU：递增计数器脉冲输入端，上升沿有效。

③ CD：递减计数器脉冲输入端，上升沿有效。

④ R：复位输入端。

⑤ LD：装载复位输入端，只用于递减计数器。

⑥ PV：计数器预置值。

（2）操作数的取值范围

① C＊＊＊：WORD 类型，常数。

② CU，CD，LD，R：BOOL 类型，能流。

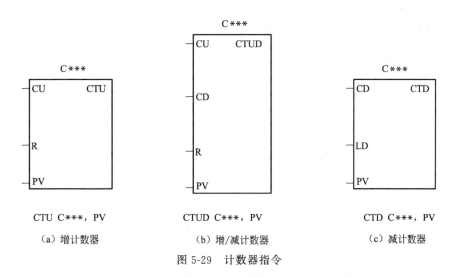

（a）增计数器　　　　　（b）增/减计数器　　　　　（c）减计数器

图 5-29　计数器指令

③ PV：INT 类型，VW、IW、**QW**、MW、SW、SMW、LW、AIW、T、C、AC、
＊VD、＊AC、＊LD 及常数。

（3）功能

① 增计数器（CTU）指令　当增计数器的计数输入端（CU）有一个计数脉冲的上升沿（由"off"到"on"）信号时，增计数器被启动，计数值加 1，计数器递增计数。计数至最大值 32767 时，停止计数。当计数器的当前值等于或大于设定值（PV）时，该计数器位被置位（ON）。复位输入端（R）有效时，计数器被复位，计数器位为"0"，且当前值被清零。也可用复位指令（R）复位计数器。设定值（PV）的数据类型为有符号整数（INT）。

② 减计数器（CTD）指令　当装载输入端（LD）有效时，计数器复位并把设定值（PV）装入当前值寄存器（CV）。当减计数器的计数输入端（CD）有一个计数脉冲的上升沿（由"off"到"on"）信号时，计数器从设定值开始递减计数，直至计数器当前值等于 0 时，停止计数，同时计数器位被置位。减计数器（CTD）指令无复位端，它是在装载输入端（LD）接通时，使计数器复位，并把设定值装入当前值寄存器。

③ 增/减计数器（CTUD）　当增/减计数器的计数输入端（CU）有一个计数脉冲的上升沿（由"off"到"on"）信号时，计数器递增计数；当增/减计数器的另一个计数输入端（CD）有一个计数脉冲的上升沿（由"off"到"on"）信号时，计数器递减计数。当计数器的当前值等于或大于设定值（PV）时，该计数器位被置位（ON）。当复位输入端（R）有效时，计数器被复位，计数器位为"0"，且当前值被清零。

计数器在达到计数最大值 32767 后，下一个 CU 输入端上升沿将使计数值变为最小值（－32768）；同样，在达到最小计数值（－32768）后，下一个 CD 输入端上升沿将使计数值变为最大值（32767）。

当用复位指令（R）复位计数器时，计数器被复位，计数器位为"0"，并且当前值被清零。

S7-200 PLC 提供了 C0～C255 共 256 个计数器，每一个计数器都具有三种功能。由于每个计数器只有一个当前值，因此不能把一个计数器号当做几个类型的计数器来使用。在程序中，既可以访问计数器位（表明计数器状态），也可以访问计数器的当前值，它们的使用方式相同，都以计数器加编号的方式访问，可根据使用的指令方式由程序确定。

### 5.1.11.2 计数器的应用

【例 5-15】 图 5-30 所示为增计数器程序举例。

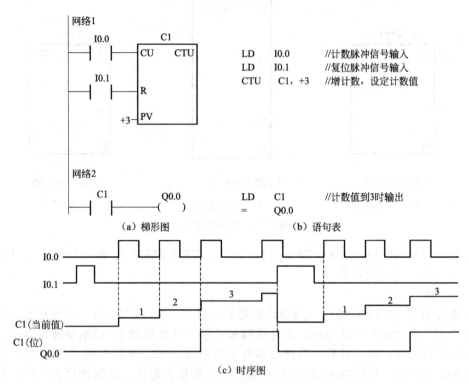

```
LD    I0.0      //计数脉冲信号输入
LD    I0.1      //复位脉冲信号输入
CTU   C1, +3    //增计数, 设定计数值

LD    C1        //计数值到3时输出
=     Q0.0
```

（a）梯形图　　　　　　（b）语句表

（c）时序图

图 5-30　增计数器的使用举例

【例 5-16】 图 5-31 所示为减计数器程序举例。

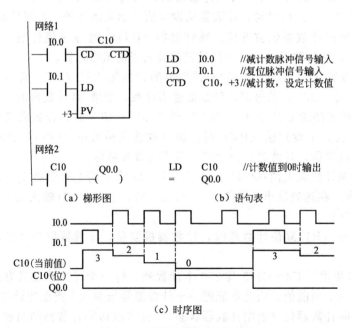

```
LD    I0.0       //减计数脉冲信号输入
LD    I0.1       //复位脉冲信号输入
CTD   C10, +3    //减计数, 设定计数值

LD    C10        //计数值到0时输出
=     Q0.0
```

（a）梯形图　　　　　　（b）语句表

（c）时序图

图 5-31　减计数器的使用举例

【例 5-17】　图 5-32 所示为增/减计数器程序举例。

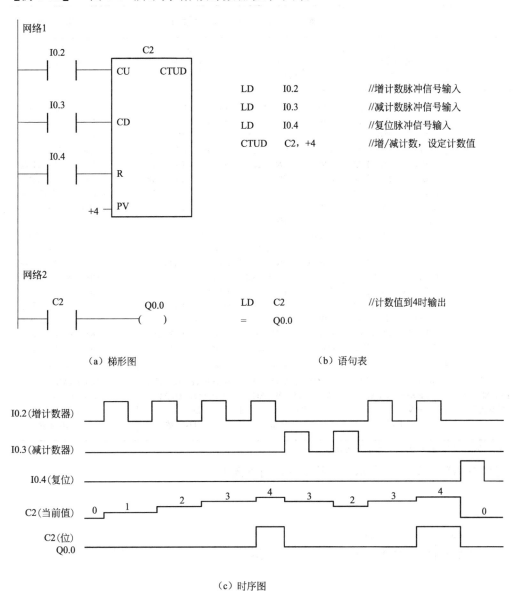

|  |  |  |
|---|---|---|
| LD | I0.2 | //增计数脉冲信号输入 |
| LD | I0.3 | //减计数脉冲信号输入 |
| LD | I0.4 | //复位脉冲信号输入 |
| CTUD | C2，+4 | //增/减计数，设定计数值 |

| LD | C2 | //计数值到4时输出 |
|---|---|---|
| = | Q0.0 | |

（a）梯形图　　　　　　　　　　　　　　（b）语句表

（c）时序图

图 5-32　增/减计数器的使用举例

## 5.1.12　比较指令

比较指令是将两个操作数（IN1、IN2）按指定的比较关系作比较。比较关系成立，则比较触点闭合，所以比较指令实际上也是一种位指令。在实际应用中，使用比较指令为上、下限控制以及数值条件判断提供了方便。

比较指令的关系符号有等于＝、大于＞、小于＜、不等于＜＞、大于等于＞＝、小于等于＜＝6 种。

比较指令的类型有字节比较、整数比较、双字整数比较和实数比较。字节比较是无符号的，其他类型为有符号的。

对比较指令可进行 LD、A 和 O 编程。

其 LAD 及 STL 格式如表 5-3 所示。

表 5-3　比较指令的 LAD 和 STL 格式

| 类　型 | 字节比较 | 整数比较 | 双字整数比较 | 实数比较 |
|---|---|---|---|---|
| LAD | IN1<br>─┤=B├─<br>IN2 | IN1<br>─┤==I├─<br>IN2 | IN1<br>─┤==D├─<br>IN2 | IN1<br>─┤==R├─<br>IN2 |
| STL | LDB=　IN1,IN2<br>AB=　IN1,IN2<br>OB=　IN1,IN2<br>LDB<　IN1,IN2<br>AB<　IN1,IN2<br>OB<　IN1,IN2<br>LDB<=　IN1,IN2<br>AB<=　IN1,IN2<br>OB<=　IN1,IN2<br>LDB>　IN1,IN2<br>AB>　IN1,IN2<br>OB>　IN1,IN2<br>LDB>=　IN1,IN2<br>AB>=　IN1,IN2<br>OB>=　IN1,IN2<br>LDB<>　IN1,IN2<br>AB<>　IN1,IN2<br>OB<>　IN1,IN2 | LDW=　IN1,IN2<br>AW=　IN1,IN2<br>OW=　IN1,IN2<br>LDW<　IN1,IN2<br>AW<　IN1,IN2<br>OW<　IN1,IN2<br>LDW<=　IN1,IN2<br>AW<=　IN1,IN2<br>OW<=　IN1,IN2<br>LDW>　IN1,IN2<br>AW>　IN1,IN2<br>OW>　IN1,IN2<br>LDW>=　IN1,IN2<br>AW>=　IN1,IN2<br>OW>=　IN1,IN2<br>LDW<>　IN1,IN2<br>AW<>　IN1,IN2<br>OW<>　IN1,IN2 | LDD=　IN1,IN2<br>AD=　IN1,IN2<br>OD=　IN1,IN2<br>LDD<　IN1,IN2<br>AD<　IN1,IN2<br>OD<　IN1,IN2<br>LDD<=　IN1,IN2<br>AD<=　IN1,IN2<br>OD<=　IN1,IN2<br>LDD>　IN1,IN2<br>AD>　IN1,IN2<br>OD>　IN1,IN2<br>LDD>=　IN1,IN2<br>AD>=　IN1,IN2<br>OD>=　IN1,IN2<br>LDD<>　IN1,IN2<br>AD<>　IN1,IN2<br>OD<>　IN1,IN2 | LDR=　IN1,IN2<br>AR=　IN1,IN2<br>OR=　IN1,IN2<br>LDr<　IN1,IN2<br>AR<　IN1,IN2<br>OR<　IN1,IN2<br>LDR<=　IN1,IN2<br>AR<=　IN1,IN2<br>OR<=　IN1,IN2<br>LDR>　IN1,IN2<br>AR>　IN1,IN2<br>OR>　IN1,IN2<br>LDR>=　IN1,IN2<br>AR>=　IN1,IN2<br>OR>=　IN1,IN2<br>LDR<>　IN1,IN2<br>AR<>　IN1,IN2<br>OR<>　IN1,IN2 |
| IN1 和 IN2<br>寻址范围 | IB,QB,MB,SMB,<br>VB,SB,LB,AC,<br>＊VD,＊AC,<br>＊LD,常数 | IW,QW,MW,SMW,<br>VW,SW,LW,AC<br>＊VD,＊AC,<br>＊LD,常数 | ID,QD,MD,SMD,<br>VD,SD,LD,AC,<br>＊VD,＊AC,<br>＊LD,常数 | ID,QD,MD,SMD,<br>VD,SD,LD,AC,<br>＊VD,＊AC,<br>＊LD,常数 |

注：梯形图中，只示出了"等于"的比较关系。

【例 5-18】　图 5-33 所示为比较指令使用举例 1。

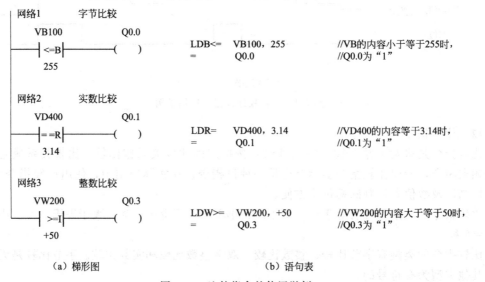

（a）梯形图　　　　　　　　　　（b）语句表

图 5-33　比较指令的使用举例 1

【例 5-19】　比较指令使用举例 2。

有一个密码锁，它有 5 个键，按下 SB$_1$ 才能完成开锁工作。开锁条件是：SB$_2$ 按压 3 次，SB$_3$ 按压 2 次，锁才能打开。SB$_4$ 为复位键，SB$_5$ 为报警按钮。

I/O 地址分配如表 5-4 所示。控制程序如图 5-34 所示。

表 5-4　密码锁 I/O 地址分配

| 输　　　入 | | 输　　　出 | |
| --- | --- | --- | --- |
| 开锁按钮 SB$_1$ | I0.0 | 开锁输出 | Q0.0 |
| 复位按钮 SB$_4$ | I0.1 | 报警输出 | Q0.1 |
| SB$_2$ | I0.2 | | |
| SB$_3$ | I0.3 | | |
| 报警按钮 SB$_5$ | I0.4 | | |

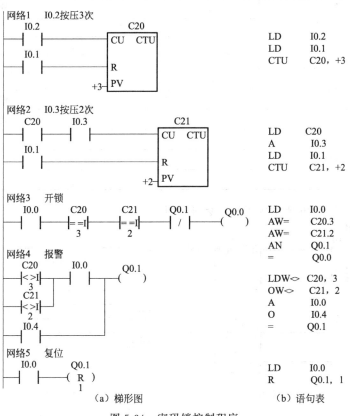

（a）梯形图　　　　　　　（b）语句表

图 5-34　密码锁控制程序

### 5.1.13　RS 触发器指令

该指令使用不多，是 CPU 增加的指令。其 LAD 及 STL 格式如图 5-35 所示。

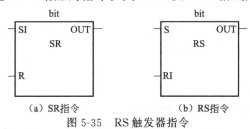

（a）SR指令　　　　　　　（b）RS指令

图 5-35　RS 触发器指令

① SR 指令：置位优先触发器指令。当置位信号（SI）和复位信号（R）都为真时，输出为真。

② RS 指令：复位优先触发器指令。当置位信号（S）和复位信号（RI）都为真时，输出为假。

立即置位/复位指令使用说明如下：bit 参数用于指定被置位或者被复位的 BOOL 参数。RS 触发器指令没有 STL 形式，但可通过编程软件把 LAD 形式转换成 STL 形式，不过很难读懂。

RS 触发器指令的输入/输出操作数为 I、Q、V、M、SM、S、T、C，bit 的操作数为 I、Q、V、M、S，这些操作数均为 BOOL 型。

RS 触发器指令的真值表如表 5-5 所示，应用举例如图 5-36 所示。

**表 5-5　RS 触发指令的真值表**

| 指　令 | SI | R | 输出（bit） |
|---|---|---|---|
| | 0 | 0 | 保持前一状态 |
| | 0 | 1 | 0 |
| 置位优先触发器指令（SR） | 1 | 0 | 1 |
| | 1 | 1 | 1 |

| 指　令 | S | RI | 输出（bit） |
|---|---|---|---|
| | 0 | 0 | 保持前一状态 |
| | 0 | 1 | 0 |
| 复位优先指令（RS） | 1 | 0 | 1 |
| | 1 | 1 | 0 |

【例 5-20】　图 5-36 所示为 RS 指令的应用。

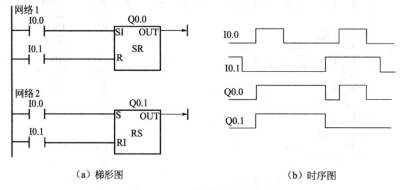

（a）梯形图　　　　　　　　　　（b）时序图

图 5-36　RS 触发器指令应用

# 5.2　程序控制类指令

程序控制类指令大部分属于无条件执行指令，用于控制程序的走向。合理使用该类指令可以优化程序结构，增强程序的功能及灵活性。

### 5.2.1　结束指令

① 指令格式：LAD 及 STL 格式如图 5-37 所示。

② 功能：根据先前逻辑条件终止用户程序。

STEP7-Micro/WIN32 软件自动在主程序结尾添加无条件结束语句（MEND）。在编制程序时，不需要用户在程序末尾添加结束语句。

【例 5-21】　图 5-38 给出了一个有条件结束程序的结束指令的编程。当 I0.0＝1 时，结束主程序。

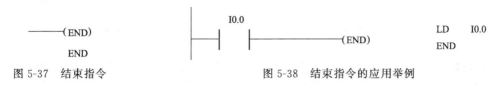

图 5-37　结束指令　　　　　　　　　图 5-38　结束指令的应用举例

结束指令的使用说明如下：

① 结束指令只能用在主程序中，不能在子程序和中断程序中使用。有条件结束指令可用在无条件结束指令前结束主程序。

② 在调试程序时，在程序的适当位置插入无条件结束指令可实现程序的分段调试。

③ 可以利用程序执行的结果状态、系统状态或外部设置切换条件来调用有条件结束指令，使程序结束。

### 5.2.2　暂停指令

① 指令格式：LAD 及 STL 格式如图 5-39 所示。

② 功能：使 PLC 从运行模式进入停止模式，立即终止程序的执行。

STOP 指令可用在主程序、子程序和中断程序中。如果在中断程序中执行 STOP，则中断程序立即中止，并忽略所有挂起的中断，继续扫描程序的剩余部分；在本次扫描周期结束后，完成将主机从 RUN 到 STOP 的切换。

【例 5-22】　图 5-40 给出了一个使用暂停指令的编程。SM5.0 为 I/O 错误继电器，当出现 I/O 错误时，SM5.0＝1，此时强迫 CPU 进入停止方式。

图 5-39　暂停指令　　　　　　　　　图 5-40　暂停指令的应用举例

### 5.2.3　看门狗指令

为了保证系统可靠运行，PLC 内部设置了系统监视定时器 WDT，用于监视扫描周期是否超时。每当扫描到 WDT 定时器时，WDT 定时器将复位。WDT 定时器有一个设定值（100～300ms）。系统正常工作时，所需扫描时间小于 WDT 的设定值，WDT 定时器被及时复位。系统故障情况下，扫描时间大于 WDT 定时器设定值，该定时器不能及时复位，则报警并停止 CPU 运行，同时复位输入、输出。这种故障称为 WDT 故障，以防止因系统故障或程序进入死循环而引起扫描周期过长。

系统正常工作时，有时会因为用户程序过长或使用中断指令、循环指令使扫描时间过长而超过 WDT 定时器的设定值，为防止在这种情况下监视定时器动作，可使用监视定时器复位（WDR）指令，使 WDT 定时器复位。使用 WDR 指令时，在终止本次扫描之前，下列操作过程将被禁止：①通信（自由端口方式除外）；②I/O 更新（立即 I/O 除外）；③强制更新，SM 位更新（SM0、SM5～SM29 不能被更新）；④运行时间诊断；⑤在中断程序中的 STOP 指令等。

① 指令格式：LAD 及 STL 格式如图 5-41 所示。

② 功能：也称为监视定时器指令。允许 CPU 系统的监视程序定时器被重新触发。可以在没有监视程序错误的条件下增加 CPU 系统扫描占用的时间。

图 5-41　看门狗复位指令　　　　　　　　图 5-42　看门狗复位指令的应用举例

【**例 5-23**】　图 5-42 所示是看门狗指令的编程。M5.6 是本程序中需要扩大扫描时间的标志。当 M5.6＝1 时，需要扩大扫描时间，否则不需要。当 M5.6＝1 时，重新触发看门狗定时器 WDR，可以令 WDR 重新启动运行而增加本次扫描时间。

注意：如果希望扫描周期超过 300ms，或者希望中断时间超过 300ms，最好用 WDR 指令来重新触发看门狗定时器。

### 5.2.4　跳转及标号指令

在执行程序时，可能会由于条件不同，需要产生一些分支。这些分支程序的执行可以用跳转操作来实现。跳转操作是由跳转指令和标号指令两部分构成的。

（1）指令格式

LAD 及 STL 格式如图 5-43 所示。

图 5-43　跳转及标号指令

（2）功能

① 跳转指令（JMP）：当输入端有效时，程序跳转到标号处执行。

② 标号指令（LBL）：指令跳转的目标标号。

（3）数据范围

$n＝0\sim255$

【**例 5-24**】　图 5-44 所示是跳转指令在梯形图中应用的例子。网络 4 中的跳转指令使程序流程跨过一些分支（网络 5～网络 14）跳转到标号 3 处继续运行。

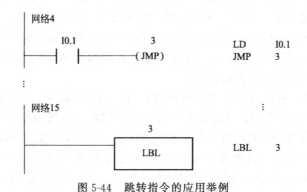

图 5-44　跳转指令的应用举例

跳转及标号指令使用说明如下：

① 可以有多条跳转指令使用同一标号，但不允许一个跳转指令对应两个标号的情况，即在同一程序中不允许存在两个相同的标号。

② 可以在主程序、子程序或者中断服务程序中使用跳转指令，跳转与之相应的标号必须在同一段程序中（无论是主程序、子程序，还是中断程序）。可以在状态程序中使用跳转指令，但相应的标号必须在同一个 SCR 段中。一般将标号指令设在相关跳转指令之后，以减少程序的执行时间。

### 5.2.5　循环指令

循环指令的引入，为解决重复执行相同功能的程序段提供了极大方便，并且优化了程序结构。循环指令由 FOR 和 NEXT 两条指令组成。

（1）指令格式

LAD 及 STL 格式如图 5-45 所示。

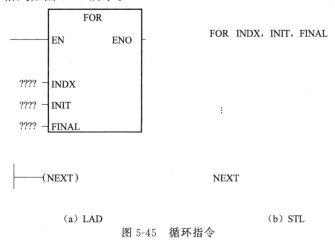

（a）LAD　　　　　　　　　（b）STL

图 5-45　循环指令

（2）功能

① 循环指令开始（FOR）：用来标志循环体的开始。

② 循环指令结束（NEXT）：用来标记循环体的结束，无操作数。

FOR 和 NEXT 之间的程序段称为循环体，必须为 FOR 指令设定当前循环次数的计数器（INDX）、初值（INIT）和终值（FINAL）。每执行一次循环体，当前 INDX 增加 1，并同终值作比较。如果大于终值，则终止循环。

例如，给定初值（INIT）为 1，终值（FINAL）为 100，那么随着当前计数值（INDX）从 1 增加到 100，FOR 与 NEXT 之间的指令被执行 100 次。

（3）操作数的取值范围

① INDX：INT 类型，IW、QW、VW、MW、SW、SMW、LW、T、C、AC、＊VD、＊AC、＊LD。

② INIT：INT 类型，IW、QW、VW、MW、SW、SMW、LW、T、C、AC、AIW、＊VD、＊AC 及常数。

③ FINAL：INT 类型，IW、QW、VW、MW、SW、SMW、LW、T、C、AC、AIW、＊VD、＊AC 及常数。

【例 5-25】　图 5-46 所示为循环指令使用举例。例中为 2 层循环嵌套，循环体为向 VW200 加 1。当 2 层循环同时满足，程序执行后，向 VW200 中加 200 个 1。

循环指令使用说明如下：

① FOR 和 NEXT 指令必须成对使用。

② FOR 和 NEXT 允许循环嵌套，嵌套深度可达 8 层，但各个嵌套之间不允许有交叉现象。

③ 每次使能输入（EN）重新有效时，指令将自动复位各参数。

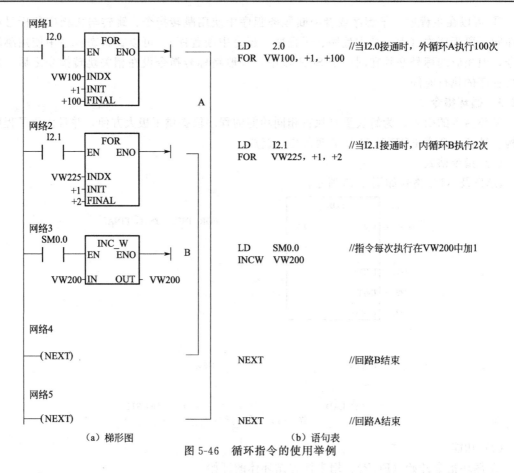

网络1
I2.0

FOR
EN　ENO

VW100-INDX
+1-INIT
+100-FINAL

A

LD　　2.0　　　　//当I2.0接通时，外循环A执行100次
FOR　VW100, +1, +100

网络2
I2.1

FOR
EN　ENO

VW225-INDX
+1-INIT
+2-FINAL

LD　　I2.1　　　　//当I2.1接通时，内循环B执行2次
FOR　VW225, +1, +2

网络3
SM0.0

INC_W
EN　ENO

VW200-IN　　OUT- VW200

B

LD　　SM0.0　　　//指令每次执行在VW200中加1
INCW　VW200

网络4
—(NEXT)

NEXT　　　　　　//回路B结束

网络5
—(NEXT)

NEXT　　　　　　//回路A结束

（a）梯形图　　　　　　　　　　　（b）语句表

图 5-46　循环指令的使用举例

④ 初值大于终值时，循环体不被执行。

⑤ 在 FOR/NEXT 循环执行的过程中可以修改终值。

### 5.2.6　子程序

S7-200 PLC 程序主要分为三大类：主程序（OB1）、子程序（SBR_N）和中断程序（INT_N）。实际应用中，有些程序内容可能被反复使用。对于这些可能被反复使用的程序，往往把它编成一个单独的程序块，存放在程序的某一个区域中。执行程序时，可以随时调用这些程序块。这些程序块可以带一些参数，也可以不带参数，这类程序块就叫做子程序。

子程序的优点在于它可以用于对一个大的程序进行分段及分块，使其成为较小的更易管理的程序块。程序调试、检查和维护时，可充分利用这些优势。通过使用较小的子程序块，使得对一个区域及整个程序检查及排除故障变得简单。子程序只在需要时才被调用、执行，以便更有效地使用 PLC，充分地利用 CPU 的时间。

#### 5.2.6.1　子程序的建立

可采用下列方法创建子程序：从"编辑"菜单选择插入子程序；在程序编辑器视窗右击鼠标，并从弹出菜单中选择插入子程序。只要插入了子程序，程序编辑器底部都将出现一个新标签，标志新的子程序名。此时，可以对新的子程序编程。

#### 5.2.6.2　子程序指令

子程序指令含子程序调用指令和子程序返回指令。

（1）指令格式

LAD 及 STL 格式如图 5-47 所示。

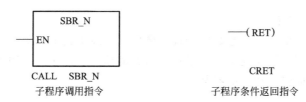

图 5-47　子程序指令

（2）功能

• 子程序调用指令（CALL）：在使能输入有效时，主程序把程序控制权交给子程序 SBR_N。

• 子程序条件返回指令（CRET）：在使能输入有效时，结束子程序的执行，返回主程序（返回到调用此子程序的下一条指令）。

（3）数据范围

$N = 0 \sim 63$

（4）子程序的编程步骤

① 建立子程序（SBR_N）。

② 在子程序（SBR_N）中编写应用程序。

③ 在主程序或其他子程序或中断程序中编写调用子程序（SBR_N）指令。

5.2.6.3　子程序的应用

【例 5-26】　图 5-48 所示为无参数的子程序的使用举例。该程序主要包括以下几部分。

① MAIN：主程序。仅有一段程序，该程序的功能是当输入端 I0.0＝1 时，调用子程序 SBR_0。

② SBR_0：子程序。执行完第一条指令后，在第二条指令处，如 I0.2＝1，则立即返回主程序，终止向下继续执行子程序。

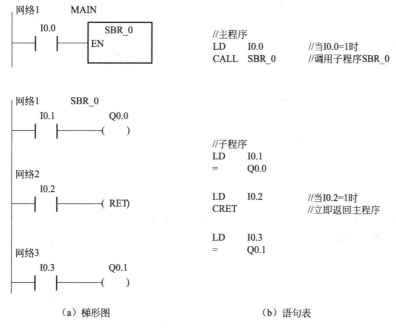

（a）梯形图　　　　　　　　　　（b）语句表

图 5-48　无参数的子程序指令的使用举例

### 5.2.6.4　带参数的子程序

子程序中可以有参变量，带参数的子程序调用极大地扩大了子程序的使用范围，增加了调用的灵活性。它主要用于功能类似的子程序块的编程。子程序的调用过程如果存在数据的传递，在调用指令中应包含相应的参数。

（1）子程序参数

子程序最多可以传递 16 个参数。参数在子程序的局部变量表中定义。参数包含下列信息：变量名、变量类型和数据类型。

① 变量名：最多用 8 个字符表示，第一个字符不能是数字。

② 变量类型：按变量对应数据的传递方向来划分，可以是传入子程序（IN）、传入和传出子程序（IN/OUT）、传出子程序（OUT）和暂时变量（TEMP）等 4 种类型。4 种变量类型的参数在变量表中必须按下列顺序排列。

• IN 类型：传入子程序参数。参数可以是直接寻址数据（如 VB100）、间接寻址数据（如 * AC1）、立即数（如 16♯2344）或数据的地址值（如 &VB106）。

• IN/OUT 类型：传入和传出子程序参数。调用时将指定参数位置的值传到子程序，返回时从子程序得到的结果值被返回到同一地址。参数可以采用直接寻址和间接寻址，但立即数（如 16♯1234）和地址值（如 &VB100）不能作为参数。

• OUT 类型：传出子程序参数。它将从子程序返回的结果值送到指定的参数位置。输出参数可以采用直接寻址和间接寻址，但不能是立即数或地址编号。

• TEMP 类型：暂时变量参数。在子程序内部暂时存储数据，但不能用来与调用程序传递参数数据。

③ 数据类型：在局部变量表中还要对数据类型进行声明。数据类型可以是能流、布尔型、字节型、字型、双字型、整数型、双整数型和实型。

• 能流：仅允许对位输入操作，是位逻辑运算的结果。在局部变量表中，布尔能流输入处于所有类型的最前面。

• 布尔型：布尔型用于单独的位输入和输出。

• 字节型、字型和双字型：这 3 种类型分别声明一个 1 字节、2 字节和 4 字节的无符号输入或输出参数。

• 整数型、双整数型：这 2 种类型分别声明一个 2 字节或 4 字节的有符号输入或输出参数。

• 实型：该类型声明一个 IEEE 标准的 32 位浮点参数。

（2）参数子程序调用的规则

① 常数参数必须声明数据类型。例如，把值为 223 344 的无符号双字作为参数传递时，必须用 DW♯223 344 来指明。如果缺少常数参数的这一描述，常数可能会被当做不同类型使用。

② 输入或输出参数没有自动数据类型转换功能。例如，局部变量表中声明一个参数为实型，而在调用时使用一个双字，则子程序中的值就是双字。

③ 参数在调用时必须按照一定的顺序排列，先是输入参数，然后是输入/输出参数，最后是输出参数和暂时变量。

（3）变量表的使用

按照子程序指令的调用顺序，参数值分配给局部变量存储器，起始地址是 L0.0。使用编程软件时，地址分配是自动的。在局部变量表中要加入一个参数，单击要加入的变量类型区，得到一个选择菜单，选择"插入"，然后选择"下一行"。局部变量表使用局部变量存储器。

当在局部变量表中加入一个参数时，系统自动给各参数分配局部变量存储空间。

参数子程序调用指令格式为：

CALL 子程序名，参数 1，参数 2，…，参数 n

（4）程序实例

【例 5-27】　图 5-49 所示为一个带 6 个参数的子程序的实例。在这个例子中，在建立子程序 SBR _ 1 的时候，要打开该子程序的"SIMATIC LAD"局部变量表，给参数赋名称，然后选定变量类型，如表 5-6 所示。

在使用语句表编程时，要注意 CALL 指令第一个参数是子程序标号，接着是有关参数。其中，参数的顺序是先输入，后输入/输出，最后输出。

本程序是用梯形图编制的。一般情况下，用语句编制的程序和用梯形图编制的程序可以相互转换。

在用梯形图编写程序时，要注意正确填入各个参数。其中的一些局部变量（作为暂存寄存器的 L 区局部变量）是 S7-200 自动添加的，可不予干预。

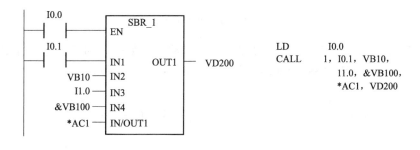

（a）梯形图　　　　　　　　　　　　　　（b）语句表

图 5-49　带参数的子程序的使用举例

表 5-6　局部变量表

| L 地址 | 参数名称 | 变量类型 | 数据类型 | 注　释 |
|---|---|---|---|---|
| — | EN | IN | BOOL | 指令使能输入参数 |
| L0.0 | IN1 | IN | BOOL | 第 1 个输入参数，布尔型 |
| LB1 | IN2 | IN | BYTE | 第 2 个输入参数，字节型 |
| L2.0 | IN3 | IN | BOOL | 第 3 个输入参数，布尔型 |
| LD3 | IN4 | IN | DWORD | 第 4 个输入参数，双字型 |
| LW7 | IN/OUT | IN/OUT | WORD | 第 1 个输入/输出参数，字型 |
| LD9 | OUT1 | OUT | DWORD | 第 1 个输出参数，双字型 |

带参数的子程序使用说明如下：

① CRET 多用于子程序的内部，由判断条件决定是否结束子程序调用，RET 用于子程序的结束。用 Micro/WIN32 编程时，编程人员不需要手工输入 RET 指令，而是由软件自动在内部加到每个子程序结尾。

② 程序内一共可有 64 个子程序。如果在子程序的内部又对另一子程序执行调用指令，这种调用称为子程序的嵌套。子程序的嵌套深度最多为 8 级。

③ 各子程序调用的输入/输出参数的最大限制是 16 个。如果要下载的程序超过此限制，

将返回错误。

④ 不允许直接递归。例如，不能从 SBR_0 调用 SBR_0。但是，允许进行间接递归。

⑤ 在子程序内不得使用 END 语句。

## 5.3　PLC 的编程与应用

### 5.3.1　梯形图的编程规则

梯形图编程的基本规则如下所述：

① PLC 内部元器件触点的使用次数是无限制的。

② 梯形图的每一行都是从左边母线开始，然后是各种触点的逻辑连接，最后以线圈或指令盒结束。触点不能放在线圈的右边，如图 5-50 所示。

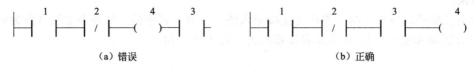

图 5-50　梯形图画法例 1

③ 线圈和指令盒一般不能直接连接在左边的母线上。如需要的话，可通过特殊的中间继电器 SM0.0（常"ON"特殊中间继电器）完成，如图 5-51 所示。

图 5-51　梯形图画法例 2

④ 在同一程序中，同一编号的线圈使用两次及两次以上称为双线圈输出。双线圈输出非常容易引起误动作，所以应避免使用。S7-200 PLC 中不允许双线圈输出。

⑤ 应把串联多的电路块尽量放在最上边，把并联多的电路块尽量放在最左边。这样，一是节省指令，减少用户程序区域；二是美观（如图 5-52 所示）。

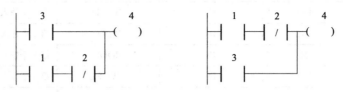

（a）把串联多的电路块放在最上边

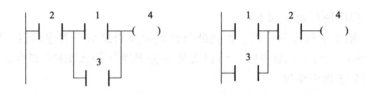

（b）把并联多的电路块放在最左边

图 5-52　梯形图画法例 3

⑥ 将如图 5-53(a) 所示电路重新编排后，图(b) 与图(a) 相比，可节省指令，减少用户程序区域。

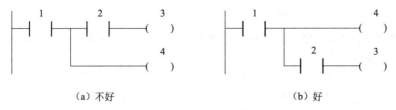

（a）不好　　　　　　　　　　　（b）好

图 5-53　梯形图画法例 4

### 5.3.2　基本指令的简单应用

（1）自锁控制

自锁控制是控制电路中最基本的环节之一，常用于对输入开关和输出继电器的控制电路。

在如图 5-54 所示的自锁程序中，I0.0 闭合使 Q0.0 线圈通电，随之 Q0.0 触点闭合。此后，即使 I0.0 触点断开，Q0.0 线圈仍保持通电。只有当常闭触点 I0.1 断开时，Q0.0 才断电，Q0.0 触点断开。若想再启动继电器 Q0.0，只有重新闭合触点 I0.0。

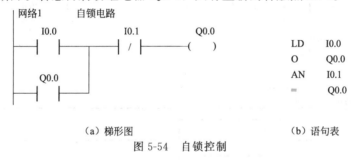

（a）梯形图　　　　　　　　　　　（b）语句表

图 5-54　自锁控制

这种自锁控制常用于以无锁定开关作为启动开关的情况，或者用只接通一个扫描周期的触点去启动持续动作的控制电路。

（2）互锁控制（联锁控制）

互锁控制是控制电路中最基本的环节之一，常用于对输入开关和输出继电器的控制电路。

在如图 5-55 所示的互锁程序中，Q0.0 和 Q0.1 中只要有一个继电器线圈先接通，另一

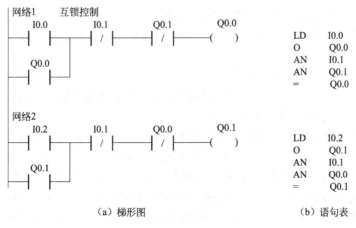

（a）梯形图　　　　　　　　　　　（b）语句表

图 5-55　互锁控制

个继电器就不能再接通，从而保证在任何时候两者都不能同时启动。这种互锁控制常用于被控的是一组不允许同时动作的对象，如电动机正、反转控制等。

（3）瞬时接通/延时断开电路

瞬时接通/延时断开电路要求在输入信号有效时，马上有输出；而输入信号无效后，输出信号延时一段时间才停止。

图5-56所示分别是瞬时接通/延时断开电路的梯形图、语句表和时序图。在梯形图中用到一个PLC内部定时器，编号为T37。T37的工作条件是输出Q0.0＝ON，并且输入I0.0＝OFF。T37工作3s后，定时器触点闭合，使输出Q0.0断开。因为I0.0变为"OFF"后，Q0.0仍要保持通电状态3s，所以Q0.0是必须使用自锁的。

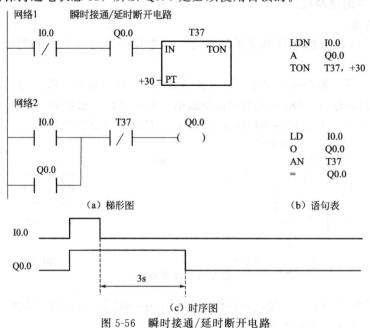

图5-56　瞬时接通/延时断开电路

（4）延时接通/延时断开电路

延时接通/延时断开电路要求在输入信号有效时，停一段时间，输出信号才为"ON"；输入信号无效后，输出信号延时一段时间才"OFF"。与瞬时接通/延时断开电路相比，该电路多加了一个输入延时。T37延时3s作为Q0.0的启动条件，T38延时6s作为Q0.0的关断条件。两个定时器配合使用实现该电路的功能。

图5-57所示分别是延时接通/延时断开电路的梯形图、语句表和时序图。

（5）分频电路

在许多控制场合，需要对控制信号进行分频。以二分频为例，要求输出脉冲Q0.0是输入信号脉冲I0.1的二分频。图5-58所示分别是二分频电路的梯形图、语句表和时序图。在梯形图中用了三个辅助继电器，编号分别是M0.0、M0.1、M0.2。

在图5-58中，当输入I0.1在$t_1$时刻接通（ON）时，内部辅助继电器M0.0上将产生单脉冲。然而输出线圈Q0.0在此之前并未得电，其对应的常开触点处于断开状态。因此，扫描程序至第3行时，尽管M0.0得电，内部辅助继电器M0.2也不可能得电。扫描至第4行时，Q0.0得电并自锁。此后，这部分程序虽多次扫描，但由于M0.0仅接通一个扫描周期，M0.2不可能得电。Q0.0对应的常开触点闭合，为M0.2的得电做好了准备。等到$t_2$时刻，输入I0.1再次接通（ON），M0.0上再次产生单脉冲。因此，在扫描第3行时，内部

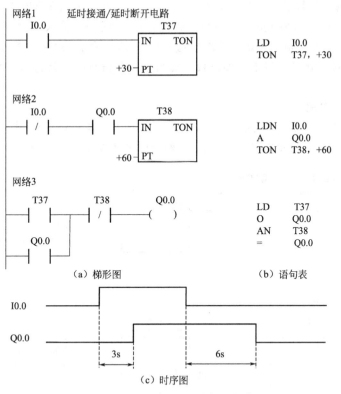

图 5-57　延时接通/延时断开电路

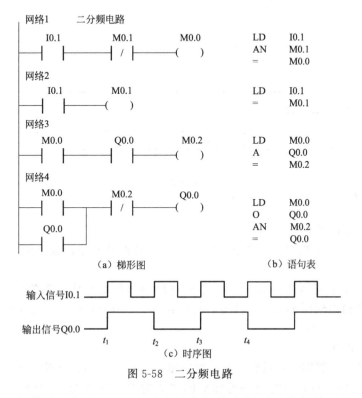

图 5-58　二分频电路

辅助继电器 M0.2 条件满足得电，M0.2 对应的常闭触点断开。执行第 4 行程序时，输出线圈 Q0.0 失电，输出信号消失。以后，虽然 I0.1 继续存在，但由于 M0.0 是单脉冲信号，虽多次扫描第 4 行，输出线圈 Q0.0 也不可能得电。在 $t_3$ 时刻，输入 I0.1 第三次出现（ON），M0.0 上又产生单脉冲，输出 Q0.0 再次接通。$t_4$ 时刻，输出 Q0.0 再次失电……得到输出正好是输入信号的二分频。对于这种逻辑，每当有控制信号时，就将状态翻转，因此也可用作触发器。

（6）闪烁控制电路

图 5-59 所示为一个振荡电路。当输入 I0.0 接通时，输出 Q0.0 闪烁，接通和断开交替进行。接通时间为 1s，由定时器 T38 设定；断开时间为 2s，由定时器 T37 设定。

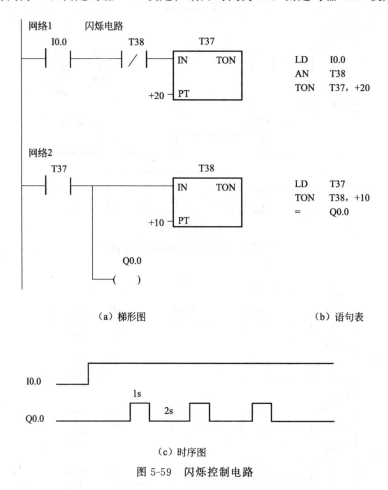

（a）梯形图　　　　　　（b）语句表

（c）时序图

图 5-59　闪烁控制电路

（7）计数器的扩展

S7-200 PLC 计数器的最大计数值为 32767。若需要更大的计数范围，可将多个计数器串联使用。

在图 5-60 中，若输入信号 I0.1 是一个光电脉冲（如用来计工件数），从第一个工件产生光电脉冲，到输出线圈 Q0.1 有输出，共计数 $N = 30000 \times 30000 = 9 \times 10^8$ 个工件后，由输出线圈 Q0.1 发出信号。

（8）长延时电路

许多控制场合需要用到长延时，长延时电路可用小时（h）、分钟（min）作为单位来设定。图 5-61 所示分别是长延时电路的梯形图和语句表。输出 Q0.0 在输入 I0.0 接通后 6h 20min 才接通。

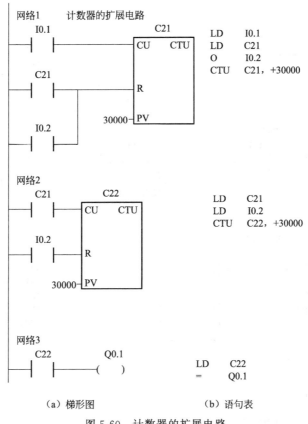

（a）梯形图　　　　　　　　（b）语句表

图 5-60　计数器的扩展电路

（9）报警电路

图 5-62 所示为一个报警电路，图中的输入/输出地址分配如下：

① 输入信号：I0.0 为故障信号；I1.0 为消铃按钮；I1.1 为试灯、试铃按钮。

② 输出信号：Q0.0 为报警灯；Q0.2 为报警电铃。

（10）彩灯控制电路

① 要求：按下启动按钮，红灯亮；10s 后，绿灯亮；20s 后，黄灯亮；再过 10s 后，返回到红灯亮，如此循环。

② 输入信号：I0.0 为启动按钮，I0.1 为停止按钮。

③ 输出信号：Q0.0 为红灯，Q0.1 为绿灯，Q0.2 为黄灯。

彩灯控制电路如图 5-63 所示。

（11）电机顺序启/停控制电路

① 要求：有三台电机 $M_1$、$M_2$、$M_3$。要求按下启动按钮，电机按 $M_1$、$M_2$、$M_3$ 正序启动；按下停止按钮，电机按 $M_3$、$M_2$、$M_1$ 逆序停止。

② 输入信号：I0.0 为启动按钮，I0.1 为停止按钮。

③ 输出信号：Q0.0 为电机 $M_1$，Q0.1 为电机 $M_2$，Q0.2 为电机 $M_3$。

电机顺序启/停控制电路的两种编程方式分别如图 5-64 和图 5-65 所示。电机的启动时间间隔为 1min，停止时间间隔为 30s。

在图 5-65 中使用了一个断电延时定时器 T38。它计时到设定值后，当前值停在设定值处，而不像通电延时定时器继续往前计时。所以 T38 的定时器设定值在此设定为 610，

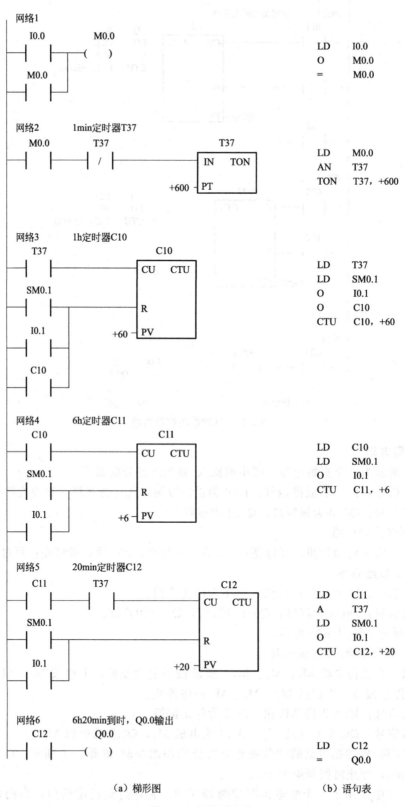

（a）梯形图　　　　　　　　（b）语句表

图 5-61　长延时电路

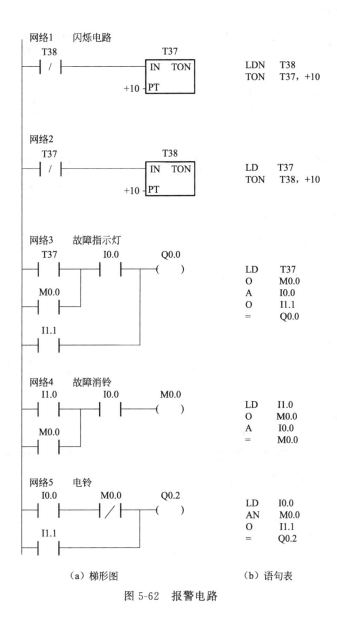

（a）梯形图　　　　（b）语句表

图 5-62　报警电路

这使得再次按启动按钮 I0.0 时，T38 不等于 600 的比较触点为闭合状态，$M_1$ 能够继续启动。

（12）传送带控制电路

① 要求：按下启动按钮，运货车到位，传送带开始传送工件。当件数检测仪检测到三个工件时，推板机推动工件到运货车，此时传送带停止传送；当工件送到运货车后，推板机返回，传送带又开始传送，计数器复位，并准备重新计数。

② 输入信号：I0.0 为启动按钮，I0.1 为停止按钮，I0.2 为件数检测仪（I0.2＝1 表示有工件通过，I0.2＝0 表示无工件通过），I0.3 为运货车到位。

③ 输出信号：Q0.0 为传送带，Q0.1 为推板机正转，Q0.2 为推板机反转。

传送带控制程序如图 5-66 所示。

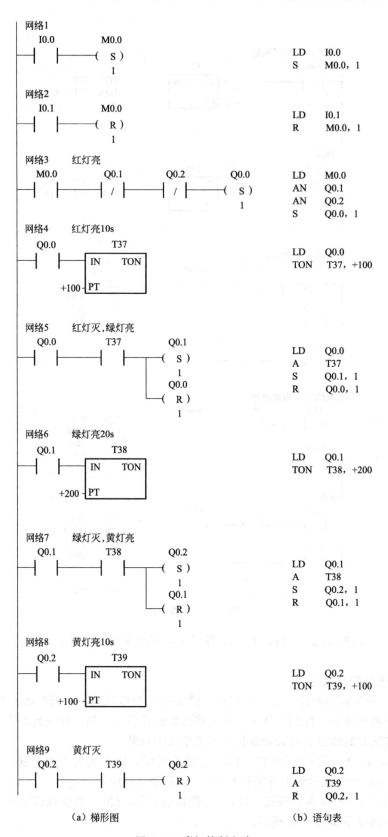

（a）梯形图　　　　　　　　　　　（b）语句表

图 5-63　彩灯控制电路

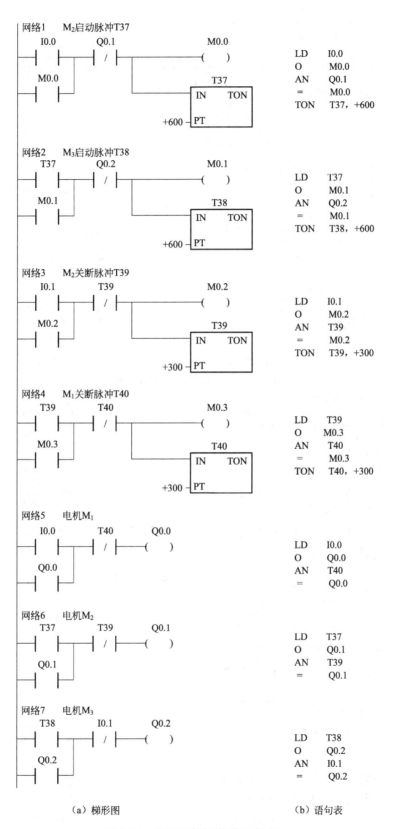

（a）梯形图　　　　　　　　　　（b）语句表

图 5-64　电机顺序启/停编程方式 1

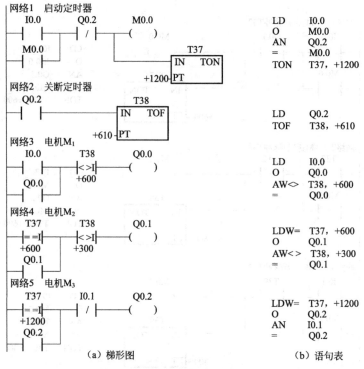

（a）梯形图  （b）语句表

图 5-65  电机顺序启/停编程方式 2

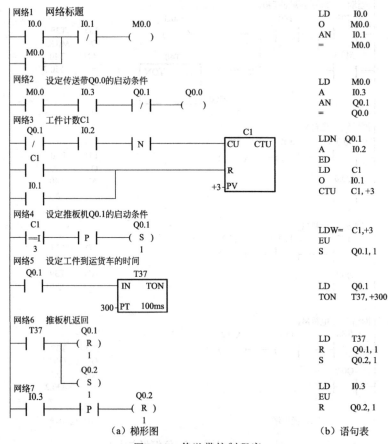

（a）梯形图  （b）语句表

图 5-66  传送带控制程序

# 实　　验

## 实验一　S7-200 编程软件的使用

**一、实验目的**

1. 熟悉 STEP7-Micro/WIN32 编程软件的使用。

2. 初步掌握编程软件的使用方法和调试程序的方法。

**二、实验设备**

EFPLC 可编程控制器实验装置。

**三、实验内容**

1. 熟悉编程软件的菜单、工具条、指令输入和程序调试。

2. 编写一段简单程序。

3. 将程序写入 PLC，检查无误后运行该程序，并观察运行结果。

**四、预习要求**

1. 阅读实验指导书，复习基本指令的用法。

2. 设计一段简单程序。

**五、实验报告要求**

写出调试程序的步骤、调试好的梯形图程序和语句表程序。

## 实验二　三相电动机控制

**一、实验目的**

通过本实验，了解三相电动机正反转、自锁、互锁和 $\curlyvee/\triangle$ 启动。

**二、实验设备**

1. EFPLC 可编程控制器实验装置。

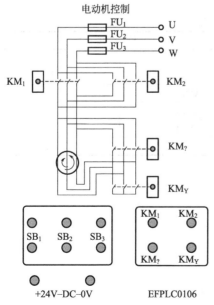

图 5-67　三相电动机控制
实验板 EFPLC0106

2. 三相电动机控制实验板 EFPLC0106，如图 5-67 所示。

　　**三、实验内容**

　　1. 控制要求：按下正转按钮 $SB_1$，$KM_1$ 继电器吸合（指示灯亮），三相电动机 $\curlyvee$ 形启动（$KM_Y$ 继电器吸合，指示灯亮）；3s 后 $\triangle$ 形正常运行；按下停止按钮 $SB_3$，电动机应立刻停止运行。在整个过程中，按反转按钮 $SB_2$ 应不起任何作用。

　　按下反转按钮 $SB_2$，三相电动机 $\curlyvee$ 形启动；3s 后 $\triangle$ 形正常运行；按下停止按钮 $SB_3$，电动机应立刻停止运行。在整个过程中，按正转按钮 $SB_1$ 应不起任何作用。

　　2. I/O 地址分配：

　　① 输入：SB1 _ I0.0　SB2 _ I0.1　SB3 _ I0.2

　　② 输出：KM1 _ Q0.0　KM2 _ Q0.1

KM$\triangle$ _ Q0.3　KMY _ Q0.2

3. 按照要求编写程序（参照程序示例）。

4. 运行：对应程序进行反复调试、反复运行，直至可正常操作为止。

**四、预习要求**

1. 阅读实验指导书。

2. 编写程序实现：在正转时按下反转按钮，电动机应停转一段时间（5～10s），保证电动机确实已停后，电动机再自动丫/△启动反转。在反转时，按下正转按钮，具有同样的效果。按停止按钮，电动机应停止运行。

**五、实验报告要求**

写出调试程序的步骤、调试好的梯形图程序和语句表程序。

## 实验三　水塔水位自动控制

**一、实验目的**

用 PLC 控制水塔的液位及水池的液位。

**二、实验设备**

1. EFPLC 可编程序控制器实验装置。

2. EFPLC0103 水塔水位自动控制实验板，如图 5-68 所示。

3. 连接导线若干。

**三、实验内容**

1. 控制要求

按 $S_4$（表示水池低水位）→Y 阀打开进水，$L_4$ 灯亮 1s 后暗→按 $S_3$（表示水池水已满）→Y 阀关，$L_3$ 灯亮→按 $S_2$（表示水塔低水位）→P 泵开，$L_2$ 灯亮 1s 后暗（表示水位已超过低限位），$L_3$ 灯暗（表示水池水位低于高限位）→按 $S_1$（表示水塔水已满）→P 泵停，$L_1$ 灯亮，2s 后暗。

2. I/O（输入、输出）地址分配（如表 5-7 所示）

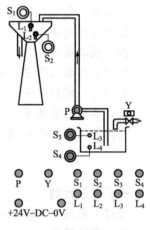

水塔水位自动控制

图 5-68　水塔水位自动控制实验板 EFPLC0103

**表 5-7　I/O 地址分配**

| 输　　入 | | 输　　出 | |
| --- | --- | --- | --- |
| I0.3 | $S_1$ | Q0.5 | $L_1$ |
| I0.2 | $S_2$ | Q0.3 | $L_2$ |
| I0.1 | $S_3$ | Q0.2 | $L_3$ |
| I0.0 | $S_4$ | Q0.1 | $L_4$ |
| | | Q0.4 | P |
| | | Q0.0 | Y |

**四、预习要求**

1. 阅读实验指导书。

2. 按实验要求编写程序。

**五、实验报告要求**

写出调试程序的步骤、调试好的梯形图程序。

# 思考与练习

5-1　画出与下列语句表对应的梯形图。

```
LD   I0.0        LD   M10.2       ALD
O    I1.2        A    Q0.3        LD   M10.3
LD   I1.3        LD   I1.0        A    M10.5
ON   I0.2        AN   Q1.3        OLD
ALD              OLD              =    Q0.0
```

5-2　写出与图 5-69 所示梯形图对应的指令表。

```
         I0.0      I0.2      I0.1      T37       Q0.0
         ┤├        ┤/├       ┤├        ┤/├       (   )

         I0.3      M0.0      M0.1                Q0.1
         ┤├        ┤/├       ┤├                  ( S )
                                                  3
         M0.3                          M0.4                T37
         ┤├                            ┤├           IN    TON

                                              +200 PT
```

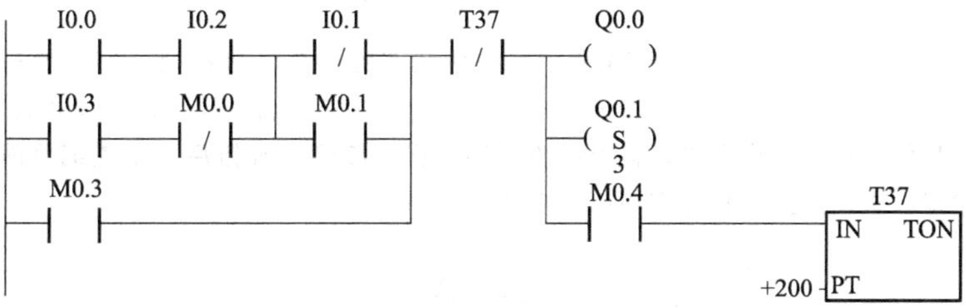

图 5-69　习题 5-2 梯形图

5-3　写出与图 5-70 所示梯形图对应的指令表。

5-4　画出图 5-71 中 Q0.1 的波形。

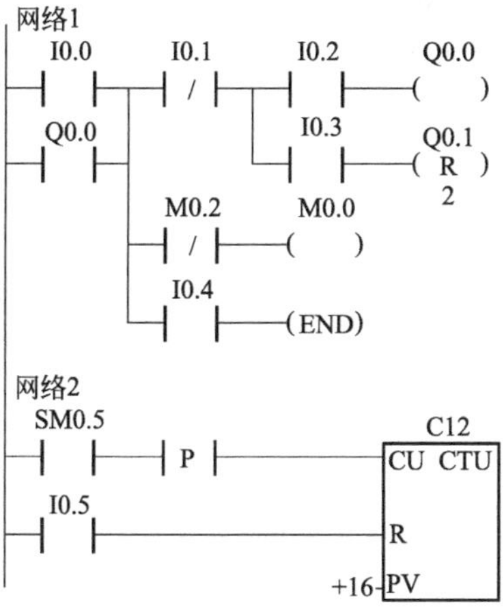

```
网络1
    I0.0      I0.1      I0.2      Q0.0
    ┤├        ┤/├       ┤├        (   )

    Q0.0                I0.3      Q0.1
    ┤├                  ┤├        ( R )
                                   2
              M0.2      M0.0
              ┤/├       (   )

              I0.4
              ┤├──(END)

网络2
    SM0.5                      C12
    ┤├──┤P├──             CU  CTU

    I0.5
    ┤├                    R

                     +16 PV
```

图 5-70　习题 5-3 梯形图

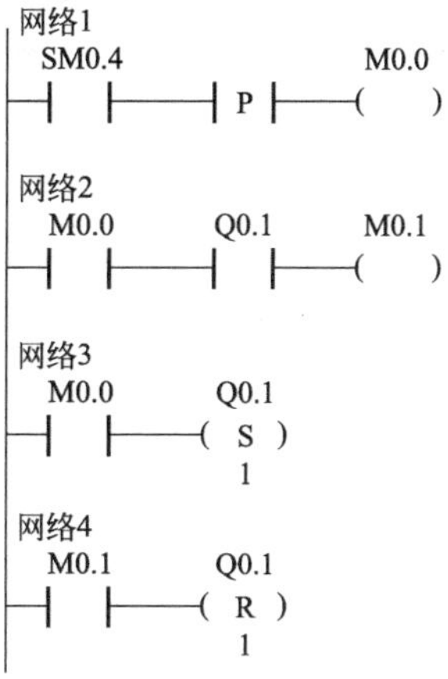

```
网络1
    SM0.4                      M0.0
    ┤├────┤P├────           (   )

网络2
    M0.0      Q0.1           M0.1
    ┤├        ┤├             (   )

网络3
    M0.0      Q0.1
    ┤├        ( S )
               1

网络4
    M0.1      Q0.1
    ┤├        ( R )
               1
```

图 5-71　习题 5-4 梯形图

5-5　设计一个实现图 5-72 所示波形图功能的程序电路。

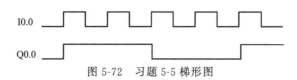

图 5-72　习题 5-5 梯形图

5-6　用置位、复位指令设计一台电动机的启、停控制程序。

5-7　试设计一个照明灯的控制程序。当按下接在 I0.0 上的按钮后，接在 Q0.0 上的照明灯发光 30s。如果在这段时间内又有人按下按钮，则时间间隔从头开始，以确保在最后一次按完按钮后，灯光可维持 30s 的照明。

5-8　试设计一个抢答器程序电路。主持人提出问题并宣布开始后，3 个答题人按动按钮，仅有最先按下按钮的人面前的信号灯亮。一个题目终了时，主持人按动复位按钮，为下一轮抢答做准备。

5-9　设计一个计数范围为 30000 的计数器。

5-10　设计一个控制两台电机的程序。控制要求是：第一台电机运行 30s 后，第二台电机开始运行，并且第一台电机停止运行；当第二台电机运行 20s 后，第一台电机重新启动运行。

5-11　如图 5-73 所示，检测器检测是否有产品通过。若传送带上 20s 内无产品通过，则接通 Q0.0 报警。

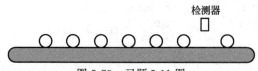

图 5-73　习题 5-11 图

5-12　多个传送带启动和停止示意如图 5-74 所示。初始状态为各个电机都处于停止状态。按下启动按钮后，电动机 $M_1$ 通电运行；行程开关 $SQ_1$ 有效时，电动机 $M_2$ 通电运行；行程开关 $SQ_2$ 有效时，$M_1$ 断电停止。其他传动带动作类推，整个系统循环工作。按停止按钮后，系统把目前的工作完成后停止在初始状态。试设计控制程序实现以上功能。

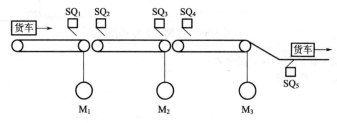

图 5-74　多个传送带控制示意图

# 第6章　S7-200 PLC 顺序控制指令及应用

前面章节介绍了基本指令，并讲解了用简单设计法解决大部分编程问题。但上述基本指令对于解决具有并发顺序和选择顺序的问题非常困难，即便勉为其难地编程，其结果是程序复杂且冗长。S7-200 PLC 顺序控制指令可以模仿控制进程的步骤，对程序逻辑分块，将程序分成单个流程的顺序步骤，也可同时激活多个流程；可以使单个流程有条件地分成多支单个流程，也可以使多个流程有条件地重新汇集成单个流程，从而对一个复杂的工程十分方便地编制控制程序。

为此，本章将介绍另一种编程方法——功能图法，以实例的方式介绍解决并发顺序和选择顺序的编程问题。其他章节的元件、指令等仍适用于本章。

## 6.1　功能图的基本概念及构成规则

### 6.1.1　功能图基本概念

（1）功能图的定义

功能图又称为功能流程图或状态图，它是一种描述顺序控制系统的图形方式，是专用于工业顺序控制程序设计的一种功能性语言，能直观地显示出工业控制中的基本顺序步骤。

图 6-1 所示为一个简单的功能图示例。

（2）功能图的主要元素

① 状态　状态的符号如图 6-2 所示，矩形框中可写上该状态的编号或代码。

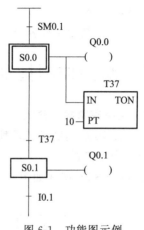

图 6-1　功能图示例

• 初始状态：它是功能图的起点。一个控制系统至少要有一个初始状态。初始状态的图形符号为双线的矩形框（也可以是单线的矩形框），如图 6-3 所示。

• 工作状态：它是控制系统正常运行时的状态。根据系统是否运行，状态分为动态和静态两种。

动状态是指当前正在运行的状态，静状态是没有运行的状态。与状态对应的动作在每个稳定的状态下，可能有相应的动作。动作的表示方法如图 6-4 所示。

图 6-2　状态的图形符号　　图 6-3　初始状态的图形符号

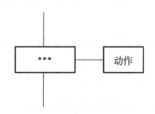

图 6-4　状态下动作的表示

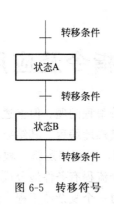

图 6-5 转移符号

② 转移 用有向线段表示转移的方向。两个状态之间的有向线段上再用一段横线表示转移。转移的符号如图 6-5 所示。

转移是一种条件,当此条件成立时,称为转移使能。该转移如果能够使状态发生转移,称为触发。一个转移能够触发,必须满足状态为动状态及转移使能。转移条件是指使系统从一个状态向另一个状态转移的必要条件,通常用文字、逻辑方程及符号来表示。

### 6.1.2 功能图的构成规则

绘制功能图必须满足以下 4 项规则:

① 状态与状态不能相连,必须用转移分开。

② 转移与转移不能相连,必须用状态分开。

③ 状态与转移、转移与状态之间的连接采用有向线段,从上向下画时,可以省略箭头;当有向线段从下向上画时,必须画上箭头,以表示方向。

④ 一个功能图至少要有一个初始状态。

# 6.2 顺序控制指令

### 6.2.1 顺序控制指令介绍

S7-200 PLC 提供了三条顺序控制指令。

(1) 指令格式

LAD 及 STL 格式如图 6-6 所示。

| (a) 顺序状态开始 | (b) 顺序状态转移 | (c) 顺序状态结束 |

图 6-6 顺序控制指令

(2) 功能

① 顺序状态开始指令:从 LSCR 指令开始到 SCRE 指令结束的所有指令组成一个顺序控制继电器 (SCR) 段。LSCR 指令标记一个 SCR 段的开始。顺序控制指令的操作对象为顺序控制继电器 S,S 也称为状态器。

② 顺序状态转移指令:当 SCRT 指令的输入端有效时,一方面置位下一个 SCR 段的状态器,以便使下一个 SCR 段开始工作;另一方面,同时使该段的状态器复位,使该段停止工作。

③ 顺序状态结束指令:SCR 段必须用 SCRE 指令结束。

(3) 数据范围

$n = 0.0 \sim 31.7$。

### 6.2.2 顺序控制指令的编程

用功能图编程时,先画功能图,再转换成梯形图。

图 6-7 所示为使用顺序控制指令的一个简单例子。

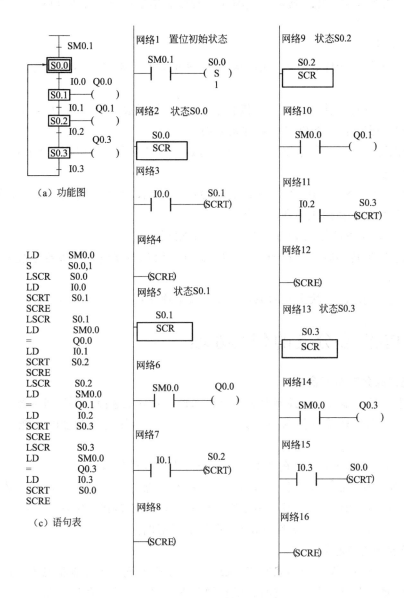

图 6-7　顺序控制指令使用举例

在该例中，初始化脉冲 SM0.1 用来置位 S0.0，即把 S0.0（状态 0）状态激活；在状态 0 的 SCR 段中可以置位控制的初始状态或复位状态。该例中，等到条件 I0.0 满足后，状态才发生转移。I0.0 即为状态转移条件。将 S0.1（状态 1）置位（激活）的同时，自动使原初始状态 S0.0 复位。

在状态 1 的 SCR 段，要做的工作是输出 Q0.0。当条件 I0.1 满足时，状态从状态 1（S0.1）转移到状态 2（S0.2），同时状态 1 复位；直到条件 I0.3 满足，状态从状态 3

（S0.3）转移回到状态 S0.0，控制结束。

注意：在 SCR 段输出时，常用特殊中间继电器 SM0.0（常开 ON 继电器）执行 SCR 段的输出操作。因为线圈不能直接和母线相连，所以必须借助于一个常 ON 的 SM0.0 来完成任务。

### 6.2.3　使用说明

① 顺控指令仅对元件 S 有效，顺控继电器 S 也具有一般继电器的功能，所以对它能够使用其他指令。

② SCR 段程序能否执行，取决于该状态器（S）是否被置位。SCRE 与下一个 LSCR 之间的指令逻辑不影响下一个 SCR 段程序的执行。

③ 不能把同一个 S 位用于不同程序中。例如，如果在主程序中用了 S0.1，在子程序中就不能再使用它。

④ 在 SCR 段中不能使用 JMP 和 LBL 指令，就是说，不允许跳入、跳出或在内部跳转，但可以在 SCR 段附近使用跳转和标号指令。

⑤ 在 SCR 段中不能使用 FOR、NEXT 和 END 指令。

⑥ 在状态发生转移后，所有 SCR 段的元器件一般都要复位。如果希望继续输出，可使用置位/复位指令。

⑦ 在使用功能图时，状态器的编号可以不按顺序编排。

## 6.3　功能图多分支的分类处理

### 6.3.1　可选择的分支与汇合

在实际中，具有多流程的控制要进行流程选择或者分支选择。到底进入哪一个分支，取决于控制流程前面的转移条件哪一个为"真"。可选择的分支与汇合的功能图、梯形图如图 6-8 所示。

如图 6-8(a) 所示功能图，在分支时，检查分支前面的转移条件 I0.0、I0.3、I0.6 哪一个为"真"，为"真"的分支执行，且每次只可执行一条分支；而在汇合时，采用各分支自动转移到新的状态，即 I0.2 转移（SCRT）到 S0.7，I0.5 转移（SCRT）到 S0.7，I1.0 转移（SCRT）到 S0.7，具体参见图 6-8(b) 所示的梯形图。

### 6.3.2　并行的分支与汇合

在实际中，把一个顺序控制状态流分成两个或多个不同分支控制状态流，这就是并行分支。当一个控制状态流分成多分支时，所有的分支控制状态流必须同时激活。当多个控制流产生的结果相同时，可以把这些控制流合并成一个控制流，即并行分支的汇合。在合并控制流时，所有的分支控制流必须都是完成了的。在转移条件满足时才能转移到下一个状态。并发顺序一般用双水平线表示，同时结束若干个顺序也用双水平线表示。

图 6-9 所示为并行分支和汇合的功能图、梯形图。在该图中应该注意的是：并行分支在分支时要同时使状态转移到新的状态，完成各新状态的启动，即条件 I0.0 满足后，状态 S0.1、S0.3、S0.5 同时激活。另外，在状态 S0.2、S0.4、S0.6 的 SCR 程序组中，由于没有使用 SCRT 指令，S0.2、S0.4、S0.6 复位不能自动进行，最后要用复位指令对其复位。而在并行分支汇合前的最后一个状态是"等待"过渡状态，它们要等待所有并行分支都为"真"后才一起转移到新的状态。具体请参见图 6-9(b) 所示的梯形图。

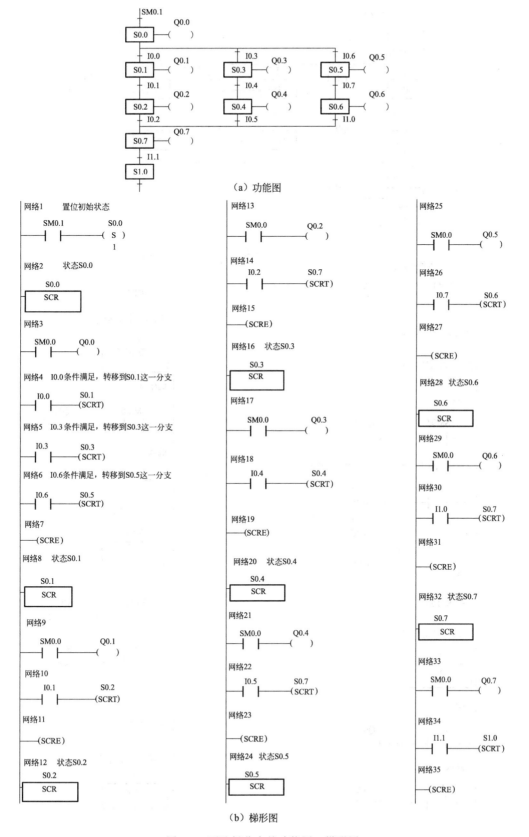

（a）功能图

（b）梯形图

图 6-8　可选择分支的功能图、梯形图

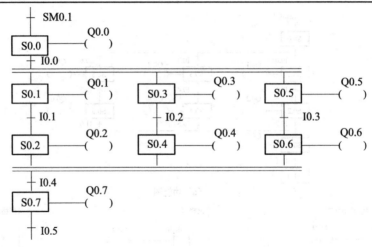

(a) 功能图

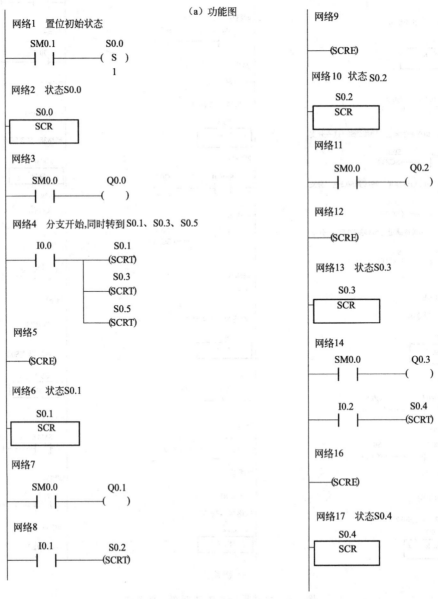

网络1　置位初始状态

网络2　状态S0.0

网络3

网络4　分支开始,同时转到S0.1、S0.3、S0.5

网络5

网络6　状态S0.1

网络7

网络8

网络9

网络10　状态S0.2

网络11

网络12

网络13　状态S0.3

网络14

网络16

网络17　状态S0.4

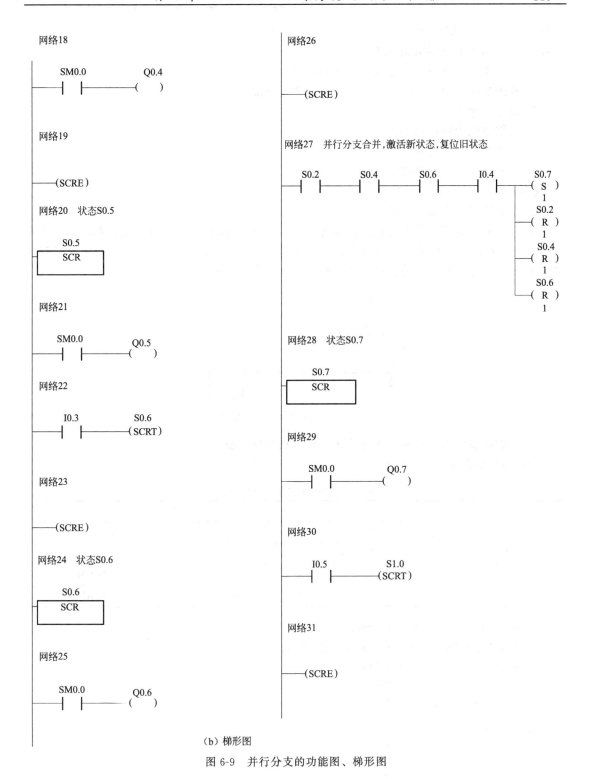

（b）梯形图

图 6-9　并行分支的功能图、梯形图

# 6.4　顺序控制指令的应用

顺序控制指令是专为顺序控制而设立的。在顺序控制问题中，使用顺序控制指令是很方便的。以下用几个实例介绍顺序控制程序的设计方法。

### 6.4.1 顺序控制程序设计的基本步骤

① 了解工艺要求与工作方式，即控制要求。

② 根据控制要求，对输入、输出点进行地址分配。

③ 设计功能图。

④ 根据功能图画出梯形图。

⑤ 写出对应的语句表。

### 6.4.2 顺序控制程序应用举例

【例 6-1】 运料小车的控制。

① 系统控制要求如下所述：

图 6-10 所示为运料小车运行图。系统启动后，首先在原位装料；15s 后装料停止，小车右行；至行程开关 $SQ_2$ 处，右行停止，开始卸料；10s 后，卸料停止，小车左行；至行程开关 $SQ_1$ 处，左行停止，开始装料。如此循环，直至停止工作。

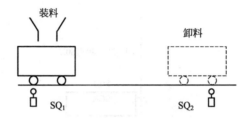

图 6-10 运料小车运行示意图

② 根据控制要求，对系统进行输入、输出点地址分配。

I/O 地址分配如表 6-1 所示。

表 6-1 运料小车控制 I/O 地址分配

| 输　　入 | | 输　　出 | |
| --- | --- | --- | --- |
| I0.0 | 启动按钮 $SB_1$ | Q0.0 | 装料 $YV_1$ |
| I0.1 | 停止按钮 $SB_2$ | Q0.1 | 卸料 $YV_2$ |
| I0.2 | $SQ_1$ | Q0.2 | 右行 $KM_1$ |
| I0.3 | $SQ_2$ | Q0.3 | 左行 $KM_2$ |

③ 设计功能图，如图 6-11 所示。

④ 根据功能图画出梯形图，如图 6-12 所示。

⑤ 根据图 6-12 写出如下语句表。

```
LD      I0.0          SCRT    S0.3
A       I0.2          SCRE
AN      Q0.0          LSCR    S0.3
AN      Q0.1          LD      SM0.0
AN      Q0.2          =       Q0.1
AN      Q0.3          TON     T38, 100
S       S0.1, 1       LD      T38
LSCR    S0.1          SCRT    S0.4
LD      I0.2          SCRE
=       Q0.0          LSCR    S0.4
TON     T37, 150      LD      SM0.0
LD      T37           =       Q0.3
```

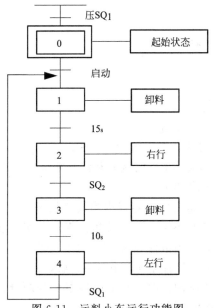

图 6-11　运料小车运行功能图

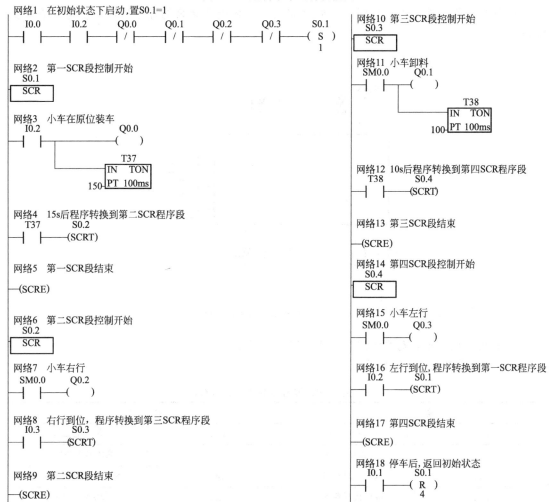

图 6-12　运料小车控制梯形图

| | | | |
|---|---|---|---|
| SCRT | S0.2 | LD | I0.2 |
| SCRE | | SCRT | S0.1 |
| LSCR | S0.2 | SCRE | |
| LD | SM0.0 | LD | I0.1 |
| = | Q0.2 | R | S0.1, 4 |
| LD | I0.3 | | |

**【例 6-2】** 液体混合控制。

① 装置结构和工艺要求如下所述：

图 6-13 所示为两种液体的混合装置结构图。$SL_1$、$SL_2$、$SL_3$ 为液位传感器，液面淹没时接通；两种液体（液体 A 和液体 B）的流入和混合液体的流出分别由电磁阀 $V_1$、$V_2$、$V_3$ 控制；M 为搅拌电机。控制要求如下：

• 初始状态。当装置投入运行时，容器内为放空状态。

• 启动操作。按下启动按钮 $SB_1$，装置开始按规定动作。液体 A 阀门打开，液体 A 注入容器。当液面到达 $SL_2$ 时，关闭液体 A 阀门，打开 B 阀门。当液面到达 $SL_3$ 时，关闭液体 B 阀门，搅拌电机开始转动。搅拌电机工作 1min 后，停止搅动，混合液体阀门打开，开始放出混合液体。当液面下降到 $SL_1$ 时，$SL_1$ 由接通变为断开。再经过 20s 后，容器放空，混合液体阀门 $V_3$ 关闭，开始下一循环的操作。

• 停止操作。按下停止按钮后，处理完当前循环周期剩余的任务后，系统停止在初始状态。

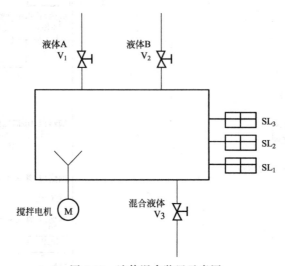

图 6-13　液体混合装置示意图

② 根据控制要求，对系统进行输入、输出点地址分配。

I/O 地址分配如表 6-2 所示。

表 6-2　液体混合控制 I/O 地址分配

| 输　入 | | 输　出 | |
|---|---|---|---|
| I0.0 | 启动按钮 $SB_1$ | Q0.0 | 液体 A 电磁阀 $V_1$ |
| I0.1 | 停止按钮 $SB_2$ | Q0.1 | 液体 B 电磁阀 $V_2$ |
| I0.2 | 液位传感器 $SL_1$ | Q0.2 | 搅拌电机接触器 KM |
| I0.3 | 液位传感器 $SL_2$ | Q0.3 | 混合液体电磁阀 $V_3$ |
| I0.4 | 液位传感器 $SL_3$ | Q0.4 | 初始状态指示灯 HL |

③ 设计功能图，如图 6-14 所示。

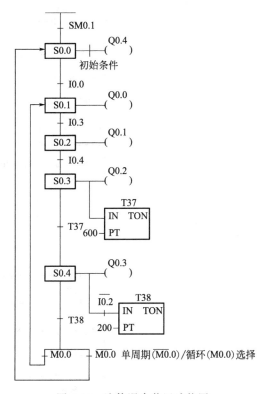

图 6-14　液体混合装置功能图

④ 根据功能图画出梯形图，如图 6-15 所示。

⑤ 根据图 6-15 写出语句表。

| | | | | |
|---|---|---|---|---|
| LD | I0.0 | | SCRT | S0.3 |
| O | M0.0 | | SCRE | |
| AN | I0.1 | | LSCR | S0.3 |
| = | M0.0 | | LD | SM0.0 |
| LD | SM0.1 | | = | Q0.2 |
| S | S0.0，1 | | TON | T37，＋600 |
| LSCR | S0.0 | | LD | T37 |
| LDN | I0.2 | | SCRT | S0.4 |
| AN | Q0.3 | | SCRE | |
| = | Q0.4 | | LSCR | S0.4 |
| LD | I0.0 | | LD | SM0.0 |
| SCRT | S0.1 | | = | Q0.3 |
| SCRE | | | AN | I0.2 |
| LSCR | S0.1 | | TON | T38，＋200 |
| LD | SM0.0 | | LD | T38 |
| = | Q0.0 | | LPS | |
| LD | I0.3 | | A | M0.0 |
| SCRT | S0.2 | | SCRT | S0.1 |
| SCRE | | | LPP | |
| LSCR | S0.2 | | AN | M0.0 |
| LD | SM0.0 | | SCRT | S0.0 |
| = | Q0.1 | | SCRE | |
| LD | I0.4 | | END | |

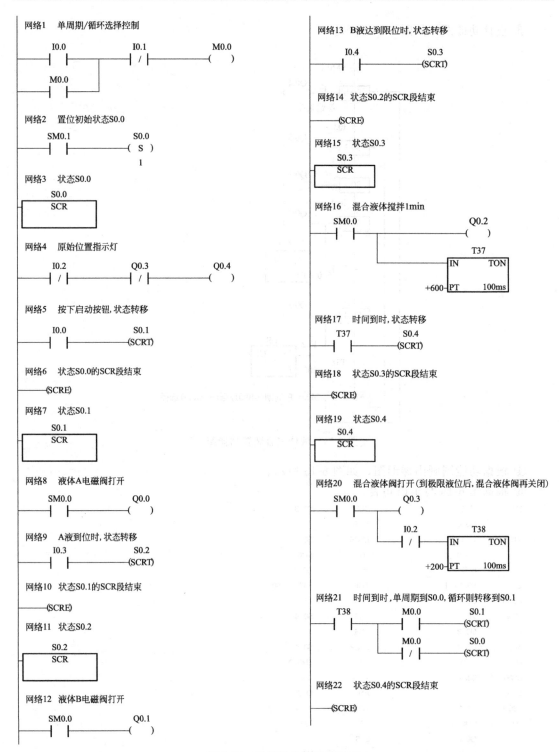

图 6-15　液体混合装置梯形图

**【例 6-3】**　交通灯控制。

① 控制要求如下所述：

图 6-16(a) 所示为人行道和马路的信号灯系统。当行人过马路时，按下分别安装在马路两侧的按钮 I0.0 或 I0.1，交通灯（红灯、黄灯、绿灯三种类型）系统按图 6-16(b) 中所示

形式工作。在工作期间，任何按钮按下都不起作用。

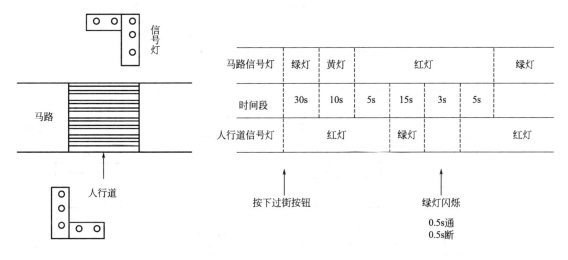

（a）人行道和马路的信号灯示意图　　　　　　　（b）信号灯工作过程

图 6-16　交通灯控制示意图

② 根据控制要求，对系统进行输入、输出点地址分配。

I/O 地址分配如表 6-3 所示。

表 6-3　交通灯控制 I/O 地址分配

| 输　　　　入 | | 输　　　出 | |
| --- | --- | --- | --- |
| I0.0 | 人行道南面按钮 SB$_1$ | Q0.0 | 绿灯 |
| I0.1 | 人行道北面按钮 SB$_2$ | Q0.1 | 黄灯 |
| | | Q0.2 | 红灯 |
| | | Q0.3 | 红灯 |
| | | Q0.4 | 绿灯 |

③ 设计功能图，如图 6-17 所示。

④ 根据功能图画出如图 6-18 所示梯形图。

⑤ 根据图 6-18 写出语句表。

| | | | |
| --- | --- | --- | --- |
| LD | SM0.1 | LD | T37 |
| S | S0.0，1 | SCRT | S0.3 |
| LSCR | S0.0 | SCRE | |
| LD | SM0.0 | LSCR | S0.3 |
| = | M0.0 | LD | SM0.0 |
| = | M0.3 | = | M0.1 |
| LD | I0.0 | TON | T38，+100 |
| OR | I0.1 | LD | T38 |
| SCRT | S0.1 | SCRT | S0.5 |
| SCRT | S0.2 | SCRE | |
| SCRE | | LSCR | S0.5 |
| LSCR | S0.1 | LD | SM0.0 |
| LD | SM0.0 | = | M0.2 |
| = | M0.4 | TON | T39，+280 |
| TON | T37，+300 | LD | T39 |

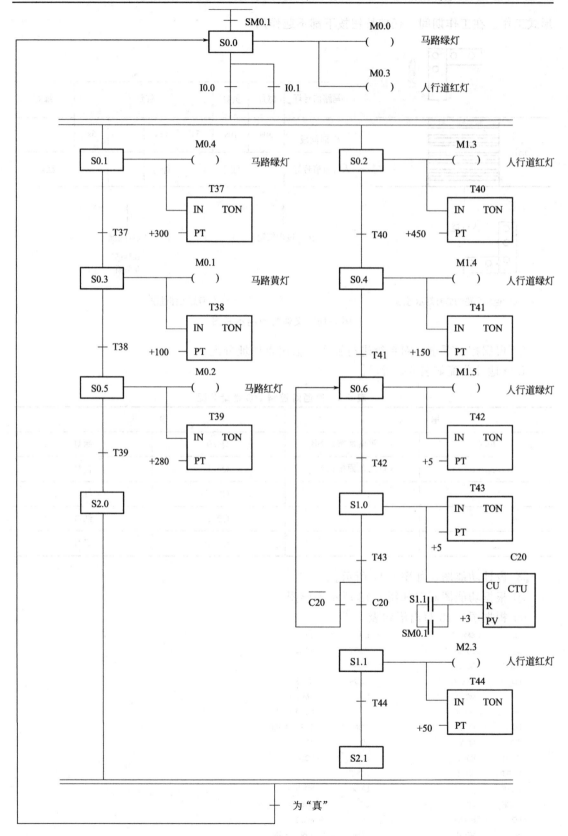

图 6-17　交通灯控制功能图

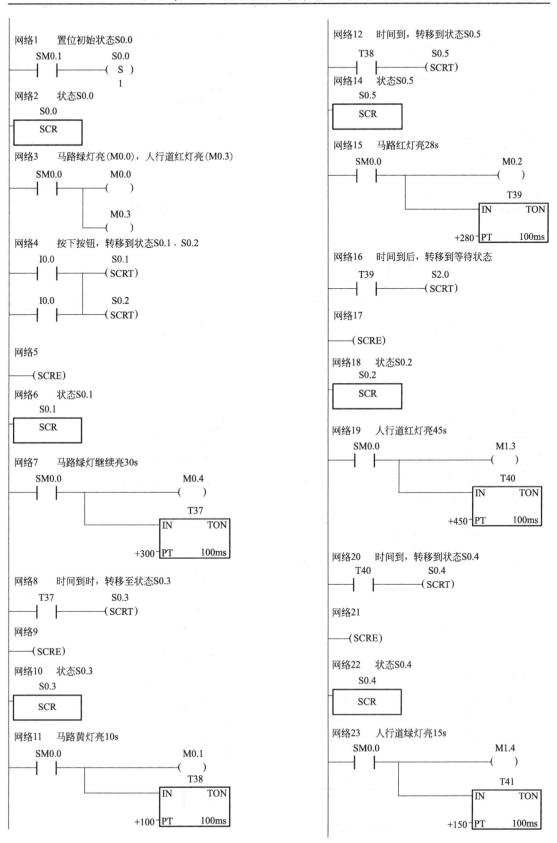

网络1　　置位初始状态S0.0

网络2　　状态S0.0

网络3　　马路绿灯亮(M0.0)，人行道红灯亮(M0.3)

网络4　　按下按钮，转移到状态S0.1、S0.2

网络5

网络6　　状态S0.1

网络7　　马路绿灯继续亮30s

网络8　　时间到时，转移至状态S0.3

网络9

网络10　　状态S0.3

网络11　　马路黄灯亮10s

网络12　　时间到，转移到状态S0.5

网络14　　状态S0.5

网络15　　马路红灯亮28s

网络16　　时间到后，转移到等待状态

网络17

网络18　　状态S0.2

网络19　　人行道红灯亮45s

网络20　　时间到，转移到状态S0.4

网络21

网络22　　状态S0.4

网络23　　人行道绿灯亮15s

图 6-18

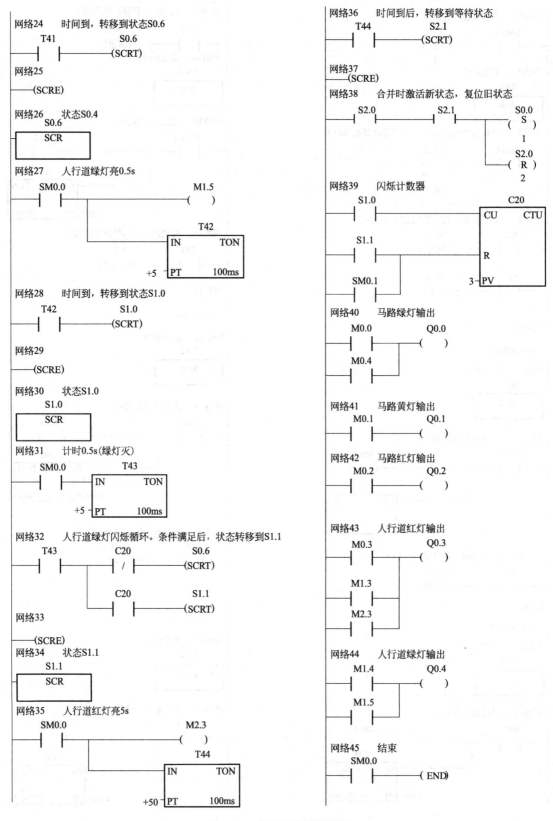

图 6-18　交通灯控制梯形图

| LD | SM0.1 | | = | M1.5 |
| S | S0.0, 1 | | TON | T42, +5 |
| LSCR | S0.0 | | LD | T42 |
| LD | SM0.0 | | SCRT | S1.0 |
| = | M0.0 | | SCRE | |
| = | M0.31 | | LSCR | S1.0 |
| LD | I0.0 | | LD | SM0.0 |
| O | I0.1 | | TON | T43, +5 |
| SCRT | S0.1 | | LD | T43 |
| SCRT | S0.2 | | LPS | |
| SCRE | | | AN | C20 |
| LSCR | S0.1 | | SCRT | S0.6 |
| LD | SM0.0 | | LPP | |
| = | M0.4 | | A | C20 |
| TON | T37, +300 | | SCRT | S1.1 |
| LD | T37 | | SCRE | |
| SCRT | S0.3 | | LSCR | S1.1 |
| SCRE | | | LD | SM0.0 |
| LSCR | S0.3 | | = | M2.3 |
| LD | SM0.0 | | TON | T44, +50 |
| = | M0.1 | | LD | T44 |
| TON | T38, +100 | | SCRT | S2.1 |
| LD | T38 | | SCRE | |
| SCRT | S0.5 | | LD | S2.0 |
| SCRE | | | A | S2.1 |
| LSCR | S0.5 | | S | S0.0, 1 |
| LD | SM0.0 | | R | S2.0, 2 |
| = | M0.2 | | LD | S1.0 |
| TON | T39, +280 | | LD | S1.1 |
| LD 30 | T39 | | O | SM0.1 |
| SCRT | S2.0 | | CTU | C20, +3 |
| SCRE | | | LD | M0.0 |
| LSCR | S0.2 | | O | M0.4 |
| LD | SM0.0 | | = | Q0.0 |
| = | M1.3 | | LD | M0.1 |
| TON | T40, +450 | | = | Q0.1 |
| LD | T40 | | LD | M0.2 |
| SCRT | S0.4 | | = | Q0.2 |
| SCRE | | | LD | M0.3 |
| LSCR | S0.4 | | O | M1.3 |
| LD | SM0.0 | | O | M2.3 |
| = | M1.4 | | = | Q0.3 |
| TON | T41, +150 | | LD | M1.4 |
| LD | T41 | | O | M1.5 |
| SCRT | S0.6 | | = | Q0.4 |
| SCRE | | | LD | SM0.0 |
| LSCR | S0.6 | | END | |
| LD | SM0.0 | | | |

**【例 6-4】**　洗衣机自动控制举例。

① 控制要求如下所述：

洗衣机自动控制示意图如图 6-19 所示。启动后，开始注入清水（水位选择"高"或"低"）→水到位（按下 $S_1$ 或 $S_2$ 按钮）→停水→加洗衣粉（3s）→加温（加温选择"高"或"低"）→水温到（按下 $T_1$ 或 $T_2$ 按钮）→洗涤 10s（电机正、反转）→排水（7s）→脱水 3s（电机正转）→进水→水位到→第一漂洗 10s→排水 7s→脱水 3s→进水→水位到→加柔软剂 3s→第二漂 10s→排水 7s→脱水 6s→结束（注：①洗涤和漂洗时，电机正、反转各为 2s 循环；②洗涤、漂洗和脱水时，各状态指示灯闪烁）。

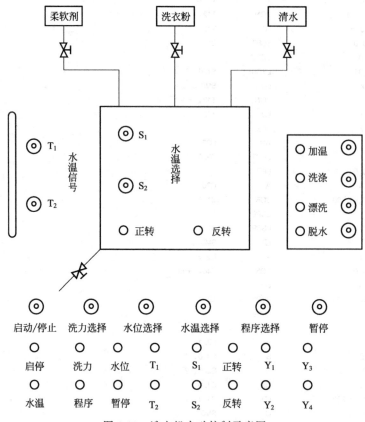

图 6-19　洗衣机自动控制示意图

② 根据控制要求对系统进行输入、输出点地址分配。

I/O 地址分配如表 6-4 所示。

③ 设计功能图，如图 6-20 所示。

④ 根据功能图画出如图 6-21 所示梯形图。

⑤ 根据图 6-21 写出如下语句表。

| | | | |
|---|---|---|---|
| LD | SM0. 1 | SCRE | |
| S | S0. 0, 1 | LSCR | S0. 1 |
| LSCR | S0. 0 | LD | SM0. 0 |
| LD | I1. 4 | = | M0. 0 |
| SCRT | S0. 1 | LD　10 | I0. 1 |
| LD | I0. 3 | SCRE | |
| O | I0. 4 | LSCR | S0. 6 |
| ALD | | LD | SM0. 0 |
| SCRT | S0. 2 | LPS | |
| SCRE | | = 　70 | M0. 4 |
| LSCR | S0. 2 | LRD | |
| LD | SM0. 0 | A | T45 |
| = | Q0. 0 | TON | T44, +5 |
| TON | T37, +30 | LRD | |
| LD　20 | T37 | AN | T44 |
| SCRT | S0. 3 | TON | T45, +5 |
| SCRE | | LRD | |
| LSCR | S0. 3 | A | T45 |
| LD | SM0. 0 | = | M0. 5 |
| = | Q1. 0 | LPP　80 | |

| LD | I0. 5 | TON | T46，+30 |
|---|---|---|---|
| LD | I0. 6 | LD | T46 |
| O | I0. 7 | SCRT | S0. 7 |
| ALD | | SCRE | |
| SCRT 30 | S0. 4 | LSCR | S0. 7 |
| SCRE | | LD | SM0. 0 |
| LSCR | S0. 4 | = | M0. 6 |
| LD | SM0. 0 | LD | I0. 3 |
| LPS | | O | I0. 4 |
| A | T39 | SCRT 90 | S1. 0 |
| TON | T38，+5 | SCRE | |
| LRD | | LSCR | S1. 0 |
| AN | T38 | LD | SM0. 0 |
| TON | T39，+5 | LPS | |
| LRD 40 | | AN | T48 |
| A | T41 | TON | T47，+5 |
| TON | T40，+20 | LRD | |
| LRD | | A | T47 |
| AN | T40 | TON | T48，+5 |
| TON | T41，+20 | LRD 100 | |
| LRD | | A | T47 |
| A | T41 | = | M0. 7 |
| = | M0. 2 | LRD | |
| LAD | | AN | T50 |
| AN 50 | M0. 2 | TON | T49，+20 |
| = | M0. 1 | LRD | |
| LRD | | A | T49 |
| A | T39 | TON | T50，+20 |
| = | Q0. 5 | | |
| LPP | | LRD | |
| TON | T42，+100 | A 110 | T49 |
| LD | T42 | = | M1. 1 |
| SCRT | S0. 5 | LRD | |
| SCRE | | AN | M1. 1 |
| LSCR 60 | S0. 6 | = | M1. 0 |
| LD | SM0. 0 | LPP | |
| = | M0. 3 | TON | T51，+100 |
| TON | T43，+70 | LD | T51 |
| LD | T43 | SCRT | S1. 1 |
| SCRT | S0. 6 | SCRE | |
| LSCR 120 | S1. 1 | TON | T61，+20 |
| LD | SM0. 0 | A | T60 |
| = | M1. 2 | | |
| TON | T52，+70 | = | M1. 7 |
| LD | T52 | LRD | |
| SCRT | S1. 2 | AN | M1. 7 |
| SCRE | | = | M2. 0 |
| LSCR | S1. 2 | LPP | |
| LD | SM0. 0 | | |
| LPS | | TON | T59，+100 |
| AN 130 | T54 | LD | T59 |
| TON | T53，+5 | SCRT | 1. 6 |
| LRD | | SCRE | |
| A | T53 | LSCR | S1. 6 |
| TON | T54，+5 | LD | SM0. 0 |
| LRD | | = | M2. 1 |
| A | T53 | TON | T62，+70 |
| = | M1. 3 | | |

| | | | |
|---|---|---|---|
| LRD | | LD | T62 |
| = | M1.4 | SCRT | S1.7 |
| LPP | | SCRE | |
| TON | T55，+30 | LSCR | S1.7 |
| LD | T55 | LD | SM0.0 |
| SCRT | S1.3 | LPS | |
| SCRE | | = | M2.2 |
| LSCR | S1.3 | LRD | |
| LD | SM0.0 | AN | T102 |
| = | M1.5 | TON | T101，+5 |
| LD | I0.3 | LRD | |
| O | I0.4 | A | T101 |
| SCRT | S1.4 | TON | T102，+5 |
| SCRE | | LRD | |
| LSCR | S1.4 | A | T101 |
| LD | SM0.0 | = | M2.3 |
| = | Q1.1 | LPP | |
| TON | T56，+30 | TON | T63，+60 |
| LD | T56 | LD | T63 |
| SCRT | S1.5 | SCRT | S0.0 |
| SCRE | | SCRE | |
| LSCR | S1.5 | LD | M0.0 |
| LD | SM0.0 | O | M0.6 |
| LPS | | O | M1.5 |
| AN | T58 | = | Q0.1 |
| TON | T57，+5 | LD | M0.3 |
| LRD | | O | M1.2 |
| A | T57 | O | M2.1 |
| TON | T58，+5 | = | Q0.2 |
| LRD | | LD | M0.1 |
| A | T57 | O | M0.4 |
| = | M1.6 | O | M1.0 |
| LRD | | O | M1.4 |
| AN | T60 | O | M2.0 |
| TON | T60，+20 | O | M2.2 |
| LRD | | = | Q0.3 |
| A | T60 | LD | M0.2 |
| O | M1.1 | O | M2.3 |
| O | M1.7 | = | Q0.7 |
| = | Q0.4 | LD | M0.7 |
| LD | M0.5 | O | M1.6 |
| O | M1.3 | = | Q0.6 |

表 6-4　洗衣机控制 I/O 地址分配

| 输　　　入 | | 输　　　出 | |
|---|---|---|---|
| I1.4 | 启停 | Q0.0 | 洗衣粉 $Y_2$ |
| I0.1 | 水位选择 | Q0.1 | 清水 $Y_3$ |
| I0.3 | $S_1$ 高水位 | Q0.2 | 排水 $Y_4$ |
| I0.4 | $S_2$ 低水位 | Q0.3 | 正转 |
| I0.5 | 水温选择 | Q0.4 | 反转 |
| I0.6 | $T_1$（45℃） | Q0.5 | 洗涤 |
| I0.7 | $T_2$（30℃） | Q0.6 | 漂洗 |
| | | Q0.7 | 脱水 |
| | | Q1.0 | 加热 |
| | | Q1.1 | 柔软剂 $Y_1$ |

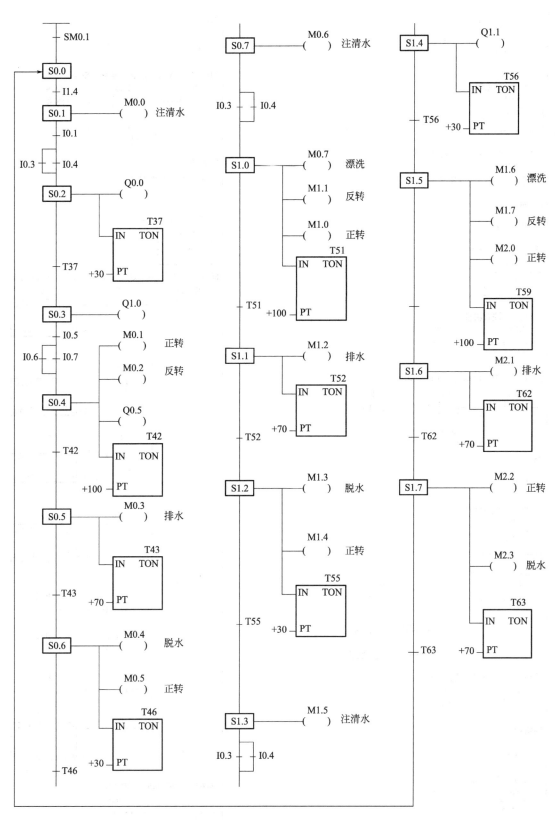

图 6-20　洗衣机自动控制功能图

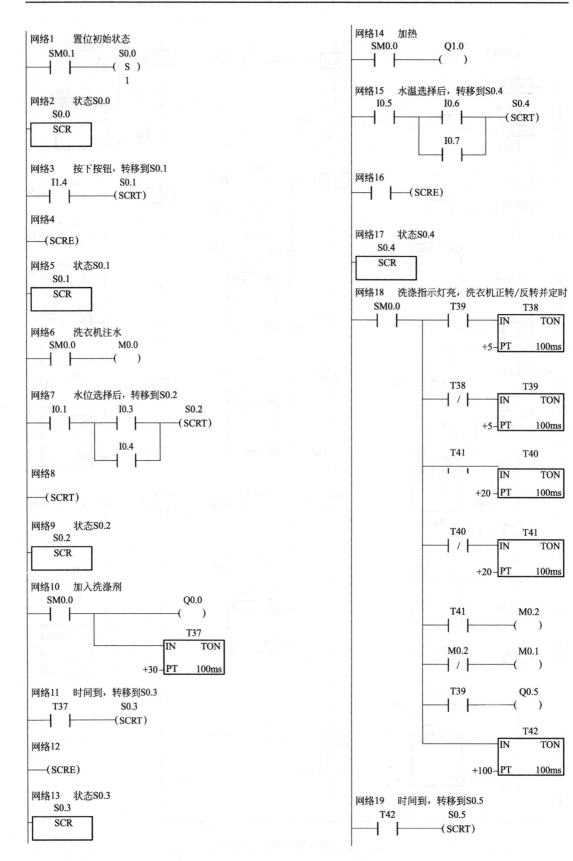

网络1　置位初始状态
```
SM0.1        S0.0
─┤├──────────( S )
              1
```

网络2　状态S0.0
```
S0.0
┌─────────┐
│  SCR    │
└─────────┘
```

网络3　按下按钮，转移到S0.1
```
I1.4         S0.1
─┤├──────────(SCRT)
```

网络4
```
──(SCRE)
```

网络5　状态S0.1
```
S0.1
┌─────────┐
│  SCR    │
└─────────┘
```

网络6　洗衣机注水
```
SM0.0        M0.0
─┤├──────────(  )
```

网络7　水位选择后，转移到S0.2
```
I0.1    I0.3        S0.2
─┤├──┬─┤├──────────(SCRT)
     │
     I0.4
     ├─┤├──
```

网络8
```
──(SCRT)
```

网络9　状态S0.2
```
S0.2
┌─────────┐
│  SCR    │
└─────────┘
```

网络10　加入洗涤剂
```
SM0.0                Q0.0
─┤├──────┬──────────(  )
         │
         │     T37
         │   ┌──────────┐
         └───┤IN    TON │
             │          │
       +30 ──┤PT   100ms│
             └──────────┘
```

网络11　时间到，转移到S0.3
```
T37          S0.3
─┤├──────────(SCRT)
```

网络12
```
──(SCRE)
```

网络13　状态S0.3
```
S0.3
┌─────────┐
│  SCR    │
└─────────┘
```

网络14　加热
```
SM0.0        Q1.0
─┤├──────────(  )
```

网络15　水温选择后，转移到S0.4
```
I0.5    I0.6        S0.4
─┤├──┬─┤├──────────(SCRT)
     │
     I0.7
     ├─┤├──
```

网络16
```
─┤├──(SCRE)
```

网络17　状态S0.4
```
S0.4
┌─────────┐
│  SCR    │
└─────────┘
```

网络18　洗涤指示灯亮，洗衣机正转/反转并定时
```
SM0.0    T39              T38
─┤├──────┤├──────┌──────────┐
                 │IN    TON │
                 │          │
            +5 ──┤PT   100ms│
                 └──────────┘

         T38              T39
         ┤/├──────┌──────────┐
                  │IN    TON │
                  │          │
            +5 ───┤PT   100ms│
                  └──────────┘

         T41              T40
         ┤├──────┌──────────┐
                 │IN    TON │
                 │          │
           +20 ──┤PT   100ms│
                 └──────────┘

         T40              T41
         ┤/├──────┌──────────┐
                  │IN    TON │
                  │          │
           +20 ───┤PT   100ms│
                  └──────────┘

         T41              M0.2
         ┤├──────────────(  )

         M0.2             M0.1
         ┤/├─────────────(  )

         T39              Q0.5
         ┤├──────────────(  )

                          T42
                 ┌──────────┐
                 │IN    TON │
                 │          │
          +100 ──┤PT   100ms│
                 └──────────┘
```

网络19　时间到，转移到S0.5
```
T42          S0.5
─┤├──────────(SCRT)
```

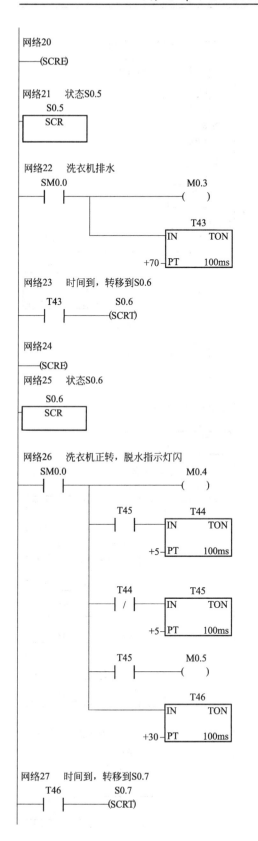

网络20
——(SCRE)

网络21    状态S0.5
S0.5
SCR

网络22    洗衣机排水
SM0.0                    M0.3
——| |——————————————————( )
                              T43
                         ┌─IN      TON
                         │
                      +70—PT    100ms

网络23    时间到，转移到S0.6
T43        S0.6
——| |———| |——(SCRT)

网络24
——(SCRE)
网络25    状态S0.6
S0.6
SCR

网络26    洗衣机正转，脱水指示灯闪
SM0.0                    M0.4
——| |——————————————————( )
        T45              T44
      ——| |——┌─IN      TON
              │
           +5—PT    100ms

        T44              T45
      ——|/|——┌─IN      TON
              │
           +5—PT    100ms

        T45              M0.5
      ——| |————————————( )
                         T46
              ┌─IN      TON
              │
           +30—PT    100ms

网络27    时间到，转移到S0.7
T46        S0.7
——| |———| |——(SCRT)

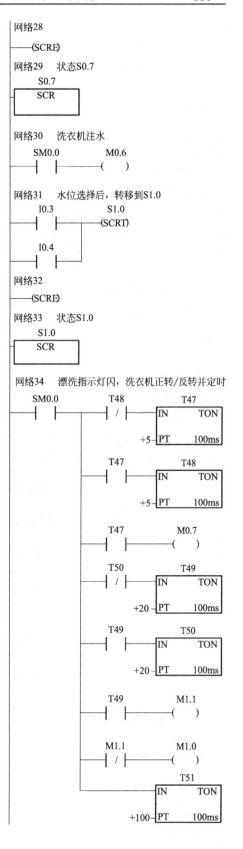

网络28
——(SCRE)

网络29    状态S0.7
S0.7
SCR

网络30    洗衣机注水
SM0.0                    M0.6
——| |——————————————————( )

网络31    水位选择后，转移到S1.0
I0.3        S1.0
——| |——————(SCRT)
I0.4
——| |—

网络32
——(SCRE)

网络33    状态S1.0
S1.0
SCR

网络34    漂洗指示灯闪，洗衣机正转/反转并定时
SM0.0      T48            T47
——| |————|/|——┌─IN      TON
                │
             +5—PT    100ms

           T47            T48
         ——| |——┌─IN      TON
                 │
              +5—PT    100ms

           T47            M0.7
         ——| |————————( )

           T50            T49
         ——|/|——┌─IN      TON
                 │
             +20—PT    100ms

           T49            T50
         ——| |——┌─IN      TON
                 │
             +20—PT    100ms

           T49            M1.1
         ——| |————————( )

           M1.1           M1.0
         ——|/|————————( )
                         T51
              ┌─IN      TON
              │
          +100—PT    100ms

图 6-21

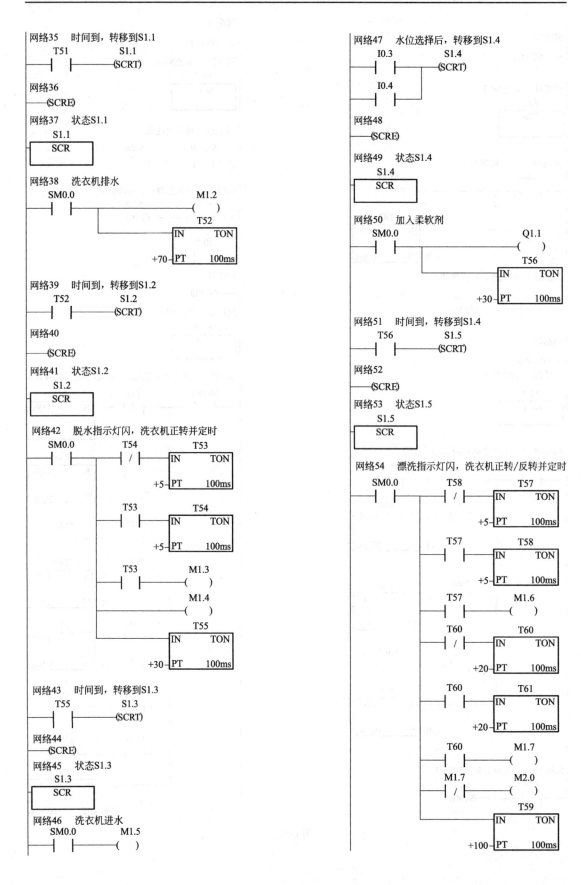

网络35　时间到，转移到S1.1
T51　　S1.1
——| |———(SCRT)

网络36
——(SCRE)

网络37　状态S1.1
S1.1
SCR

网络38　洗衣机排水
SM0.0　　　　　　　　M1.2
——| |——————————( )
　　　　　　　　　　　T52
　　　　　　　　　IN　　TON
　　　　　　+70—PT　100ms

网络39　时间到，转移到S1.2
T52　　S1.2
——| |———(SCRT)

网络40
——(SCRE)

网络41　状态S1.2
S1.2
SCR

网络42　脱水指示灯闪，洗衣机正转并定时
SM0.0　　T54　　　T53
——| |——|/|——IN　　TON
　　　　　　　　+5—PT　100ms

　　　　　T53　　　T54
　　　　——| |——IN　　TON
　　　　　　　+5—PT　100ms

　　　　　T53　　M1.3
　　　　——| |——( )
　　　　　　　　　M1.4
　　　　　　　——( )
　　　　　　　　　T55
　　　　　　　IN　　TON
　　　　+30—PT　100ms

网络43　时间到，转移到S1.3
T55　　S1.3
——| |———(SCRT)

网络44
——(SCRE)

网络45　状态S1.3
S1.3
SCR

网络46　洗衣机进水
SM0.0　　M1.5
——| |——( )

网络47　水位选择后，转移到S1.4
I0.3　　S1.4
——| |———(SCRT)
I0.4
——| |

网络48
——(SCRE)

网络49　状态S1.4
S1.4
SCR

网络50　加入柔软剂
SM0.0　　　　　　　　Q1.1
——| |——————————( )
　　　　　　　　　　　T56
　　　　　　　　　IN　　TON
　　　　　　+30—PT　100ms

网络51　时间到，转移到S1.4
T56　　S1.5
——| |———(SCRT)

网络52
——(SCRE)

网络53　状态S1.5
S1.5
SCR

网络54　漂洗指示灯闪，洗衣机正转/反转并定时
SM0.0　　T58　　　T57
——| |——|/|——IN　　TON
　　　　　　　　+5—PT　100ms

　　　　　T57　　　T58
　　　　——| |——IN　　TON
　　　　　　　+5—PT　100ms

　　　　　T57　　M1.6
　　　　——| |——( )

　　　　　T60　　　T60
　　　　——|/|——IN　　TON
　　　　　　　+20—PT　100ms

　　　　　T60　　　T61
　　　　——| |——IN　　TON
　　　　　　　+20—PT　100ms

　　　　　T60　　M1.7
　　　　——| |——( )
　　　　　M1.7　　M2.0
　　　——| |—|/|——( )
　　　　　　　　　T59
　　　　　　　IN　　TON
　　　　+100—PT　100ms

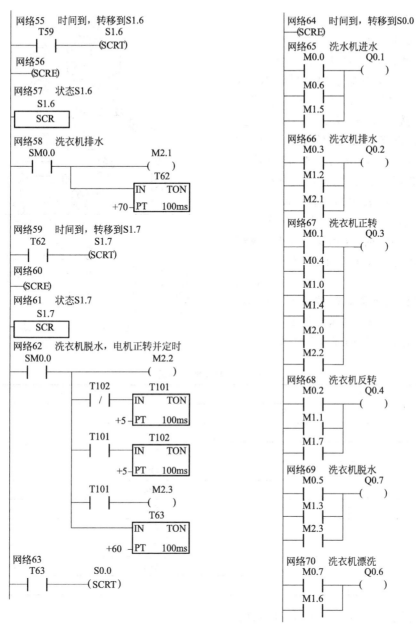

图 6-21　洗衣机自动控制梯形图

# 实　验

## 实验一　自动送料车系统控制

### 一、实验目的
用顺序控制指令实现自动送料车系统控制。

### 二、实验设备
1. EFPLC 可编程序控制器实验装置。

2. 电机控制实验板 EFPLC0106，如图 6-22 所示。

3. 连接导线若干。

### 三、实验内容

1. 控制要求如下所述：

在初始状态，红灯 $L_1$ 暗，绿灯 $L_2$ 亮，表示允许汽车开始装料。料斗 $K_2$ 以及电动机 $M_1$、$M_2$、$M_3$ 为"OFF"。当汽车到达时（按一下 $S_2$ 表示），$L_1$ 灯亮，$L_2$ 灯暗，$L_5$ 灯亮，$M_3$ 开始转动。$M_2$ 在 $M_3$ 转动后 3s 运行，$M_1$ 在 $M_2$ 转动后 3s 运行，$K_2$ 在 $M_1$ 转动后 3s 开始出料。当车装满后（按 $S_2$ 表示），料斗 $K_2$ 关闭，电动机 $M_1$ 延时 3s 后关断，$M_2$ 再延时 3s 后关断，$M_3$ 再延时 3s 后关断。$L_2$ 绿灯亮，$L_1$ 红灯暗，表示汽车可以开走。5s 后 $L_5$ 灯灭，表示车已开走。按 $S_3$，表示料斗中的料已到低限，需要进料，则 $K_1$ 打开进料。按 $S_1$ 表示料满，按 $K_1$ 关闭。

2. I/O 地址分配如表 6-5 所示。

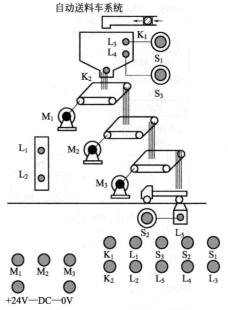

图 6-22 　EFPLC0106 自动送料车系统实验板

#### 表 6-5 　I/O 地址分配

| 输　　入 | | 输　　出 | |
| --- | --- | --- | --- |
| I1.4 | $S_1$ | Q0.0 | $L_1$ |
| I0.1 | $S_2$ | Q0.1 | $L_2$ |
| I0.2 | $S_3$ | Q0.2 | $L_3$ |
| | | Q0.3 | $L_4$ |
| | | Q0.4 | $L_5$ |
| | | Q0.5 | $K_1$ |
| | | Q0.6 | $K_2$ |
| | | Q0.7 | $M_1$ |
| | | Q1.0 | $M_2$ |
| | | Q1.1 | $M_3$ |

3. 按照要求编写程序（参照程序示例）。

4. 调试并运行程序。

### 四、预习要求

根据下述两种控制要求，分别编制不带车辆计数和带车辆计数的自动送料装车系统的控制程序，并上机调试运行。

1. 初始状态与上述实验相同。当料位低于下限时（按 $S_3$ 表示），$L_4$ 灯亮，$K_2$ 关（灯灭），则停止出料，进料 $K_1$ 开（灯亮），开始进料。当料位高于上限时（按 $S_1$ 表示），$L_3$ 灯亮，$K_1$ 关，停止进料，料斗 $K_2$ 打开，继续出料。其他与上述实验相同。当 $M_3$ 停止后，将汽车放行。

2. 控制要求同上题，增加每日装车数的统计功能。

### 五、实验报告要求

写出调试程序的步骤、调试好的梯形图程序和语句表程序。

## 实验二　多种液体自动混合系统控制

### 一、实验目的

用顺序控制指令实现多种液体自动混合系统控制。

### 二、实验设备

1. EFPLC 可编程序控制器实验装置。

2. EFPLC0104 多种液体自动混合实验板，如图 6-23 所示。

3. 连接导线若干。

### 三、实验内容

1. 控制要求如下所述：

在初始状态，容器是空的，各阀门皆关闭，$Y_1$、$Y_2$、$Y_3$ 灯皆暗，传感器 $L_1$、$L_2$、$L_3$ 都为关，电动机 M 为关，加热器 H 为关。

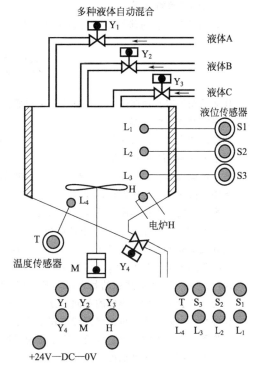

图 6-23　EFPLC0104 多种液体自动混合实验板

若要启动操作，按一下启动按钮（输入/输出模板上的 I0.0 按钮），开始下列操作：

• $Y_1 = Y_2 = ON$，A、B 液同时注入容器。当液压升至 $L_2$ 时，$L_2 = L_3 = ON$，使 $Y_1 = Y_2 = OFF$，$Y_3 = ON$，让 C 液注入容器。

• 当液面升至 $L_1$ 时，$Y_3 = OFF$，M = ON，电动机搅拌。

• 经 10s 搅拌后，M = OFF，H = ON，加热器加热。

• 当液温达到某一温度时，T = ON（$L_4$ 灯亮），H = OFF（灯暗），停止加热，使电磁阀 $Y_4 = ON$，放出混合液体。

• 当液面下降至 $L_3$ 时，$L_3$ 灯暗；再经过 5s，容器放空，使 $Y_4 = OFF$。

若要停止操作，按下停止键（输入/输出模板上的 I0.5 按钮）。在当前的混合操作完毕后，才停止操作（停在初始状态上）。

2. I/O 地址分配如表 6-6 所示。

表 6-6　I/O 地址分配

| 输　　　　入 | | 输　　　　出 | |
| --- | --- | --- | --- |
| I0.0 | 启动按钮 | Q0.0 | $Y_1$ 电磁阀 |
| I0.5 | 停止按钮 | Q0.1 | $Y_2$ 电磁阀 |
| I0.1 | $S_1$ | Q0.2 | $Y_3$ 电磁阀 |
| I0.2 | $S_2$ | Q0.3 | $Y_4$ 电磁阀 |
| I0.3 | $S_3$ | Q0.4 | M 电动机 |
| I0.4 | T | Q0.5 | $L_1$ 液位指示 |
| | | Q0.6 | $L_2$ 液位指示 |
| | | Q0.7 | $L_3$ 液位指示 |
| | | Q1.0 | $L_4$ 温度指示 |
| | | Q1.1 | 电加热 |

3. 按照要求编写程序。

4. 调试并运行程序。

### 四、预习要求

1. 阅读实验指导书。

2. 按实验要求编写程序。

### 五、实验报告要求

写出调试程序的步骤、调试好的梯形图程序和语句表程序。

# 思考与练习

6-1　什么是功能图？功能图主要由哪些元素组成？

6-2　顺序控制指令段有哪些功能？

6-3　功能图的主要类型有哪些？

6-4　写出图 6-8 和图 6-9 的语句表。

6-5　有三台电机 $M_1$、$M_2$ 和 $M_3$。按下启动按钮后，$M_1$ 启动，1min 后 $M_2$ 启动，再过 1min $M_3$ 启动。按下停止按钮后，逆序停止，即 $M_3$ 先停，30s 后 $M_2$ 停，再过 30s 后 $M_1$ 停。试用功能图方法编程，要求画出功能图、梯形图，并写出语句表。

6-6　图 6-24 所示为一台分拣大、小球的机械臂装置。它的工作过程是：当机械臂处于原始位置，即上限位开关 $LS_1$ 和左限位开关 $LS_3$ 压下时，抓球电磁铁处于失电状态。这时按下启动按钮 $SB_1$，机械臂下行；碰到下限位开关 $LS_2$ 后停止下行，且电磁铁得电吸球。如果吸住的是小球，则大小球检测开关 SQ 为 "ON"；如果吸住的是大球，则 SQ 为 "OFF"。1min 后，机械臂上行，碰到上限位开关 $LS_1$ 后右行。它会根据大、小球的不同，分别在 $LS_4$（小球）和 $LS_5$（大球）处停止右行，然后下行到下限位停止，电磁铁失电机械臂把球放在小球箱里，1min 后返回。如果不按停止按钮 $SB_2$，则机械臂一直工作下去。如果按了停止按钮，则不管何时按，机械臂最终都要停止在原始位置。再次按动启动按钮后，系统再次从头开始循环工作。

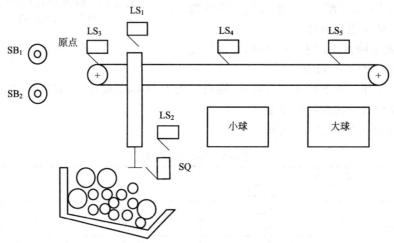

图 6-24　机械臂分拣装置示意图

试设计该控制系统的功能图，并画出梯形图，写出语句表。

6-7　设计一个居室通风系统控制程序，使三间屋子的通风系统自动轮流地打开和关闭。轮换时间为 1h。

# 第7章 S7-200 PLC 的功能指令

PLC 作为工业控制计算机，仅有基本指令和步进指令是不够的。为了满足现代工业控制的需要，PLC 制造商逐步在 PLC 中引入了功能指令，用于数据的传送、运算、变换、过程控制、特殊操作及通信等功能。S7-200 PLC 功能指令的数据处理远比逻辑处理复杂。

本章详细介绍了 S7-200 系列 PLC 功能逻辑指令及梯形图、指令表的构成；应用实例的方法深入浅出地讲解了 S7-200 PLC 功能指令的应用。

S7-200 PLC 功能指令的梯形图符号多为功能框，这些方框称为指令盒。每个指令盒都有一个使能输入端 EN 和一个使能输出端 ENO。当 EN 端有能流，即 EN 有效时，该条功能指令才能执行；如果 EN 端有能流且该功能指令执行无误时，则 ENO 为 1，即 ENO 能把这种能流传下去；如果指令执行有误，则 ENO 为 0，能流不能继续传递。

## 7.1 传送指令

传送指令用于机内数据的流转与生成，可用于存储单元的清零、程序初始化等场合。

### 7.1.1 单一数据传送指令

① 指令格式：LAD 及 STL 单一数据传送指令格式如图 7-1 所示。

② 功能：把输入端（IN）指定的数据传送到输出端（OUT），传送过程中数值保持不变。

③ 数据类型：输入和输出有字节、字、双字和实数 4 种类型。

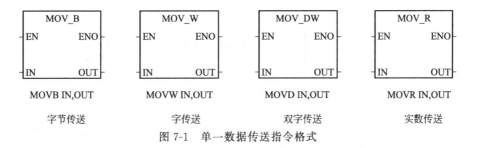

图 7-1　单一数据传送指令格式

### 7.1.2 数据块传送指令

① 指令格式：LAD 及 STL 数据块传送指令格式如图 7-2 所示。

② 功能：把从输入端（IN）指定地址的 N 个连续字节、字、双字的内容，传送到从输

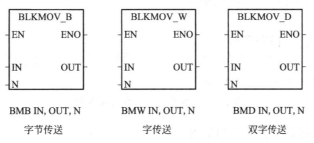

图 7-2　数据块传送指令格式

出端（OUT）指定地址开始的 N 个连续字节、字、双字的存储单元中去。

③ 数据类型：输入和输出有字节、字和双字 3 种类型。

### 7.1.3　字节立即传送指令

（1）传送字节立即读指令

① 指令格式：LAD 及 STL 字节立即读传送指令格式如图 7-3（a）所示。

② 功能：读物理输入 IN，并将结果存入 OUT 中，但过程映像寄存器并不刷新。

③ 数据类型：输入为 IB，输出为字节。

（2）传送字节立即写指令

① 指令格式：LAD 及 STL 字节立即写传送指令格式如图 7-3（b）所示。

② 功能：从存储器 IN 读取数据，写入物理输出 OUT 中，同时刷新相应的输出过程映像区。

③ 数据类型：输入为字节，输出为 QB。

|  |  |
|:---:|:---:|
| BIR IN,OUT | BIW IN,OUT |
| 字节立即读 | 字节立即写 |
| （a） | （b） |

图 7-3　字节立即传送指令格式

【例 7-1】　数据传送类指令应用举例 1。

图 7-4 所示为简单的数据传送类指令举例。

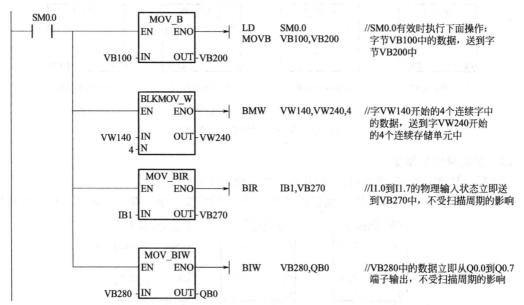

图 7-4　数据传送类指令应用举例 1

【例 7-2】　数据传送类指令应用举例 2。

图 7-5 所示为某一自动工业清洗设备的喷淋清洗控制程序。清洗的时间可分别设定为

60s、120s、300s，然后选择一个旋转手柄并设置清洗时间，时间到，设备自动停止喷淋。其中，I0.0 为启动按钮，I0.1、I0.2、I0.3 分别为三档时间设定，Q0.0 为喷淋电机接触器。

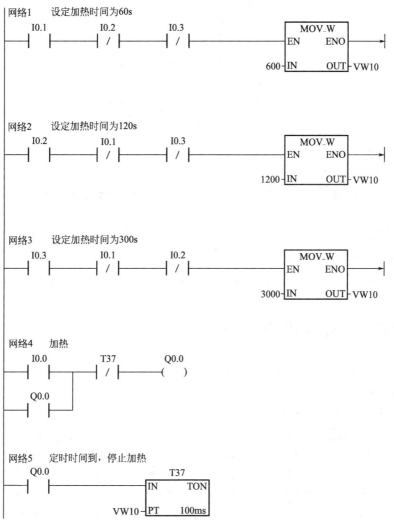

图 7-5　数据传送类指令应用举例 2

【例 7-3】　数据传送类指令应用举例 3。

图 7-6 所示为三台电机 Q0.0、Q0.2、Q0.4 同时启停的控制程序。其中，I0.0 为启动按钮，I0.1 为停止按钮。

### 7.1.4　字节交换指令

① 指令格式：LAD 及 STL 字节交换指令格式如图 7-7（a）所示。

② 功能：将字型输入数据 IN 的高字节和低字节进行交换。

③ 数据类型：IN 为字。

【例 7-4】　字节交换指令应用举例。

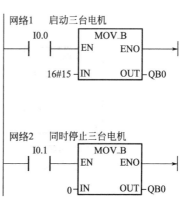

图 7-6　数据传送类指令应用举例 3

```
SWAP  VW10    //若 VW10 内容为 1011010100001001,则执行该指令后,VW10 内容变为//0000100110110101。
```

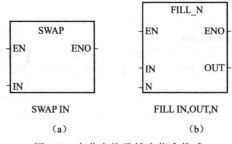

图 7-7　字节交换及填充指令格式

### 7.1.5　填充指令

① 指令格式：LAD 及 STL 字节填充指令格式如图 7-7(b) 所示。

② 功能：将字型输入数据 IN，填充到从输出 OUT 所指的单元开始的 N 个字存储单元中。

③ 数据类型：IN 和 OUT 为字型，N 为字节型，可取值为 1～255 的整数。

【例 7-5】　填充指令应用举例。

```
FILL  10,VW100,12    //将数据 10 填充到从 VW100～VW222 共 12 个字存储单元中。
```

# 7.2　移位与循环移位指令

移位和循环移位指令为无符号数据操作。

### 7.2.1　移位指令

① 指令格式：LAD 及 STL 移位指令格式如图 7-8 所示。

图 7-8　移位指令格式

② 功能：左移位指令把输入端（IN）指定的数据左移 N 位，结果存入 OUT 单元中；右移位指令把输入端（IN）指定的数据右移 N 位，结果存入 OUT 单元中。

③ 数据类型：输入和输出有字节、字和双字 3 种类型；N 为字节型数据。

字节、字、双字移位指令的实际最大可移位数分别为 8、16、32。

### 7.2.2　循环移位指令

① 指令格式：LAD 及 STL 循环移位指令格式如图 7-9 所示。

② 功能：循环左移位指令把输入端（IN）指定的数据循环左移 N 位，结果存入 OUT 单元中；循环右移位指令把输入端（IN）指定的数据循环右移 N 位，结果存入 OUT 单元中。

③ 数据类型：输入和输出有字节、字和双字 3 种类型；N 为字节型数据。

图 7-9　循环移位指令格式

对于循环移位指令，如果所需移位的位数 N 大于或等于 8、16、32，那么在执行循环移位前，先对 N 取以 8、16、32 为底的模，其结果 0~7、0~15、0~31 为实际移动位数。

移位和循环移位指令影响特殊存储器位：

① SM1.1（溢出）　执行移位指令后最后一次移出的位值。

② SM1.0（零）　移位的结果是 0，SM1.0 置位。

【例 7-6】　如图 7-10 所示为移位和循环移位指令举例。

### 7.2.3　移位寄存器指令

① 指令格式：LAD 及 STL 移位寄存器指令格式如图 7-11 所示。

② 功能：移位寄存器指令把输入的 DATA 数值移入移位寄存器。其中，S_BIT 为移位寄存器的最低位；N 指定移位寄存器的长度和方向（正向移位＝N，反向移位＝－N）。

每次使能输入有效时，在每个扫描周期内整个移位寄存器移动 1 位。所以要用边沿跳变指令来控制使能端的状态，不然该指令就失去了应用的意义。正向移位时，移位是从最低字

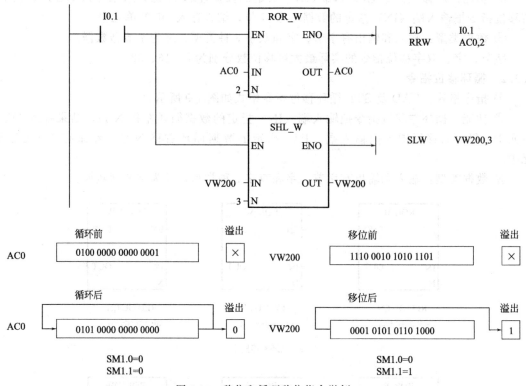

图 7-10　移位和循环移位指令举例

节的最低位（S_BIT）移入，从最高位移出；反向移位时，移位是从最高字节的最高位移入，从最低字节的最低位（S_BIT）移出。

移位寄存器存储单元的移出端与 SM1.1（溢出）相连，所以最后被移出的位放在 SM1.1 位存储单元。移位时，移出位进入 SM1.1，另一端自动补上 DATA 移入位的值。

③ 数据类型：DATA 和 S_BIT 为 BOOL 型，N 为字节型，可以指定的移位寄存器最大长度为 64 位，可正可负。

最高位的计算方法：[N 的绝对值－1＋（S_BIT 的位号)]/8，余数即是最高位的位号，商与 S_BIT 的字节号之和即是最高位字节号。

例如：如果 S_BIT 是 V22.2，N 是 3，则(3－1＋2)/8＝0，余 4，所以，最高位字节算法是：22＋0＝22，位号为 4，即移位寄存器的最高位是 V22.4。

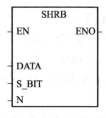

SHRB　DATA,S_BIT,N

图 7-11　移位寄存器指令格式

【例 7-7】　如图 7-12 所示为移位寄存器指令应用举例。其框图为移位两次之后的结果，余下的移位过程可类推。

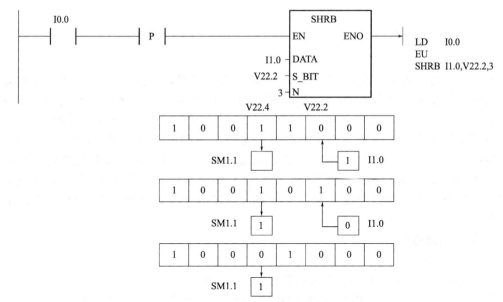

图 7-12　移位寄存器指令应用举例

**【例 7-8】**　移位寄存器指令用于顺序启动控制四台电机的应用举例。I0.0 为启动按钮，I0.1 为停止按钮。如图 7-13 所示，四台电动机顺序启动控制的顺序为 $M_1 \rightarrow M_2 \rightarrow M_3 \rightarrow M_4$，顺序启动的间隔为 1min。

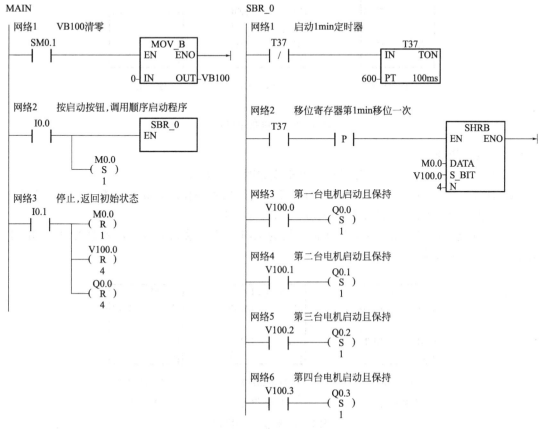

图 7-13　四台电机的顺序启动控制

# 7.3 运算指令

运算功能的加入是现代 PLC 与以往 PLC 的最大区别，目前各种型号的 PLC 普遍具有较强的运算功能。和其他 PLC 不同，S7-200 对算术运算指令来说，在使用时要注意存储单元的分配。在用 LAD 编程时，IN1、IN2 和 OUT 可以使用不一样的存储单元，这样编写出的程序比较清晰易懂。但在用 STL 方式编程时，OUT 要和其中的一个操作数使用同一个存储单元，这样用起来比较麻烦，编写程序和使用计算结果时都很不方便。LAD 程序格式转化为 STL 程序格式或 STL 程序格式转化为 LAD 程序格式时，会有不同的转换结果，所以建议大家在使用算术运算指令和数学指令时，最好用 LAD 格式编程。

### 7.3.1 算术运算指令

（1）加法指令

① 指令格式：LAD 及 STL 算术运算加法指令格式如图 7-14 所示。

② 功能：在 LAD 中，IN1+IN2＝OUT；执行加法操作时，将操作数 IN2 与 OUT 共用一个地址单元，因而在 STL 中，IN1+OUT＝OUT。

③ 数据类型：整数相加时，输入输出均为 INT；双整数相加时，输入输出均为 DINT；实数相加时，输入输出均为 REAL。

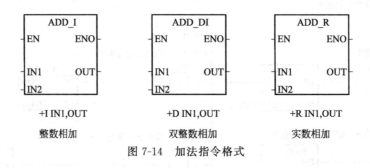

图 7-14　加法指令格式

（2）减法指令

① 指令格式：LAD 及 STL 减法指令格式如图 7-15 所示。

② 功能：在 LAD 中，IN1−IN2＝OUT；执行减法操作时，将操作数 IN1 与 OUT 共用一个地址单元，因而在 STL 中，OUT−IN2＝OUT。

③ 数据类型：整数相减时，输入输出均为 INT；双整数相减时，输入输出均为 DINT；实数相减时，输入输出均为 REAL。

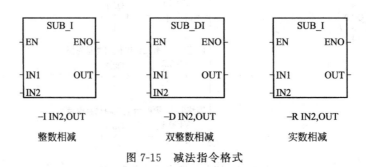

图 7-15　减法指令格式

（3）乘法指令

1）一般乘法指令

① 指令格式：LAD 及 STL 一般乘法指令格式如图 7-16(a)、(b)、(c) 所示。

② 功能：在 LAD 中，IN1×IN2＝OUT；执行乘法操作时，将操作数 IN2 与 OUT 共用一个地址单元，因而在 STL 中，IN1×OUT＝OUT。

③ 数据类型：整数相乘时，输入输出均为 INT；双整数相乘时，输入输出均为 DINT；实数相乘时，输入输出均为 REAL。

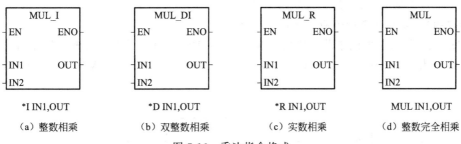

图 7-16　乘法指令格式

2）完全整数乘法指令

① 指令格式：LAD 及 STL 整数完全相乘指令格式如图 7-16(d) 所示。

② 功能：将两个单字长（16 位）的符号整数相乘，产生一个 32 位双整数结果 OUT，在 32 位结果中，存储单元的低 16 位运算前用于存放被乘数。在 LAD 中，IN1×IN2＝OUT；在 STL 中，IN1×OUT＝OUT。

③ 数据类型：输入为 INT，输出为 DINT。

加法、减法、乘法指令影响的特殊存储器位：SM1.0（零）、SM1.1（溢出）、SM1.2（负）。

（4）除法指令

1）一般除法指令

① 指令格式：LAD 及 STL 一般除法指令格式如图 7-17(a)、(b)、(c) 所示。

② 功能：在 LAD 中，IN1/IN2＝OUT；在 STL 中，OUT/IN1＝OUT。不保留余数。

③ 数据类型：整数相除时，输入输出均为 INT；双整数相除时，输入输出均为 DINT；实数相除时，输入输出均为 REAL。

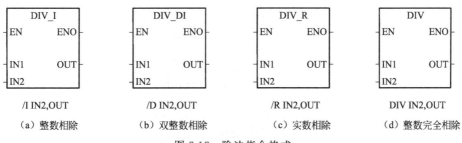

图 7-17　除法指令格式

2）完全整数除法指令

① 指令格式：LAD 及 STL 整数完全相除指令格式如图 7-17(d) 所示。

② 功能：将两个 16 位的符号整数相除，产生一个 32 位结果，其中低 16 位为商，高 16 位为余数。32 位结果中，低 16 位运算前被兼用存放被除数。在 LAD 中，IN1/IN2＝OUT；在 STL 中，OUT/IN1＝OUT。

③ 数据类型：输入为 INT，输出为 DINT。

除法指令影响的特殊存储器位：SM1.0（0）、SM1.1（溢出）、SM1.2（负）、SM1.3（除数为 0）。

注意：对于算术运算，如 OUT 和输入不是共用同一地址单元，在 STL 中，先用传送指令将 IN1 传送到 OUT，然后再执行运算指令。

【例 7-9】 算术运算指令应用举例 1。

如图 7-18 所示，本例中若 VW10＝2000，VW12＝150，则执行完该段程序后，各存储单元的数值为：VW16＝2150，VW18＝1850，VD20＝300000，VW24＝13，VW30＝50，VW32＝13。

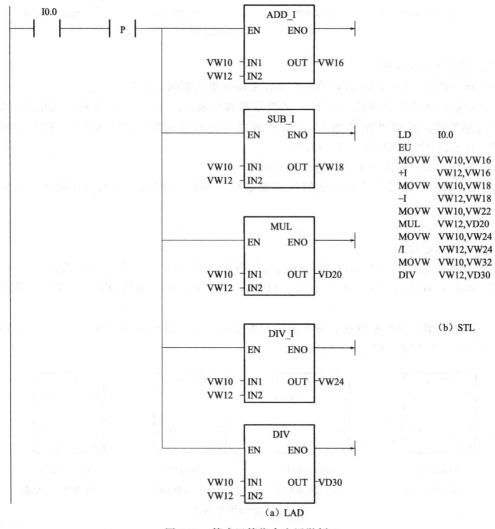

图 7-18 算术运算指令应用举例 1

【例 7-10】 算术运算指令应用举例 2，如图 7-19 所示。

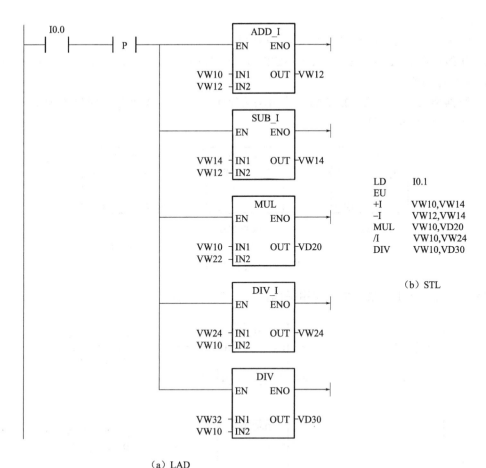

（a）LAD

图 7-19　算术运算指令应用举例 2

### 7.3.2　加 1 和减 1 指令

加 1 和减 1 指令又称自增和自减指令，它是对无符号或有符号整数自动加 1 或减 1 的操作。数据类型可以是字节、字或双字，其中字节增减是对无符号数操作，而字或双字的增减是对有符号数。

（1）加 1 指令

① 指令格式：LAD 及 STL 加 1 指令格式如图 7-20 所示。

② 功能：在 LAD 中，IN1+1=OUT；在 STL 中，OUT+1=OUT，即 IN 和 OUT 使用同一个存储单元。

③ 数据类型：字节增 1 指令输入输出均为字节，字增 1 指令输入输出均为 INT，双字增 1 指令输入输出均为 DINT。

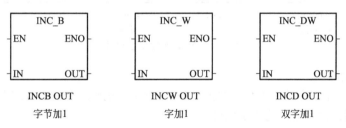

图 7-20　加 1 指令格式

（2）减 1 指令

① 指令格式：LAD 及 STL 减 1 指令格式如图 7-21 所示。

② 功能：在 LAD 中，IN1-1=OUT；在 STL 中，OUT-1=OUT，即 IN 和 OUT 使用同一个存储单元。

③ 数据类型：字节减 1 指令输入输出均为字节，字减 1 指令输入输出均为 INT，双字减 1 指令输入输出均为 DINT。

图 7-21　减 1 指令格式

【例 7-11】　加 1 和减 1 指令应用举例，如图 7-22 所示。

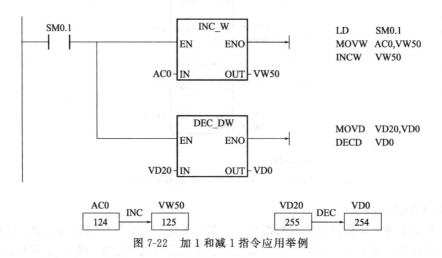

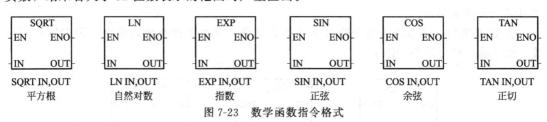

图 7-22　加 1 和减 1 指令应用举例

### 7.3.3　数学函数指令

S7-200 PLC 的数学函数指令也称数学功能指令，它包括平方根、自然对数、指数、正弦、余弦和正切，其 LAD 及 STL 数学函数指令格式如图 7-23 所示。运算输入、输出都为实数，结果若大于 32 位数表示的范围时产生溢出。

图 7-23　数学函数指令格式

（1）平方根指令

① 功能：把一个双字长（32 位）的实数 IN 开平方，得到 32 位的实数结果并送到 OUT。

② 数据类型：输入输出均为 REAL。

（2）自然对数指令

① 功能：将一个双字长（32 位）的实数 IN 并且取自然对数，得到 32 位的实数结果并送到 OUT。

② 数据类型：输入输出均为 REAL。

求常用对数时，只要将其对应的自然对数除以 2.302585 即可。

（3）指数指令

① 功能：将一个双字长（32 位）的实数 IN，取以 e 为底的指数，得到 32 位的实数结果并送到 OUT。

② 数据类型：输入输出均为 REAL。

（4）正弦、余弦、正切指令

① 功能：将一个双字长（32 位）的实数弧度值 IN，分别取正弦、余弦、正切，各得到 32 位的实数结果并送到 OUT。

② 数据类型：输入输出均为 REAL。

注意：对于三角函数运算，如果输入值为角度值，应将角度转换为弧度值。

数学函数指令影响的特殊存储器位：SM1.0（0）、SM1.1（溢出）、SM1.2（负）。

### 7.3.4　逻辑运算指令

逻辑运算指令对逻辑数（无符号数）进行处理，按运算性质不同，有逻辑与、逻辑或、逻辑异或和取反等。

（1）逻辑与指令

① 指令格式：LAD 及 STL 逻辑与指令格式如图 7-24 所示。

② 功能：把两个一个字节（字或双字）长的输入逻辑数按位相与，得到一个字节（字或双字）的逻辑数并输出到 OUT。在 STL 中，OUT 和 IN2 使用同一个存储单元。

③ 数据类型：输入输出均为字节、字或双字。

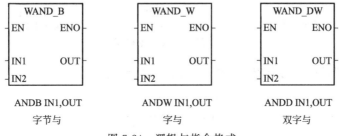

图 7-24　逻辑与指令格式

（2）逻辑或指令

① 指令格式：LAD 及 STL 逻辑或指令格式如图 7-25 所示。

② 功能：把两个一个字节（字或双字）长的输入逻辑数按位相或，得到一个字节（字或双字）的逻辑数并输出到 OUT。在 STL 中，OUT 和 IN2 使用同一个存储单元。

图 7-25　逻辑或指令格式

③ 数据类型：输入输出均为字节、字或双字。

（3）逻辑异或指令

① 指令格式：LAD 及 STL 逻辑异或指令格式如图 7-26 所示。

② 功能：把两个一个字节（字或双字）长的输入逻辑数按位相异或，得到一个字节（字或双字）的逻辑数并输出到 OUT。在 STL 中，OUT 和 IN2 使用同一个存储单元。

③ 数据类型：输入输出均为字节、字或双字。

图 7-26　逻辑异或指令格式

（4）取反指令

① 指令格式：LAD 及 STL 取反指令格式如图 7-27 所示。

② 功能：把两个一个字节（字或双字）长的输入逻辑数按位取反，得到一个字节（字或双字）的逻辑数并输出到 OUT。在 STL 中，OUT 和 IN 使用同一个存储单元。

③ 数据类型：输入输出均为字节、字或双字。

图 7-27　取反指令格式

【例 7-12】　逻辑运算指令应用举例，如图 7-28 所示。

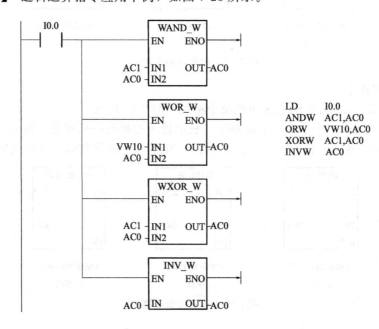

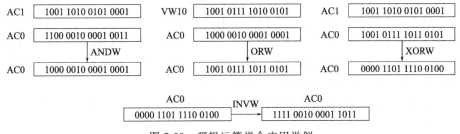

图 7-28　逻辑运算指令应用举例

# 7.4　表功能指令

### 7.4.1　填表指令

① 指令格式：LAD 及 STL 填表指令格式如图 7-29 所示。

② 功能：将输入的字型数据（DATA）添加到指定的表格中。TBL 为表格的首地址，用以指明被访问的表格。

表存数时，新存的数据添加在表中最后一个数据的后面。每向表中存一个数据，实际填表数 EC 会自动加 1，一个表最多可以有 100 条数据。

③ 数据类型：DATA 为 INT，TBL 为字。

影响的特殊存储器位：SM1.4（溢出）。

【例 7-13】　填表指令程序举例，如图 7-30 所示。

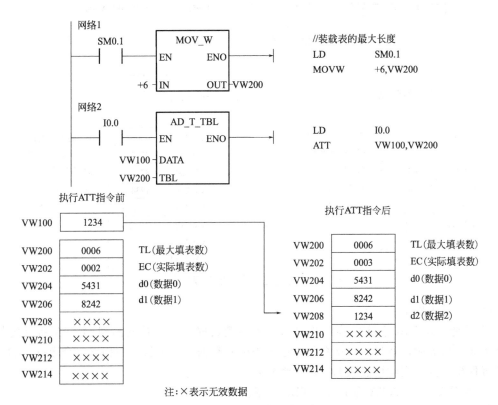

图 7-30　填表指令程序举例

### 7.4.2　表取数指令

从表中取出一个字型数据可有两种方式：先进先出式和后进先出式。其LAD及STL表取数指令格式如图7-31所示。一个数据从表中取出之后，表的实际填表数EC值减小1。两种方式的指令在梯形图中有2个数据端：输入端TBL为表格的首地址，用以指明访问的表格；输出端DATA指明数值取出后要存放的目标单元。

如果指令试图从空表中取走一个数据值，则特殊标志寄存器位SM1.5置位。

（1）先进先出指令

① 功能：从TBL指定的表中移出第一个字型数据，并将其输出到DATA所指定的字存储单元。取数时，移出的数据总是先进入表中的数据。每次从表中移出一个数据，剩余数据则依次上移一个字单元位置，同时实际填表数EC会自动减1。

② 数据类型：DATA为INT，TBL为字。

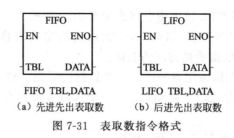

（a）先进先出表取数　　　　（b）后进先出表取数

图7-31　表取数指令格式

【例7-14】　先进先出取表指令程序举例，如图7-32所示。

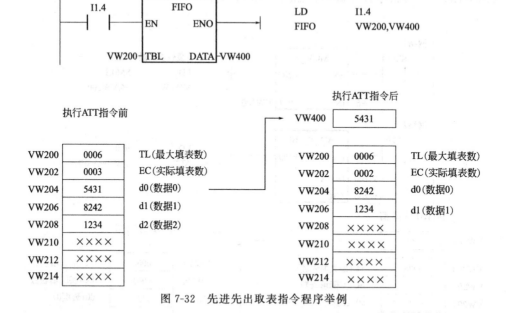

图7-32　先进先出取表指令程序举例

（2）后进先出指令

① 功能：从TBL指定的表中移出第一个字型数据，并将其输出到DATA所指定的字存储单元。取数时，移出的数据总是后进入表中的数据。每次从表中移出一个数据，剩余数据位置保持不变，实际填表数EC会自动减1。

② 数据类型：DATA为INT，TBL为字。

【例7-15】　先进先出取表指令程序举例，如图7-33所示。

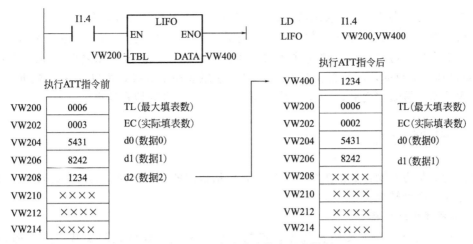

图 7-33　后进先出取表指令程序举例

### 7.4.3　表查找指令

通过表查找指令，可以从数据中找出符合条件数据的表中编号，编号范围为 0～99。

① 指令格式：LAD 表查找指令格式如图 7-34 所示。

STL 格式：

```
FND=     TBL, PTN, INDX (查表条件：＝PTN)
FND<>    TBL, PTN, INDX (查表条件：<>PTN)
FND<     TBL, PTN, INDX (查表条件：<PTN)
FND>     TBL, PTN, INDX (查表条件：>PTN)
```

② 功能：寻找满足查找条件的数据。

TBL：表格的首地址。

PTN：为描述查表时进行比较的数据。

INDX：用来存放表中符合查找条件的数据编号。查表前，INDX 值必须置 0。

表查找执行完成，找到一个符合条件的数据，如果想继续向下查找，必须先对 INDX 加 1，然后重新激活表查找指令。

CMD：为查找条件，它是一个 1～4 的数值，分别代表＝、<>、<、>符号。

③ 数据类型：TBL、INDX 为字，PTN 为 INT，CMD 为字节型常数。

【例 7-16】　查表指令程序举例，如图 7-35 所示。

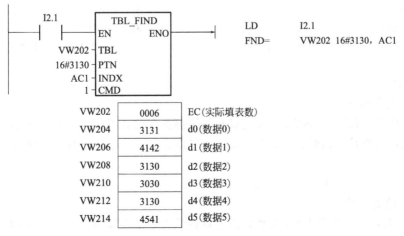

图 7-35　查表指令程序举例

如果 AC1 的数据置 0，则表示从头查找。当 I2.1＝1 时，从头搜索表中含数值为 16♯3130 的数据项。搜索完之后，AC1 的数据为 2。表明找到了一个数据，其位置在 VW208。如果想继续往下查找，可以令 AC1 的数据加 1，再执行一次搜索。搜索完之后，AC1 的数据为 4，表明找到一个数据，其位置在 VW212。如果想继续往下查找，可以令 AC1 数据加 1，再执行一次搜索。搜索完之后，AC1 的数据为 5（＝EC），表明搜索结束。

# 7.5 转换指令

转换指令是指对操作数的类型进行转换，包括数据的类型转换、码的类型转换，以及数据和码之间的类型转换。

### 7.5.1 数据类型转换指令

可编程控制器中的主要数据类型，包括字节、整数、双整数和实数。主要的码制有 BCD 码、ASCII 码、十进制数和十六进制数等。同一性质的指令对操作数的类型要求不同，因此，在指令使用之前需要将操作数转化成相应的类型，转换指令可以完成这样的任务。

（1）字节与整数

1）字节到整数

① 指令格式：LAD 及 STL 字节到整数的转换指令格式如图 7-36(a) 所示。

② 功能：将字节型输入数据 IN 转换成整数类型，并将结果送到 OUT 输出。字节型是无符号的，所以没有符号扩展位。

③ 数据类型：输入为字节，输出为 INT。

2）整数到字节

① 指令格式：LAD 及 STL 整数到字节的转换指令格式如图 7-36(b) 所示。

② 功能：将整数输入数据 IN 转换成字节类型，并将结果送到 OUT 输出。

被转换的值应是有效的整数，否则溢出位 SM1.1 被置位。

③ 数据类型：输入为 INT，输出为字节。

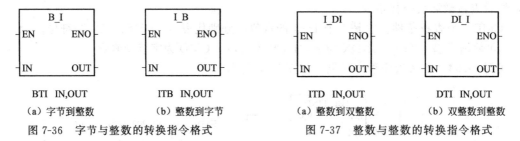

| (a) 字节到整数 | (b) 整数到字节 | (a) 整数到双整数 | (b) 双整数到整数 |
| --- | --- | --- | --- |

图 7-36 字节与整数的转换指令格式　　　　图 7-37 整数与整数的转换指令格式

（2）整数与双整数

1）整数到双整数

① 指令格式：LAD 及 STL 整数到双整数转换指令格式如图 7-37(a) 所示。

② 功能：将整数输入数据 IN 转换成双整数类型（符号进行扩展），并将结果送到 OUT 输出。

③ 数据类型：输入为 INT，输出为 DINT。

2）双整数到整数

① 指令格式：LAD 及 STL 双整数到整数转换指令格式如图 7-37(b) 所示。

② 功能：将双整数输入数据 IN 转换成整数类型，并将结果送到 OUT 输出。

被转换的输入值应是有效的双字整数，否则溢出位：SM1.1 被置位。

③ 数据类型：输入为 DINT，输出为 INT。

（3）双整数与实数

1）实数到双整数

① 指令格式：LAD 及 STL 实数到双整数转换指令格式如图 7-38(a)、(b) 所示。

② 功能：将实数输入数据 IN 转换成双整数类型，并将结果送到 OUT 输出。两条指令的区别是：前者小数部分四舍五入，而后者小数部分直接舍去。

取整指令被转换的输入值应是有效的实数，如果实数太大，使输出无法表示，那么溢出位（SM1.1）被置位。

③ 数据类型：输入为 REAL，输出为 DINT。

2）双整数到实数

① 指令格式：LAD 及 STL 双整数到实数转换指令格式如图 7-38(c) 所示。

② 功能：将双整数输入数据 IN 转换成实数类型，并将结果送到 OUT 输出。

③ 数据类型：输入为 DINT，输出为 REAL。

3）整数到实数

没有直接的整数到实数转换指令。转换时，先用 I_DI（整数到双整数）指令，然后再使用 DI_R（双整数到实数）指令即可。

| （a）实数到双整数 | （b）实数到双整数 | （c）双整数到实数 |

图 7-38　双整数与实数的转换指令格式

（4）整数与 BCD 码

1）整数到 BCD 码

① 指令格式：LAD 及 STL 整数到 BCD 码转换指令格式如图 7-39(a) 所示。

② 功能：将整数输入数据 IN 转换成 BCD 类型，并将结果送到 OUT 输出。在 STL 中，IN 和 OUT 使用相同的存储单元。

③ 数据类型：输入和输出均为字。输入数据 IN 的范围为 0～9999。

2）BCD 码到整数

① 指令格式：LAD 及 STLBCD 码到整数转换指令格式如图 7-39(b) 所示。

② 功能：将 BCD 输入数据 IN 转换成整数类型，并将结果送到 OUT 输出。在 STL 中，IN 和 OUT 使用相同的存储单元。

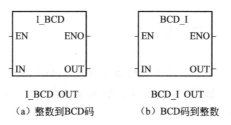

| （a）整数到 BCD 码 | （b）BCD 码到整数 |

图 7-39　整数与 BCD 码的转换指令格式

③ 数据类型：输入和输出均为字，输入数据 IN 的范围为 0～9999。

指令影响的特殊存储器位：SM1.6（非法 BCD 码）。

**【例 7-17】** 数据类型转换指令程序举例，如图 7-40 所示。

网络 1：若 C10 为 101（in），VD4＝2.54（常数），则执行本程序后，VD0＝101.0（实数），VD8＝256.54（实数），VD12＝257（整数）。

网络 2：若 VW10＝1234（应当作 BCD 码），则经过 BCD_I 转换后，VW20＝1234（即 16#04D2）；若 VW12＝1234，则经过 I_BCD 转换后，VW22＝16#1234。

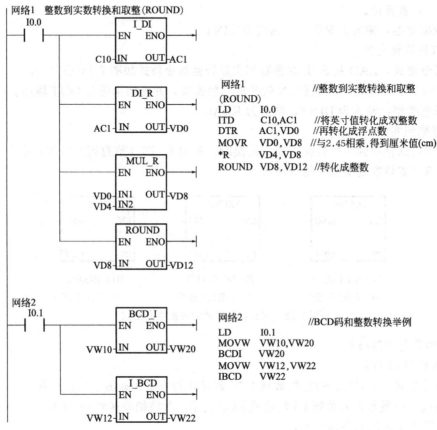

图 7-40　数据类型转换指令程序举例

### 7.5.2　编码和译码指令

（1）编码指令

① 指令格式：LAD 及 STL 编码指令格式如图 7-41（a）所示。

② 功能：将字型输入数据 IN 的值为 1 的最低有效位的位号，编码成 4 位二进制数，写入输出字节 OUT 的低 4 位。

③ 数据类型：输入为字，输出为字节。

（2）译码指令

① 指令格式：LAD 及 STL 译码指令格式如图 7-41（b）所示。

② 功能：将字节型输入数据 IN 的低 4 位所表示的位号，对应 OUT 所指定的字单元的相应位置 1，其他位置为 0。

③ 数据类型：输入为字节，输出为字。

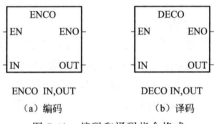

（a）编码　　　　　　　　　（b）译码

图 7-41　编码和译码指令格式

【例 7-18】　编码和译码指令程序举例 1，如图 7-42 所示。

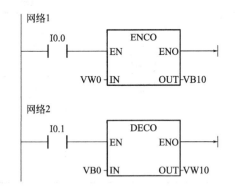

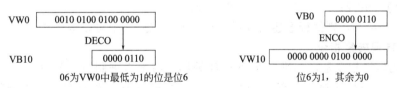

06 为 VW0 中最低为 1 的位是位 6　　　　　　　位 6 为 1，其余为 0

图 7-42　编码和译码指令程序举例 1

【例 7-19】　编码和译码指令程序举例 2，如图 7-43 所示。

有一套电梯系统共 16 层，每一层楼都有一个行程开关，16 个行程开关按照楼层的顺序，接到 PLC 的 I1.0～I1.7 与 I0.0～I0.7 的 16 个输入口，当电梯轿厢到达某一层时，该层行程开关被压下，与该行程开关连接的 PLC 对应输入端就被置位。图中 VB0 加 1 后为电梯所在楼层的十六进制数字。

图 7-43　编码和译码指令程序举例 2

【例 7-20】　编码和译码指令程序举例 3，如图 7-44 所示。

某设备可根据输入设备的指令控制 16 个排水泵，每次只允许启动一个排水泵，控制排水泵的接触器按 1～16 的顺序，连接在 PLC 输出端 Q1.0～Q1.7 与 Q0.0～Q0.7。

图 7-44　编码和译码指令程序举例 3

图 7-45　段码指令格式

输入设备可输入数字为 1～16。图中 VB0 为从输入设备得到数字。

### 7.5.3　段码指令

① 指令格式：LAD 及 STL 段码指令格式如图 7-45 所示。

② 功能：将字节型输入数据 IN 的低 4 位有效数字（16#0～F）转换成七段显示码，送入 OUT 所指定的字节单元。该指令在数码显示时，直接应用七段非常方便。七段码编码显示，如表 7-1 所示。

③ 数据类型：输入输出均为字节。

**表 7-1　七段码显示**

| 段显示 | - g f e d c b a | | 段显示 | - g f e d c b a |
|---|---|---|---|---|
| 0 | 0 0 1 1 1 1 1 1 | | 8 | 0 1 1 1 1 1 1 1 |
| 1 | 0 0 0 0 0 1 1 0 | | 9 | 0 1 1 0 0 1 1 1 |
| 2 | 0 1 0 1 1 0 1 1 | | a | 0 1 1 1 0 1 1 1 |
| 3 | 0 1 0 0 1 1 1 1 | | b | 0 1 1 1 1 1 0 0 |
| 4 | 0 1 1 0 0 1 1 0 | | c | 0 0 1 1 1 0 0 1 |
| 5 | 0 1 1 0 1 1 0 1 | | d | 0 1 0 1 1 1 1 0 |
| 6 | 0 1 1 1 1 1 0 1 | | e | 0 1 1 1 1 0 0 1 |
| 7 | 0 0 0 0 0 1 1 1 | | f | 0 1 1 1 0 0 0 1 |

**【例 7-21】** 执行程序：SEG　　VB20，QB0。

若设 VB20＝06，则执行上述指令后，在 Q0.0～Q0.7 上可以输出 01111101。

### 7.5.4　ASCII 码转换指令

ASCII 码转换指令是将标准字符 ASCII 编码，与十六进制值、整数、双整数及实数之间进行转换。可进行转换的 ASCII 码为 30～39 和 41～46，对应的十六进制数为 0～9 和 A～F。

（1）ASCII 码与十六进制数转换指令

1）ASCII 码转换成十六进制数指令

① 指令格式：LAD 及 STL ASCII 码与十六进制数转换指令格式如图 7-46（a）所示。

② 功能：把从 IN 开始的长度为 LEN 的 ASCII 码转换为十六进制数，并将结果送到 OUT 开始的字节进行输出。LEN 的长度最大为 255。

③ 数据类型：IN、LEN 和 OUT 均为字节类型。

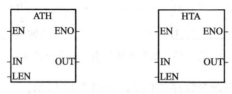

(a) ASCII码转换为十六进制数　　(b) 十六进制数转换为ASCII码

图 7-46　ASCII 码与十六进制数转换指令格式

**【例 7-22】** ASCII 码转换成十六进制数编程举例，如图 7-47 所示。

IN 为 VB30，LEN 为 3，表示将 VB30、VB31、VB32 的 ASCII 字符串转换成十六进制数，并把结果存入 VB40 和 VB41 存储单元中。

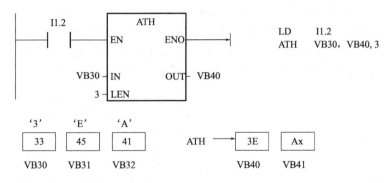

注意：x表示VB41低四位（半个字节）未发生变化

图 7-47　ASCII 码转换成十六进制数程序举例

2）十六进制转换成 ASCII 码指令

① 指令格式：LAD 及 STL 十六进制转换成 ASCII 码指令格式如图 7-46(b) 所示。

② 功能：把从 IN 开始的长度为 LEN 的十六进制数转换为 ASCII 码，并将结果送到 OUT 开始的字节进行输出。LEN 的长度最大为 255。

③ 数据类型：IN、LEN 和 OUT 均为字节类型。

【例 7-23】　十六进制转换成 ASCII 码程序举例，如图 7-48 所示。

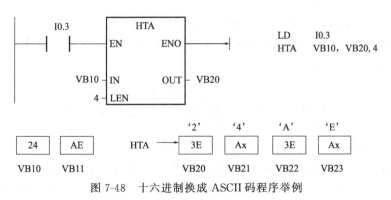

图 7-48　十六进制换成 ASCII 码程序举例

（2）整数、双整数、实数与 ASCII 码转换指令

1）整数转换成 ASCII 码指令

① 指令格式：LAD 及 STL 整数转换成 ASCII 码指令格式如图 7-49(a) 所示。

（a）整数转换为ASCII码　（b）双整数转换为ASCII码　（c）实数转换为ASCII码

图 7-49　整数、双整数、实数转换成 ASCII 指令格式

② 功能：把一个整数 IN 转换成一个 ASCII 码字符串。格式 FMT 指定小数点右侧的转换精度和小数点是使用逗号还是点号。转换结果放在 OUT 指定的 8 个连续的字节中。

③ 数据类型：IN 为整数、FMT 和 OUT 均为字节类型。

FMT 操作数格式如图 7-50(a) 所示。nnn 指定输出缓冲区中小数点右侧的位数，其有效范围是 0～5，如果 nnn＝0，则没有小数；如果 nnn＞5，则用 ASCII 码空格键填充整个缓冲区。c 指定用逗号（c＝1）还是用点号（c＝0）作为整数和小数部分的分隔符，FMT 的高 4 位必须为 0。图 7-50(b) 给出了一个数值的例子，其格式位 c＝0，nnn＝011。

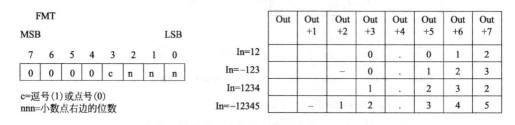

| | FMT | | | | | | | |
| --- | --- | --- | --- | --- | --- | --- | --- | --- |
| MSB | | | | | | | | LSB |
| 7 | 6 | 5 | 4 | 3 | 2 | 1 | 0 | |
| 0 | 0 | 0 | 0 | c | n | n | n | |

c＝逗号(1)或点号(0)
nnn＝小数点右边的位数

（a）

| | Out | Out +1 | Out +2 | Out +3 | Out +4 | Out +5 | Out +6 | Out +7 |
| --- | --- | --- | --- | --- | --- | --- | --- | --- |
| In=12 | | | | 0 | . | 0 | 1 | 2 |
| In=−123 | | | − | 0 | . | 1 | 2 | 3 |
| In=1234 | | | | 1 | . | 2 | 3 | 2 |
| In=−12345 | | − | 1 | 2 | . | 3 | 4 | 5 |

（b）

图 7-50　ITA 指令的 FMT 操作数格式及举例

输出缓冲区的格式符合下面的规则：

a. 正数写入 OUT 时没有符号；

b. 负数写入 OUT 时带负号；

c. 小数点左侧的 0（除去靠近小数点的那个 0）被隐藏；

d. OUT 中的数字右对齐。

**【例 7-24】** 执行程序：ITA　　VW10，VB20，16♯0B。

16♯0B 表示用逗号作小数点，保留 3 位小数。在本例给定的输入条件下，则经过 ITA 后，结果如下：

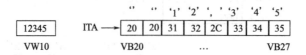

| | | | '1' | '2' | ',' | '3' | '4' | '5' |
| --- | --- | --- | --- | --- | --- | --- | --- | --- |
| 12345 | ITA → | 20 | 20 | 31 | 32 | 2C | 33 | 34 | 35 |
| VW10 | | VB20 | | | | … | | | VB27 |

2）双整数转换成 ASCII 码指令

① 指令格式：LAD 及 STL 双整数转换成 ASCII 码指令格式如图 7-49(b) 所示。

② 功能：把一个双整数 IN 转换成一个 ASCII 码字符串。格式 FMT 指定小数点右侧的转换精度和小数点是使用逗号还是点号。转换结果放在 OUT 指定的 12 个连续的字节中。

③ 数据类型：IN 为双整数、FMT 和 OUT 均为字节类型。

DTA 指令的 OUT 比 ITA 指令多 4 个字节，其余都和 ITA 指令一样。

3）实数转换成 ASCII 码指令

① 指令格式：LAD 及 STL 实数转换成 ASCII 码指令格式如图 7-49(c) 所示。

② 功能：把一个实数 IN 转换成一个 ASCII 码字符串。格式 FMT 指定小数点右侧的转换精度和小数点是使用逗号还是点号。转换结果放在 OUT 开始的 3～15 个字节中。

③ 数据类型：IN 为实数、FMT 和 OUT 均为字节类型。

FMT 的格式操作如图 7-51(a) 所示。ssss 指定 OUT 的大小，它的范围是 3～15。nnn 指定输出缓冲区中小数点右侧的位数，其有效范围是 0～5，如果 nnn＝0，则没有小数；如果 nnn＞5 或缓冲区过小，无法容纳转换数值时，则用 ASCII 码空格键填充整个缓冲区。c 指定用逗号（c＝1）还是用点号（c＝0）作为整数和小数部分的分隔符。图 7-51(b) 给出了一个应用例子，其 ssss＝1000，nnn＝001，c＝1。

除了 ITA 指令的 4 条规则外，RTA 指令输出缓冲区的格式还要符合下面的规则：

a. 小数部分的位数如果大于 nnn 指定的位数，则进行四舍五入，去掉多余的小数位；

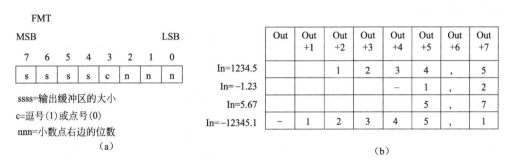

图 7-51　RTA 指令的 FMT 操作数格式及举例

b.缓冲区的字节数应大于 3，且要大于小数部分的位数。

【例 7-25】　执行程序：RTA　　VD10，VB20，16♯A3。

16♯A3 表示 OUT 的大小为 10 个字节，用点号作小数点，保留 3 位小数。在本例给定的输入条件下，则经过 RTA 后，结果如下：

注意：转换后的结果为 12345.000，但因为有转换精度的影响，有时会有误差，所以实际结果是 12344.999。大家可以进行实验验证。

# 7.6　中断指令

### 7.6.1　中断事件

中断是指系统暂时中断正在执行的程序，而转到中断服务程序去处理这些事件，处理完毕后再返回原程序继续执行。和普通子程序不同的是，中断子程序是随机发生，且必须立即响应的事件。能够用中断功能处理的特定事件称为中断事件。

（1）中断类型

① 通信口中断。可编程控制器的通信口可由程序来控制，通信中的这种操作模式称为自由通信口模式。在这种模式下，用户可以通过编程来设置波特率、奇偶校验和通信协议等参数。

② I/O 中断。对 I/O 点状态的各种变化产生中断事件。I/O 中断包含了外部输入 I0.0～I0.3 的上升沿或下降沿中断、高速计数器中断和脉冲串输出（PTO）中断。

③ 时基中断。根据指定的时间间隔产生中断事件。时基中断包括定时中断和定时器 T32/T96 中断。可以用定时中断指定一个周期性的活动，以 1ms 为计量单位，周期时间可为 5～255ms。对于定时中断 0，把周期时间写入 SMB34；对于定时中断 1，把周期时间写入 SMB35。

每当定时器溢出时，CPU 把控制权交给相应的中断程序。通常定时中断以固定的时间间隔去采样模拟量输入，或周期性地执行固定的操作等方法。

（2）中断优先级

中断事件各有不同的优先级别，S7-200 系统为每个中断事件规定了中断事件号，中断事件号及其优先级如表 7-2 所示。同时出现多个中断，队列中优先级高的中断事件首先得到处理；优先级相同的中断事件先到先处理。一旦中断程序开始执行，它要一直执行到结束，而不会被别的中断程序，甚至是更高优先级的中断程序所打断。当另一个中断正在处理中，新出现的中断需排队等待。

**表 7-2　中断事件号及其优先级**

| 优先级 | 组内类型 | 中断描述 | 事件号 | 优先组中的优先级 |
|---|---|---|---|---|
| 通信（最高） | 通信口 0 | 端口 0：接收字符 | 8 | 0 |
| | | 端口 0：发送完成 | 9 | 0 |
| | | 端口 0：接收信息完成 | 23 | 0 |
| | 通信口 1 | 端口 1：接收信息完成 | 24 | 1 |
| | | 端口 1：接收字符 | 25 | 1 |
| | | 端口 1：发送完成 | 26 | 1 |
| I/O（中等） | 脉冲输出 | PTO0 完成中断 | 19 | 0 |
| | | PTO1 完成中断 | 20 | 1 |
| | 外部输入 | 上升沿,I0.0 | 0 | 2 |
| | | 上升沿,I0.1 | 2 | 3 |
| | | 上升沿,I0.2 | 4 | 4 |
| | | 上升沿,I0.3 | 6 | 5 |
| | | 下降沿,I0.0 | 1 | 6 |
| | | 下降沿,I0.1 | 3 | 7 |
| | | 下降沿,I0.2 | 5 | 8 |
| | | 下降沿,I0.3 | 7 | 9 |
| | 高速计数器 | HSC0 CV=PV(当前值=预置值) | 12 | 10 |
| | | HSC0 输入方向改变 | 27 | 11 |
| | | HSC0 外部复位 | 28 | 12 |
| | | HSC1 CV=PV(当前值=预置值) | 13 | 13 |
| | | HSC1 输入方向改变 | 14 | 14 |
| | | HSC1 外部复位 | 15 | 15 |
| | | HSC2 CV=PV(当前值=预置值) | 16 | 16 |
| | | HSC2 输入方向改变 | 17 | 17 |
| | | HSC2 外部复位 | 18 | 18 |
| | | HSC3 CV=PV(当前值=预置值) | 32 | 19 |
| | | HSC4 CV=PV(当前值=预置值) | 29 | 20 |
| | | HSC4 输入方向改变 | 30 | 21 |
| | | HSC4 外部复位 | 31 | 22 |
| | | HSC5 CV=PV(当前值=预置值) | 33 | 23 |
| 时基（最低） | 定时 | 定时中断 0,SMB34 | 10 | 0 |
| | | 定时中断 1,SMB35 | 11 | 1 |
| | 定时器 | 定时器 T32　CT=PT 中断 | 21 | 2 |
| | | 定时器 T96　CT=PT 中断 | 22 | 3 |

### 7.6.2　中断指令类型与说明

（1）中断连接指令

① 指令格式：LAD 及 STL 中断连接指令格式如图 7-52 所示。

② 功能：连接某个中断事件（由中断事件号指定）所要调用的程序段（由中断程序指定）。

③ 数据类型：中断程序号 INT 和中断事件号 EVEN 均为字节型常数。

INT 数据范围为 0～127。

EVNT 数据范围为 0～33。

（2）中断分离指令

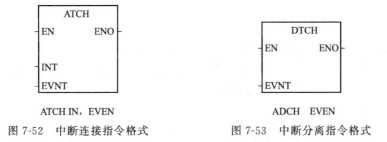

图 7-52　中断连接指令格式　　　　　　　图 7-53　中断分离指令格式

① 指令格式：LAD 及 STL 中断分离指令格式如图 7-53 所示。

② 功能：切断一个中断事件和所有程序的联系。

③ 数据类型：中断事件号 EVEN 为字节型常数。

EVNT 数据范围为 0～33。

（3）开中断与关中断指令

① 指令格式：LAD 及 STL 开中断与关中断指令格式如图 7-54 所示。

② 功能：开中断指令（ENI）为中断允许指令，全局性地启动全部中断事件；关中断指令（DISI）为中断禁止指令，全局性地关闭所有中断事件。

图 7-54　开中断与关中断指令格式　　　　图 7-55　中断返回指令格式

（4）中断返回指令

① 指令格式：LAD 及 STL 中断返回指令格式如图 7-55 所示。

② 功能：条件中断返回指令，可用于根据先前逻辑条件从中返回。

**注意**：中断服务程序执行完毕后会自动返回，而 RETI 是条件中断返回，用在中断程序中间。

### 7.6.3　中断程序示例

【例 7-26】　编程用中断实现对 100ms 定时计数。

本例选择定时中断 0，查表 7-2，可以得知定时中断 0 的中断事件号为 10，确定周期的特殊存储器字节是 SMB34。

该程序主要包括以下几部分：

● MAIN：主程序；

● SBR_0：中断初始化子程序；

● INT_0：中断服务程序。

该中断指令编程举例如图 7-56 所示。

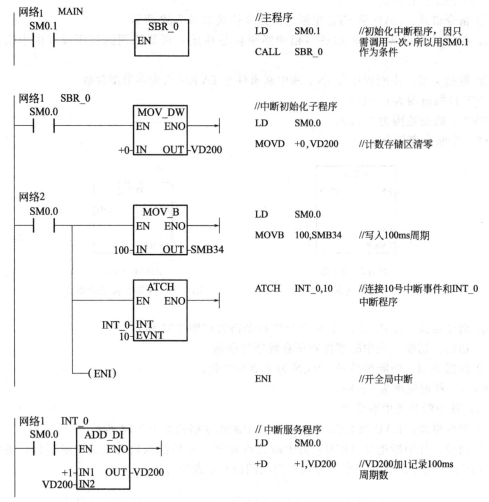

图 7-56　中断指令编程举例 1

【例 7-27】　编写一段中断事件 0 的初始化程序。中断事件 0 是 I0.0 为上升沿时进行中断，执行中断程序。该中断指令编程举例如图 7-57 所示。

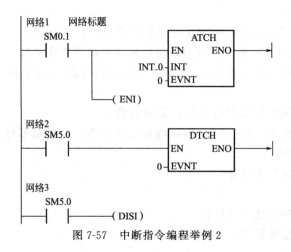

图 7-57　中断指令编程举例 2

# 7.7　高速计数器指令

高速计数器是以中断方式对机外高频信号计数的计数器，常用于现代自动控制中精确定位和测量。S7-200 CPU 提供了多个高速计数器（HSC0～HSC5），以响应快速的脉冲信号。高速计数器独立于用户程序工作，不受程序扫描时间的限制。用户通过相关指令，设置相应的特殊存储器控制计数器的工作。

### 7.7.1　高速计数器指令类型与说明

（1）高速计数器定义指令

① 指令格式：LAD 及 STL 高速计数器定义指令格式如图 7-58(a) 所示。

② 功能：为指定的高速计数器分配一种工作模式，即用来建立高速计数器与工作模式之间的联系。每个高速计数器使用之前，必须使用 HDEF 指令，而且只能使用一次。

③ 数据类型：高速计数器编号 HSC 和工作模式 MODE 均为字节型。

HSC 数据范围为 0～5。

MODE 数据范围为 0～11。

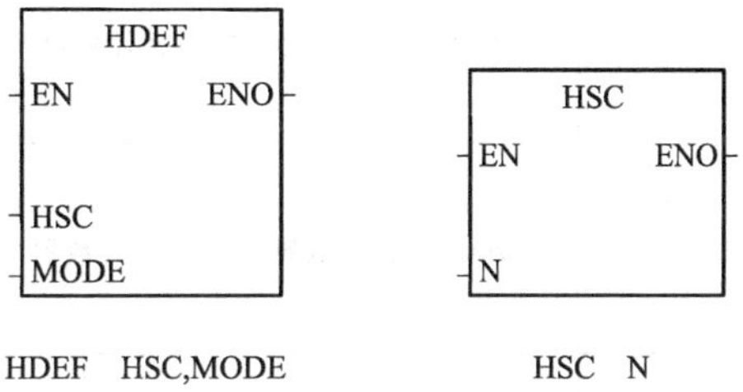

（2）高速计数器编程指令

① 指令格式：LAD 及 STL 高速计数器编程指令格式如图 7-58(b) 所示。

② 功能：根据高速计数器特殊存储器位的状态，并按照 HDEF 指令指定的工作模式，设置高速计数器并控制其工作

③ 数据类型：高速计数器编号 N 为字型。

N 数据范围为 0～5。

图 7-58　高速计数器指令格式

### 7.7.2　高速计数器的工作模式

S7-200 CPU 高速计数器可以分别定义为以下 4 种工作类型：

① 单相计数器，内部方向控制；

② 单相计数器，外部方向控制；

③ 双向增/减计数器，双脉冲输入；

④ A/B 相正交脉冲输入计数器。

每种高速计数器类型可以定义为以下 3 种工作状态：

① 无复位、无启动输入；

② 有复位、无启动输入；

③ 既有复位，又有启动输入。

所以共有 12 种高速计数器工作模式。对于 A/B 相正交输入，可以选择 4X（4 倍）和 1X（1 倍）输入脉冲频率的内部计数速率。

表 7-3 列出了高速计数器的硬件定义和工作模式。

表 7-3　高速计数器的硬件定义和工作模式

| 模　　式 | 描　　述 | 输　入　点 | | |
|---|---|---|---|---|
| | HSC0 | I0.0 | I0.1 | I0.2 |
| | HSC1 | I0.6 | I0.7 | I1.0 | I1.1 |

| 模　式 | 描　述 | 输　入　点 | | | |
|---|---|---|---|---|---|
| | HSC2 | I1.2 | I1.3 | I1.4 | I1.5 |
| | HSC3 | I0.1 | | | |
| | HSC4 | I0.3 | I0.4 | I0.5 | |
| | HSC5 | I0.4 | | | |
| 0 | 带有内部方向控制的单相计数器 | 计数脉冲 | | | |
| 1 | | 计数脉冲 | | 复位 | |
| 2 | | 计数脉冲 | | 复位 | 启动 |
| 3 | 带有外部方向控制的单相计数器 | 计数脉冲 | 方向 | | |
| 4 | | 计数脉冲 | 方向 | 复位 | |
| 5 | | 计数脉冲 | 方向 | 复位 | 启动 |
| 6 | 带有增/减计数脉冲的双相计数器 | 增计数脉冲 | 减计数脉冲 | | |
| 7 | | 增计数脉冲 | 减计数脉冲 | 复位 | |
| 8 | | 增计数脉冲 | 减计数脉冲 | 复位 | 启动 |
| 9 | A/B 相正交计数器 | 计数脉冲 A | 计数脉冲 B | | |
| 10 | | 计数脉冲 A | 计数脉冲 B | 复位 | |
| 11 | | 计数脉冲 A | 计数脉冲 B | 复位 | 启动 |

S7-200 CPU 221、CPU 222，没有 HSC1 和 HSC2 两个计数器；CPU 224、CPU 226 和 CPU 226XM 拥有全部 6 个计数器。

高速计数器的硬件输入接口与普通数字量输入接口使用相同的地址。已定义用于高速计数器的输入点，不再具有其他功能，但某个模式下没有用到的输入点，还可以用作普通开关量输入点。

由于硬件输入点的定义不同，不是所有的计数器都可以在任何时刻定义为任意工作模式。

高速计数器的工作模式通过一次性地执行 HDEF（高速计数器定义）指令来完成。

### 7.7.3　高速计数器的控制

每个高速计数器都有固定的特殊存储器与之相配合，完成高速计数功能。HSC 使用的特殊存储器如表 7-4 所示。

表 7-4　HSC 使用的特殊存储器

| 高速计数器编号 | 状态字节 | 控制字节 | 当前值（双字） | 预设值（双字） |
|---|---|---|---|---|
| HSC0 | SMB36 | SMB37 | SMD38 | SMD42 |
| HSC1 | SMB46 | SMB47 | SMD48 | SMD52 |
| HSC2 | SMB56 | SMB57 | SMD58 | SMD62 |
| HSC3 | SMB136 | SMB137 | SMD138 | SMD142 |
| HSC4 | SMB146 | SMB147 | SMD148 | SMD152 |
| HSC5 | SMB156 | SMB157 | SMD158 | SMD162 |

（1）状态字节

每个高速计数器都有一个状态字节，在程序运行时，根据运行状况可自动使某些位置位，可以通过程序来读取相关的状态，用作判断条件，实现相应的操作。状态字节中各状态位的功能如表 7-5 所示。

表 7-5　状态字节中各状态位的功能

| 状　态　位 | 功　能　描　述 |
|---|---|
| SM××6.0～SM××6.4 | 不用 |
| SM××6.5 | 当前计数方向：0 增，1 减 |
| SM××6.6 | 当前值＝预设值：0 不等，1 相等 |
| SM××6.7 | 当前值＞预设值：0＜＝，1＞ |

（2）控制字节

每个高速计数器都对应一个控制字节。控制字节用来定义计数器的计数方式和其他一些设置，以及在用户程序中对计数器的运行进行控制。控制字节各个位的 0/1 状态具有不同的设置功能。

高速计数器控制字节的位地址分配如表 7-6 所示。

表 7-6　高速计数器控制字节的位地址分配

| HSC0 | HSC1 | HSC2 | HSC3 | HSC4 | HSC5 | 描　　述 |
|---|---|---|---|---|---|---|
| SM37.0 | SM47.0 | SM57.0 | — | SM147.0 | — | 复位有效电平控制位：<br>0＝高电平有效；1＝低电平有效 |
| — | SM47.1 | SM57.1 | — | — | — | 启动电平有效控制位：<br>0＝高电平有效；1＝低电平有效 |
| SM37.2 | SM47.2 | SM57.2 | — | SM147.2 | — | 正交计数器计数速率选择：<br>0＝4×计数率；1＝1×计数率 |
| SM37.3 | SM47.3 | SM57.3 | SM137.3 | SM147.3 | SM157.3 | 计数方向控制位：<br>0＝减计数；1＝增计数 |
| SM37.4 | SM47.4 | SM57.4 | SM137.4 | SM147.4 | SM157.4 | 向 HSC 中写入计数方向：<br>0＝不更新；1＝更新计数方向 |
| SM37.5 | SM47.5 | SM57.5 | SM137.5 | SM147.5 | SM157.5 | 向 HSC 中写入预置值：<br>0＝不更新；1＝更新预置值 |
| SM37.6 | SM47.6 | SM57.6 | SM137.6 | SM147.6 | SM157.6 | 向 HSC 中写入新的初始值：<br>0＝不更新；1＝更新初始值 |
| SM37.7 | SM47.7 | SM57.7 | SM137.7 | SM147.7 | SM157.7 | HSC 允许：<br>0＝禁止 HSC；1＝允许 HSC |

（3）中断功能

所有计数器模式都会在当前值等于预设值时产生中断（中断事件参见表 7-2）；使用外部复位端的计数模式，支持外部复位中断；除模式 0、1 和 2 之外，所有计数器模式还支持计数方向改变中断，每种中断条件都可以分别使能或禁止。状态字节只在中断程序中有效。

### 7.7.4　高速计数器的使用

（1）使用高速计数器及选择工作模式步骤

① 选择高速计数器及工作模式，可以根据使用的主机型号和控制要求，选用高速计数和选择该高速计数器的工作模式。

② 设置控制字节。

③ 执行 HDEF 指令。

④ 设定当前值和预设值。每个高速计数器都对应一个双字长的当前值和一个双字长的预设值，两者都是有符号数。当前值随计数脉冲的输入而不断变化，运行时当前值可以由程序直接读取 HSCn 得到。

⑤ 设置中断事件，并全局开中断。高速计数器利用中断方式对高速事件进行精确控制。

⑥ 执行 HSC 指令。设置完成并用指令实现之后，可用 HSC 指令对高速计数器编程进行计数。

（2）高速计数器应用示例

【例 7-28】 采用测频的方法，编程实现测量电机的转速。

分析：用测频法测量电机的转速，是指在单位时间内采集编码器脉冲的个数，因此可以选用高速计数器对转速脉冲信号进行计数，同时用时基来完成定时。知道了单位时间内的脉冲个数，再经过一系列的计算，就可以得知电机的转速。下面的程序只是整个程序中有关 HCS 的部分。

设计步骤：

① 选择高速计数器 HSC0，并确定工作方式 0，然后采用初始化子程序，用初始化脉冲 SM0.1 调用子程序。

② 令 SMB37＝16♯F8。其功能为：计数方向为增；允许更新计数方向；允许写入新当前值；允许写入新设定值；允许执行 HSC 指令。

③ 执行 HDEF 指令，输入端 HSC 为 0，MODE 为 0。

④ 装入当前值，令 SMD38＝0。

⑤ 装入时基定时设定值，令 SMB34＝200。

⑥ 执行中断连接 ATCH 指令，中断程序为 INT ＿0，EVEN 为 10（查表 7-2）。执行中断允许指令 ENI，重新启动时基定时器，清除高速计数器的当前值。

⑦ 执行指令 HSC，对高速计数器编程，并投入运行，输入 IN 为 0。

该程序主要包括以下几部分：

● MAIN：主程序；

● SBR ＿0：初始化 HSC0 子程序；

● INT ＿0：中断服务程序。

本应用程序编程举例如图 7-59 所示。

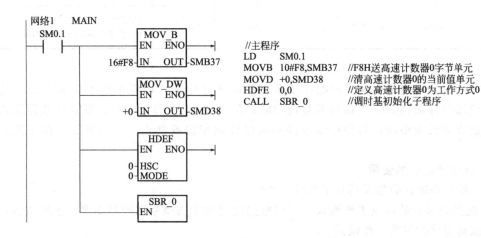

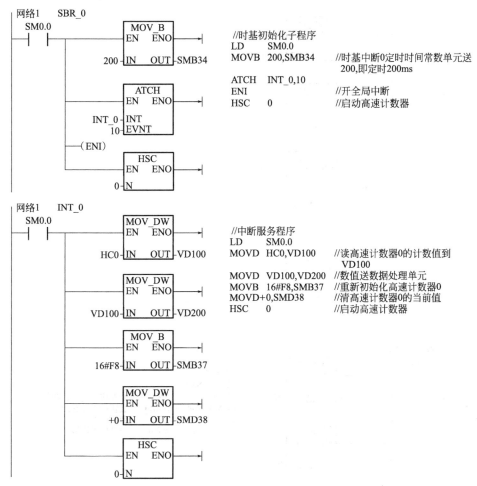

图 7-59　高速计数器应用程序举例 1

【例 7-29】　如图 7-60 所示为高速计数器应用程序举例，高速计数器 1 设定为正交 4 倍速率计数器。当 HSC1 的当前值等于预置值时，引发中断，在中断程序中对变量 VW0 进行加 1 操作。VW0 的值即为 HSC1 的中断计数。

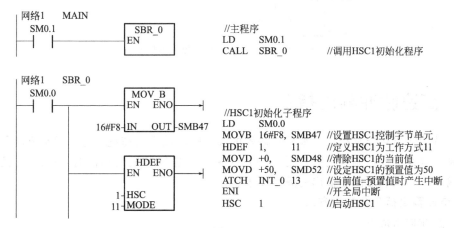

图 7-60

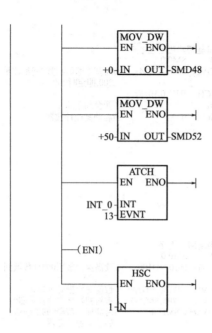

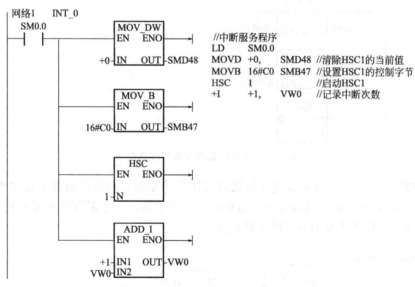

图 7-60　高速计数器应用程序举例 2

# 7.8　高速脉冲输出指令

高速脉冲输出功能是指在可编程控制器的某些输出端产生高速脉冲，用来驱动负载实现精确控制，这在运动控制中具有广泛的应用。使用高速脉冲输出功能时，PLC 主机应选用晶体管输出型，以满足高速输出的频率要求。

## 7.8.1　脉冲输出指令及输出方式

（1）脉冲输出指令

① 指令格式：LAD 及 STL 脉冲输出指令格式如图 7-61 所示。

　　② 功能：检测用程序设置的特殊存储器位，激活由控制位定义的脉冲操作，从 Q0.0 或 Q0.1 输出高速脉冲。高速脉冲串输出 PTO 和宽度可调输出 PWM 都由 PLS 指令激活输出。

图 7-61　脉冲输出指令格式

　　如果 Q0.0 和 Q0.1 在程序执行时用作高速脉冲输出，则其他功能被禁止，任何输出刷新、输出强制、立即输出等指令都无效。只有高速脉冲不用的输出点，才可做普通数字量输出点使用。

　　③ 数据类型：数据输入 Q 属字节型，必须是 0 或 1 的常数。

　　(2) 高速脉冲输出方式

　　高速脉冲输出有高速脉冲串输出 PTO 和宽度可调脉冲输出 PWM 两种方式。

　　PTO 可以输出一串脉冲（占空比 50%），用户可以控制脉冲的周期和个数，如图 7-62(a) 所示。PWM 可以输出一串占空比可调的脉冲，用户可以控制脉冲的周期和脉宽，如图 7-62(b) 所示。

图 7-62　高速脉冲输出方式

### 7.8.2　高速脉冲的控制

　　每个高速脉冲发生器对应一定数量的特殊寄存器，这些寄存器包括控制字节寄存器、状态字节寄存器和参数数值寄存器。它们用于控制高速脉冲的输出形式，反映输出状态和参数值。高速脉冲寄存器的功能如表 7-7 所示。

表 7-7　高速脉冲寄存器功能表

| Q0.0 的寄存器 | Q0.1 的寄存器 | 名称及功能描述 |
| --- | --- | --- |
| SMB66 | SMB76 | 状态字节,在 PTO 方式下,跟踪脉冲串的输出状态 |
| SMB67 | SMB77 | 控制字节,控制 PTO/PWM 脉冲输出的基本功能 |
| SMW68 | SMW78 | 周期值,属字型,PTO/PWM 的周期值,范围 2～65535 |
| SMW70 | SMW80 | 脉宽值,属字型,PWM 的脉宽值,范围 0～65535 |
| SMD72 | SMD82 | 脉冲数,属双字型,PTO 的脉冲数,范围 1～4294967295 |
| SMB166 | SMB176 | 段号,多段管线 PTO 进行中的段的编号 |
| SMW168 | SMW178 | 多段管线 PTO 包络表起始字节的地址 |

　　(1) 状态字节

　　用于 PTO 方式，每个高速脉冲输出都有一个状态字节，程序运行时根据运行状态使某些位自动置位。可以通过程序来读取相关位的状态，用此状态作为判断条件实现相应的操作。状态字节中各状态位的功能如表 7-8 所示。

表 7-8　状态位及其功能

| 状　态　位 | 功　能　描　述 |
| --- | --- |
| SM6.0～SM6.3 | 不用 |

| 状　态　位 | 功 能 描 述 |
|---|---|
| SM6.4 | PTO 包络因增量计算错误而终止,0:无错;1:终止 |
| SM6.5 | PTO 包络因用户命令而终止,0:无错;1:终止 |
| SM6.6 | PTO 管线溢出,0:无溢出;1:溢出 |
| SM6.7 | PTO 空闲,0:执行中;1:空闲 |

（2）控制字节

控制位及其功能如表 7-9 所示。例如，如果用 Q0.0 作为高速脉冲输出，则对应的控制位为 SMB67。如果向 SMB67 写入 16♯A8，即 2♯10101000，则控制字节的设置为：允许脉冲输出，多段 PTO 脉冲串输出，时基为 ms，不允许更新周期值和脉冲数。

**表 7-9　控制位及其功能**

| Q0.0 控制位 | Q0.1 控制位 | 功 能 描 述 |
|---|---|---|
| SM67.0 | SM77.0 | PTO/PWM 更新周期值:0,不更新;1,允许更新 |
| SM67.1 | SM77.1 | PWM 更新脉冲宽度值:0,不更新;1,允许更新 |
| SM67.2 | SM77.2 | PTO 更新输出脉冲数:0,不更新;1,允许更新 |
| SM67.3 | SM77.3 | PTO/PWM 时间基准选择:0,μs 单位时基;1,ms 单位时基 |
| SM67.4 | SM77.4 | PWM 更新方式:0,异步更新;1,同步更新 |
| SM67.5 | SM77.5 | PTO 单/多段方式:0,单段管线;1,多段管线 |
| SM67.6 | SM77.6 | PTO/PWM 模式选择:0,选用 PTO 模式;1,选用 PWM 模式 |
| SM67.7 | SM77.7 | PTO/PWM 脉冲输出:0,禁止;1,允许 |

### 7.8.3　PTO 的使用

（1）中断事件

高速脉冲串输出 PTO，状态字节中的最高位用来指示脉冲串输出是否完成。在脉冲串输出完成的同时可以产生中断（中断事件号参见表 7-2），因而可以调用中断程序来完成指定的操作。

（2）周期和脉冲数

① 周期：单位可以是 μs 或 ms，为 16 位无符号数据，周期变化范围是 50～65536 或 2～65536。如果编程时设定周期单位小于最小值，则系统默认按最小值（2 个时间单位）进行设置。

② 脉冲数：用双字无符号数表示，脉冲数取值范围是 1～4294967295 之间。如果编程时指定脉冲数为 0，则系统默认脉冲数为 1 个。

（3）PTO 的种类

① 单段管线。管线中只能放一个脉冲串的控制参数（即入口），一旦启动一个脉冲串进行输出时，就需要用指令立即为下一个脉冲更新特殊寄存器，并再次执行脉冲串输出指令。当前脉冲串输出完成之后，自动输出下一个脉冲串。重复这一操作可以实现多个脉冲串的输出。

② 多段管线。多段管线是指在变量 V 存储区建立一个包络表。包络表中存储各个脉冲串的参数，相当于有多个脉冲的入口。多段管线可以用 PLS 指令启动，运行时，CPU 自动

从包络表中按顺序读出每个脉冲串的参数进行输出。

编程时必须装入包络表的起始变量（V 存储区）的偏移地址，运行时只使用特殊存储区的控制字节和状态字节即可。包络表的首地址代表该包络表，它放在 SMW168 或 SMW178 中，PTO 当前进行中的段的编号放在 SMB166 或 SMB176 中。

包络表格式由包络段数和各段构成。整个包络表的段数（1～255）放在包络表首字节中（8 位），接下来的每段设定占用 8 个字节，包括：脉冲初始周期值（16 位）、周期增量值（16 位）和脉冲计数值（32 位）。以包络 3 段的包络表为例，若 VBn 为包络表起始字节地址，则包络表的结构如表 7-10 所示，表中的周期单位为 ms。

多段管线编程非常简单，而且具有按照周期增量区的数值自动增减周期的功能，这在步进电机的加速和减速控制时非常方便。多段管线使用时的局限性是在包络表中的所有脉冲串的周期必须采用同一个基准，而且当多段管线执行时，包络表的各段参数不能改变。

表 7-10　包络表的结构

| 字节偏移地址 | 名　称 | 描　述 |
|---|---|---|
| $VB_n$ | 段标号 | 段数，为 1～255，数 0 将产生致命性错误，不产生 PTO 输出 |
| $VW_{n+1}$ | 段 1 | 初始周期，取值范围为 2～65536 |
| $VW_{n+3}$ | | 每个脉冲的周期增量，符号整数，取值范围为 -32768～+32767 |
| $VD_{n+5}$ | | 输出脉冲数（1～4294967295） |
| $VW_{n+9}$ | 段 2 | 初始周期，取值范围为 2～65536 |
| $VW_{n+11}$ | | 每个脉冲的周期增量，符号整数，取值范围为 -32768～+32767 |
| $VD_{n+13}$ | | 输出脉冲数（1～4294967295） |
| $VW_{n+17}$ | 段 3 | 初始周期，取值范围为 2～65536 |
| $VW_{n+19}$ | | 每个脉冲的周期增量，符号整数，取值范围为 -32768～+32767 |
| $VD_{n+21}$ | | 输出脉冲数（1～4294967295） |

（4）PTO 的使用步骤

① 确定脉冲发生器及工作模式。包括两方面：根据控制要求：一是选用高速脉冲串输出端（发生器）；二是选择工作模式为 PTO，并且确定多段或单段工作模式。如果要求有多个脉冲连续输出，则通常采用多段管线。

② 设置控制字节，按控制要求将控制字节写入 SMB67 和 SMB77 的特殊寄存器。

③ 写入周期值、周期增量值和脉冲数。如果是单段脉冲，对以上各值分别设置；如果是多段脉冲，则需要建立多段脉冲的包络表，并对各段参数分别设置。

④ 装入包络表的首地址，本步只在多段脉冲输出中需要。

⑤ 设置中断事件并全局开中断。

⑥ 执行 PLS 指令。

（5）PTO 的应用示例

【例 7-30】　单段 PTO 编程举例。

该程序主要包括以下几部分：

●MAIN：主程序，一次性调用初始化子程序 SBR_0；I0.0 接通时调用 SBR_1，改变脉冲周期；

●SBR_0：设定脉冲个数、周期，并发出起始脉冲串；

●SBR_1：改变脉冲串周期。

本程序编程举例如图 7-63 所示。

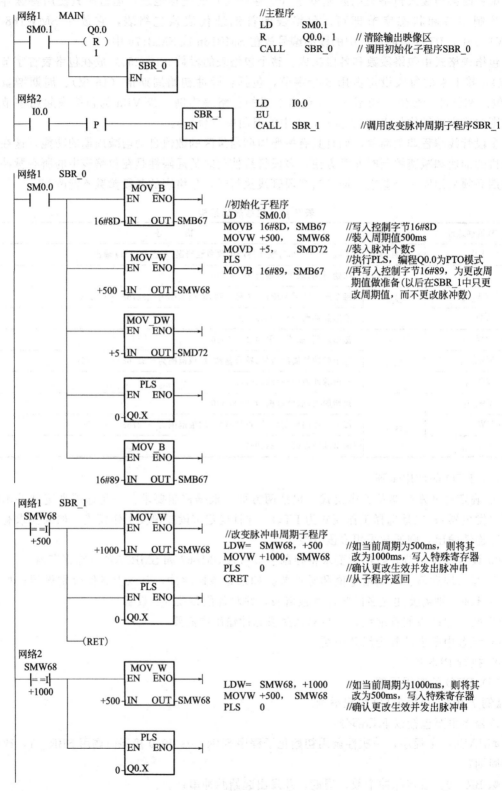

图 7-63　单段 PTO 编程举例

在程序执行时，可以尝试在当前脉冲串没有结束再次接通 I0.0，观察脉冲串的排队。当前脉冲串结束时，第二串立刻发出。如果连续多次触发 I0.0，会造成队列溢出。

【例 7-31】　多段 PTO 编程举例。

例如，步进电机运行控制过程如图 7-64 所示，电机从 A 点加速到 B 点后恒速运行，又从 C 点开始减速到 D 点，完成这一过程后用指示灯显示。电机的转动受脉冲控制，A 点和 D 点的脉冲频率为 2kHz，B 点和 C 点的频率为 10kHz，加速过程的脉冲数为 200 个，恒速转动的脉冲数为 4000 个，减速过程脉冲数为 400 个。

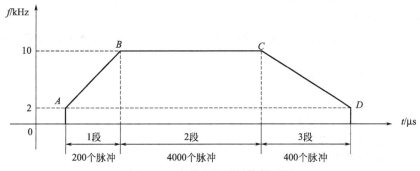

图 7-64　步进电机运行控制过程

设计步骤如下。

① 确定脉冲发生器及工作模式。本例要求 PLC 输出一定数量的多串脉冲，因此确定用 PTO 输出的多段管线方式，选用高速脉冲发生器为 Q0.0，并且确定 PTO 为 3 段脉冲管线。

② 设置控制字节。最大脉冲频率为 10kHz，对应的周期值为 100μs，因此时基选择为 μs 级，将 16♯A0 写入控制字节 SMB67，功能为允许脉冲输出，多段 PTO 脉冲串输出，时基 μs 级，不允许更新周期值和脉冲数。

③ 写入周期值、周期增量值和脉冲数。由于是 3 段脉冲的包络表，并对各段参数分别设置。包络表中各脉冲都是以周期为时间参数，所以必须把频率换算为周期值（计算倒数即可）。

给定段的周期增量按下式计算：

$$段周期增量 = \frac{段终止周期 - 段初始周期}{脉冲数量}$$

可求出 3 段脉冲的周期增量分别为 −2、0、1。

包络表内容如表 7-11 所示。

表 7-11　包络表内容

| V 变量存储器地址 | 各块名称 | 实际功能 | 参数名称 | 参数值 |
|---|---|---|---|---|
| VB400 | 段数 | 决定输出脉冲串数 | 总包络段数 | 3 |
| VW401 | | | 初始值 | 500μs |
| VW403 | 段 1 | 电机加速阶段 | 周期增量 | −2μs |
| VD405 | | | 输出脉冲数 | 200 |
| VW409 | | | 初始值 | 100μs |
| VW411 | 段 2 | 电机恒速运行阶段 | 周期增量 | 0μs |
| VD413 | | | 输出脉冲数 | 4000 |

| V 变量存储器地址 | 各 块 名 称 | 实 际 功 能 | 参 数 名 称 | 参 数 值 |
|---|---|---|---|---|
| VW417 | 段 3 | 电机减速阶段 | 初始值 | $100\mu s$ |
| VW419 | | | 周期增量 | $1\mu s$ |
| VD421 | | | 输出脉冲数 | 400 |

④ 装入包络表首地址，将包络表的起始变量 V 存储器地址装入 SMW168 中。

⑤ 中断调用。高速输出完成时，调用中断程序，则信号灯变量（本例中 Q0.2＝1）脉冲输出完成，中断事件号为 19。

⑥ 执行 PLS 指令。经以上设置并执行指令后，即可用 PLS 指令启动多段脉冲串，并由 Q0.0 输出。

该程序主要包括以下几部分：

● MAIN：主程序；

● SBR ＿ 0：初始化子程序；

● SBR ＿ 1：包络表子程序；

● INT ＿ 0：中断程序。

本程序编程如图 7-65 所示。

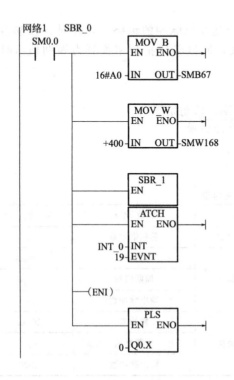

```
//主程序
LD      SM0.1
R       Q0.0，1        //复位高速脉冲
CALL    SBR_0         //调用初始化子程序
```

```
//初始化子程序
LD      SM0.0
MOVB    16#A0，SMB67   //写入控制字
MOVW    +400，SMW168   //装入包络表的首地址
CALL    SBR_1         //调用建立包络表的子程序
ATCH    INT_0,19      //中断事件连接
ENI                   //开中断
PLS     0             //启动PTO脉冲，由Q0.0输出
```

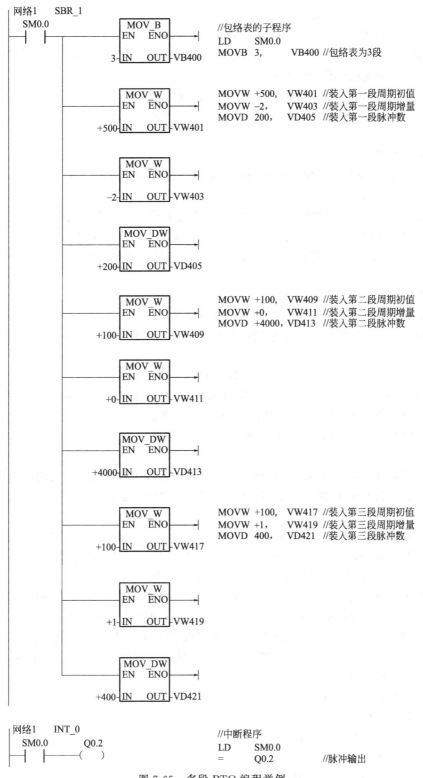

图 7-65　多段 PTO 编程举例

## 7.8.4　PWM 的使用

宽度可调脉冲输出 PWM，用来输出占空比可调的高速脉冲。用户可以控制脉冲的周期和脉冲宽度，完成特定的控制任务。

（1）周期和脉宽值

① 周期：范围可以是 $50 \sim 65535 \mu s$ 或 $2 \sim 65535 ms$。如果编程时设定周期单位小于 2，则系统默认按 2 个时间单位进行设置。

② 脉宽：范围可以是 $0 \sim 65535 \mu s$ 或 $0 \sim 65535 ms$。

如果设定脉宽等于周期（使占空比为 100%），则输出连续接通；如果设定脉宽等于 0（使占空比为 0%），则输出断开。

（2）更新方式

① 同步更新：波形的变化发生在周期的边缘，形成平滑转换。在不需要改变时间基准的情况下，可以采用同步更新。

② 异步更新：在改变脉冲发生器的时间基准的情况下，必须采用异步更新。异步更新有时会引起脉冲输出功能被瞬时禁止，或波形不同步，引发被控制设备的振动。

因此，要尽可能采用 PWM 同步更新，要事先选一个适合于所有时间周期的时间基准。

（3）PWM 的使用

使用高速脉冲串输出时，要按以下步骤进行操作。

① 确定脉冲发生器：一是选用用高速脉冲串输出端（发生器）；二是选择工作模式为 PWM。

② 设置控制字：按控制要求设置 SMB67 或 SMB77 特殊寄存器。

③ 写入周期值和脉冲宽度值：按控制要求将脉冲周期值写入 SMW68 或 SMB78 的特殊寄存器，将脉宽值写入 SMW70 或 SMW80 特殊寄存器。

④ 执行 PLS 指令：经以上设置并执行指令后，即可用 PLS 指令启动 PWM，并由 Q0.0 或 Q0.1 输出。

以上步骤是对高速计数器的初始化，它可以用主程序中的程序段来实现，也可以用子程序来实现，这称为 PWM 的初始化子程序。脉冲输出之前，必须要执行一次初始化程序段或初始化子程序。

【例 7-32】 设计一段程序，从 PLC 的 Q0.0 输出一串脉冲。该脉冲脉宽的初始值为 0.5s，周期固定为 5s，其脉宽每周期递增 0.5s，当脉宽达到设定的 4.5s 时，脉宽改为每周期递减 0.5s，直到脉宽减为零为止。以上过程重复执行。

解题分析：该题是 PWM 的典型应用，因为每个周期都有要求的操作，所以需要把 Q0.0 接到 I0.0，采用输入中断的方法完成控制任务。另外，还要设置一个标志，来决定什么时候脉冲递增，什么时候脉冲递减。控制字设定为 16♯DA，即 11011010，表示输出 O0.0 为 PWM 方式，不允许更新周期，允许更新脉宽，时间基准单位为 ms 量级，同步更新，且允许 PWM 输出。

该程序主要包括以下几部分：

● MAIN：主程序；

● SBR _ 0：初始化子程序；

● INT _ 0：脉宽递增中断程序；

● INT _ 1：脉宽递减中断程序。

本应用编程举例如图 7-66 所示。

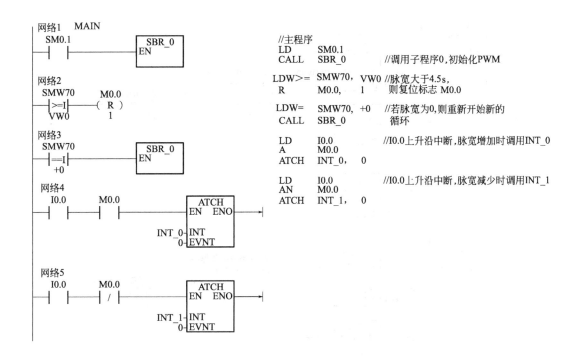

//主程序
LD        SM0.1
CALL      SBR_0          //调用子程序0,初始化PWM

LDW>=     SMW70, VW0     //脉宽大于4.5s,
R         M0.0, 1        　则复位标志 M0.0

LDW=      SMW70, +0      //若脉宽为0,则重新开始新的
CALL      SBR_0          　循环

LD        I0.0           //I0.0上升沿中断,脉宽增加时调用INT_0
A         M0.0
ATCH      INT_0, 0

LD        I0.0           //I0.0上升沿中断,脉宽减少时调用INT_1
AN        M0.0
ATCH      INT_1, 0

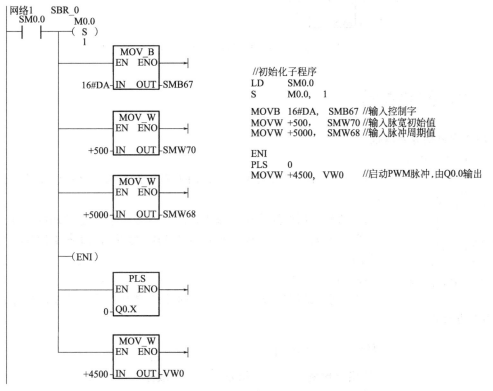

//初始化子程序
LD        SM0.0
S         M0.0, 1

MOVB      16#DA, SMB67   //输入控制字
MOVW      +500, SMW70    //输入脉宽初始值
MOVW      +5000, SMW68   //输入脉冲周期值

ENI
PLS       0
MOVW      +4500, VW0     //启动PWM脉冲,由Q0.0输出

图 7-66

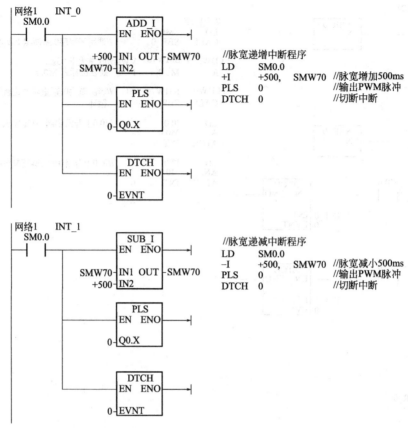

图 7-66　PWM 应用编程举例

# 7.9　PID 回路指令

### 7.9.1　PID 回路指令及转换

（1）PID 回路指令

PID　TBL，LOOP

图 7-67　PID 回路指令格式

① 指令格式：LAD 及 STL 的 PID 回路指令格式如图 7-67 所示。

② 功能：用回路表中的输入信息和组态信息，进行 PID 运算。

③ 数据类型：回路表的起始地址 TBL 为 VB；回路号 LOOP 为 0～7 的常数。

（2）PID 算法

PID 调节是闭环模拟量控制中的传统调节方式，其控制的原理基于下面的方程式。

$$M(t) = K_c e + K_c \int_0^t e\,\mathrm{d}t + M_{\mathrm{intial}} + K_c \frac{\mathrm{d}e}{\mathrm{d}t}$$

输出＝比例　　＋　积分　　　＋微分

式中，$M(t)$ 是 PID 回路的输出，是时间的函数；$K_c$ 是 PID 回路的增益；$e$ 是 PID 回路的偏差（给定值与过程变量之差）；$M_{\mathrm{intial}}$ 是 PID 回路的初始值。

为了能让数字计算机处理这个控制算式，连续算式必须离散化为周期采样偏差算式，才能用来计算输出值。数字计算机处理的版式如下：

$$M_n = K_c(SP_n - PV_n) + K_c \frac{T_s}{T_i}(SP_n - PV_n) + MX + K_c \frac{T_d}{T_s}(PV_{n-1} - PV_n)$$

输出＝　　　　比例　　＋　　　积分　　＋　　　　微分

公式中包含 9 个用来控制和监视 PID 运算的参数，在使用 PID 指令时构成回路表。PID 回路表的格式如表 7-12 所示。

**表 7-12　PID 回路表**

| 参　　数 | 地址偏移量 | 数据格式 | I/O 类型 | 描　　述 |
|---|---|---|---|---|
| 过程变量当前值 $PV_n$ | 0 | 双字,实数 | I | 过程变量,0.0~1.0 |
| 给定值 $SP_n$ | 4 | 双字,实数 | I | 给定值,0.0~1.0 |
| 输出值 $M_n$ | 8 | 双字,实数 | I/O | 输出值,0.0~1.0 |
| 增益 $K_c$ | 12 | 双字,实数 | I | 比例常数,正、负 |
| 采样时间 $T_s$ | 16 | 双字,实数 | I | 单位为 s,正数 |
| 积分时间 $T_i$ | 20 | 双字,实数 | I | 单位为分钟,正数 |
| 微分时间 $T_d$ | 24 | 双字,实数 | I | 单位为分钟,正数 |
| 积分项前值 $MX$ | 28 | 双字,实数 | I/O | 积分项前值,0.0~1.0 |
| 过程变量前值 $PV_{n-1}$ | 32 | 双字,实数 | I/O | 最近一次 PID 变量值 |

（3）回路控制类型的选择

在许多控制系统中，只需要一种或两种回路控制类型。例如，只需要比例回路或比例积分回路。通过设置常量参数，可选中需要的回路控制类型。

① 如果不需要比例回路，但需要积分或微分回路，可以把比例增益 $K_c$ 设为 0.0。

② 如果不需要积分回路，可以把积分时间 $T_i$ 设为无穷大。即使没有积分作用，积分项还是不为零，因为有初值 $MX$。

③ 如果不需要微分回路，可以把微分时间 $T_d$ 置为零。

实际工作中，使用最多的是 PI 调节器。

（4）回路输入的转换和标准化

每个 PID 回路有两个输入量，即给定值（$SP$）和过程变量（$PV$），给定值通常是一个固定的值，过程变量与 PID 回路输出有关，可以衡量输出对控制系统作用的大小。如在汽车速度控制系统中，过程变量为测量轮胎转速的输入。

设定值及过程变量均为实际数值，它们的大小、范围及工程单位可能相同。在这些实际数值可用于 PID 指令之前，必须将其转换成标准化的浮点型实数。

其转换步骤如下。

① 实际数值转换成实数。

```
ITD    AIW0, AC0    //将输入值转换为双整数
DTR    AC0, AC0    //将 32 位双整数转换为实数
```

② 数值标准化，将数值的实数表示转换成位于 0.0～1.0 之间的标准化数值。转换公式为：

$$R_{norm} = (R_{raw}/S_{pan}) + Off_{set}$$

式中，$R_{norm}$ 为标准化的实数值；$R_{raw}$ 为没有标准化的实数值或原值；$Off_{set}$ 在单极性时为 0.0，双极性时为 0.5；$S_{pan}$ 是值域，即可能的最大值减去可能的最小值，单极性为 32000，双极性为 64000。

下面的指令把双极性实数标准化为 0.0～1.0 之间的实数，通常用在第二步转换之后：

```
/R      64000.0, AC0    //累加器中的标准化值
+R      0.5, AC0        //加上偏值，使其在 0.0～1.0 之间
MOVR    AC0, VD100      //标准化的值存入回路表
```

（5）回路输出值转换成刻度整数值

回路输出值一般是控制变量。例如，在汽车速度控制中，可以是油阀开度的设置。同样，输出是 0.0～1.0 之间的标准化了的实数值。在回路输出驱动模拟输出之前，必须把回路输出转换成相应的 16 位整数。这一过程是给定值或过程变量的标准化转换的逆过程。

其转换步骤如下。

① 把回路输出转换成相应的实数值，转换公式为

$$R_{scal} = (M_n - Off_{set})S_{pan}$$

式中，$R_{scal}$ 为回路输出的刻度实数值；$M_n$ 为回路输出的标准化实数值；$Off_{set}$ 为值域，单极性时为 0.0，双极性时为 0.5；$S_{pan}$ 为值域，即可能的最大值减去可能的最小值，单极性为 32000，双极性为 64000。

这一过程可以用下面的指令序列来完成：

```
MOVR    VD108, AC0      //把回路的输出值移入累加器
-R      0.5, AC0        //仅双极性有此句
*R      64000.0, AC0    //在累加器中得到刻度值
```

② 把回路输出的刻度转换成 16 位整数。

```
ROUND   AC0, AC0        //把实数转换为 32 位整数
DTI     AC0, LW0        //把 32 位整数转换为 16 位整数
MOVW    LW0, AQW0       //把 16 位整数写入模拟输出寄存器
```

### 7.9.2　PID 指令的操作

（1）控制方式

S7-200 PID 回路没有设置控制方式，只要 PID 有效，就可以执行 PID 运算。从这种意义上说，PID 运算存在一种"自动"运行方式。当 PID 运算不被执行时，称之为"手动"方式。

当 PID 指令使能位检测到一个信号的正跳变时，PID 指令将进行一系列运算，实现从手动方式到自动方式的转变。为了顺利转变为自动方式，在转换至自动方式之前，由手动方式所设定的输出值，必须作为 PID 指令的输入写入回路表。PID 指令对回路表内的数值进行下列运算，保证当检测到使能位出现正跳变时，从手动方式顺利转换成自动方式。

$$置设定值 SP_n = 过程变量 PV_n$$
$$置过程变量前值 PV_{n-1} = 过程变量现值 PV_n$$
$$置积分项前值 MX = 输出值(M_n)$$

（2）报警与特殊操作

PID 指令是执行 PID 运算的简单而功能强大的指令。如果其他过程需要对回路变量进行报警等特殊操作，可以用 CPU 支持的基本指令实现这些特殊操作功能。

编译时，如果回路表的起始地址或指令内指定的 PID 回路表操作数超出范围，CPU 将生成编译错误，造成编译失败。PID 指令对某些回路表输入值不进行范围检查，但必须保证进程变量及设定值（偏差值及前一次过程变量）在 0.0～1.0 之间。

如果 PID 计算的算术运算发生错误，则特殊标志位 SM1.1=1，并且中止 PID 指令的执行。要想消除这种错误，单靠改变回路表中的输出值是不够的，正确的方法是在一次执行 PID 运算之前，改变引起算术运算错误的输入值，而不是更新输出值。

（3）PID 指令应用

【例 7-33】　某一水箱有一条进水管和一条出水管，要求控制进水泵的速度，使水箱内的水位始终保持在水满时水位的 75%。

解题分析：本系统过程变量是来自水位检测仪的单极性模拟量；给定值是水箱满水位的 75%；输出值是进水泵的速度，同样为单极性模拟量，可以从 0～100% 之间变化。

本系统采用比例和积分控制电路（PI），初步确定下列控制参数值：$K_c$ 为 0.25，$T_s$ 为 0.1s，$T_i$ 为 30min。

该程序主要包括以下几部分：

● MAIN：主程序；

● SBR_0：回路表初始化子程序；

● INT_0：中断程序。

I0.0 控制手动到自动的切换：0 代表手动；1 代表自动。

PID 应用编程举例如图 7-68 所示。

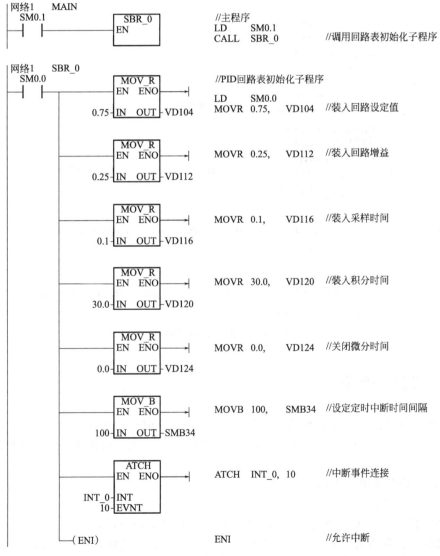

图 7-68

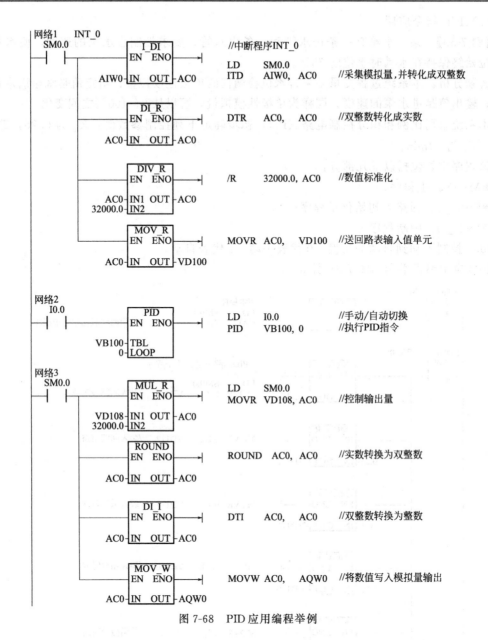

图 7-68　PID 应用编程举例

# 7.10　时钟指令

时钟指令可以实现调用系统实时时钟或根据需要设定时钟，这对于实现控制系统的运行监视、运行记录，以及所有和实时时间有关的控制等十分方便。时钟操作有读时钟和写时钟两种。

### 7.10.1　时钟指令类型与说明

（1）读时钟指令

① 指令格式：LAD 及 STL 读时钟指令格式如图 7-69（a）所示。

② 功能：读取当前时间和日期，并把它装入以 T 为起始地址的 8 个字节的缓冲区。

③ 数据类型：T 为字节。

（2）写时钟指令

① 指令格式：LAD 及 STL 写时钟指令格式如图 7-69（b）所示。

② 功能：将设定的当前时间和日期装入以 T 为起始地址的 8 个字节缓冲区中。

③ 数据类型：T 为字节。

时钟缓冲区的格式如表 7-13 所示。

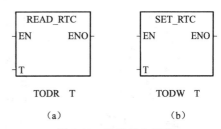

图 7-69  时钟指令格式

**表 7-13  时钟缓冲区的格式**

| 字节 | T | T+1 | T+2 | T+3 | T+4 | T+5 | T+6 | T+7 |
|---|---|---|---|---|---|---|---|---|
| 含义 | 年 | 月 | 日 | 小时 | 分钟 | 秒 | 0 | 星期 |
| 范围 | 00～99 | 01～12 | 01～31 | 00～23 | 00～59 | 00～59 | 0 | 00～07 |

**注意：**

① 对于没有使用过时钟指令的 PLC，在使用时钟指令之前，要在编程软件的"PLC"一栏中，对 PLC 的时钟进行设定，然后才能使用。

② 所有日期和时间的值均要用 BCD 码表示。

③ 系统不检查、不核实时钟各值的正确与否，所以必须确保输入的设定数据是正确的。

④ 不能同时在主程序和中断程序中使用读写时钟指令，否则将产生致命错误，中断程序中的实时时钟指令将不被执行。

⑤ 硬件时钟在 CPU224 以上的 PLC 中才有。

### 7.10.2  时钟指令应用

【例 7-34】  如图 7-70 所示，编程实现不断读取时钟，并在 M0.0 为 1 时，将预设的日期时间写入实时时钟。

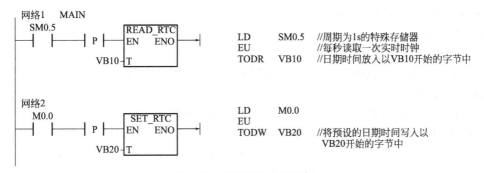

图 7-70  时钟指令应用举例

# 实　　验

## 实验一　五星彩灯

**一、实验目的**

熟悉循环移位指令的应用。

**二、实验设备**

1.EFPLC 可编程控制器实验装置。

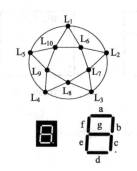

图 7-71　五星彩灯及八段码
显示实验板 EFPLC0101

2.五星彩灯及八段码显示实验板 EFPLC0101，如图 7-71 所示。

3.连接导线若干。

**三、实验内容**

1.控制要求：10 个红色发光二极管，$L_1 \sim L_{10}$ 的亮、暗组合必须有一定的规律。隔 1s 变化一次，周而复始循环。

2.I/O 地址分配：五星彩灯板上的 $J_3$ 接 EFPLC 实验装置上的 $J_2$。

输出点定义如下：

| $L_1$ | $L_2$ | $L_3$ | $L_4$ | $L_5$ | $L_6$ | $L_7$ | $L_8$ | $L_9$ | $L_{10}$ |
|------|------|------|------|------|------|------|------|------|------|
| Q0.0 | Q0.1 | Q0.2 | Q0.3 | Q0.4 | Q0.5 | Q0.6 | Q0.7 | Q1.0 | Q1.1 |

3.按照要求编写程序。

4.运行。启动程序，仔细观察 $L_1 \sim L_{10}$ 亮暗组合次序是否符合设计要求。若不符合，则反复调试；若符合，则可停止程序。

**四、预习要求**

1.阅读本实验指导书，复习移位指令的有关内容。

2.编写符合实验内容要求的梯形图和语句表程序。

**五、实验报告要求**

写出调试程序的步骤、调试好的梯形图程序和语句表程序。

## 实验二　八段数码管显示实验

**一、实验目的**

用 PLC 完成八段数码管显示。

**二、实验设备**

1.EFPLC 可编程控制器实验装置。

2.五星彩灯及八段数码显示实验板 EFPLC0101，如图 7-71 所示。

**三、实验内容**

1.控制要求：将八段数码正确显示，并从 0～9 连续自动变化。

2.I/O（输入、输出）地址分配如下：

| a | b | c | d | e | f | g | h |
|------|------|------|------|------|------|------|------|
| Q0.0 | Q0.1 | Q0.2 | Q0.3 | Q0.4 | Q0.5 | Q0.6 | Q0.7 |

数码管板上的 $J_3$ 连接到 EFPLC 实验装置的 $J_2$。

3.按照要求编写程序（参照程序示例）。

4.运行。启动程序，反复调试。符合要求后，停止程序运行。

5.配合 EFPLC0101 实验板，完成一个多组抢答器（四组以上），控制要求：在复位后，任一组抢先按下按钮后，数码管应立即显示那一组的组号数字；后按的任何组的按钮不起作用（互锁、自锁）；复位后，可进行下一轮抢答。

**四、预习要求**

1.阅读实验指导书。

2.按实验要求编写程序。

### 五、实验报告要求

写出调试程序的步骤、调试好的梯形图程序和语句表程序。

## 实验三　模拟量控制

### 一、实验目的

1. 熟悉 PLC 的功能指令。

2. 熟悉对模拟量处理的常用方法。

3. 熟悉模拟量扩展模块的使用。

### 二、实验设备

1. EFPLC 可编程控制器实验装置。

2. EM235 模拟量扩展模块一块。

3. 西门子 MM420 变频器一台。

4. 连接导线若干。

### 三、实验内容

1. 采用 PLC 模拟量输出方式控制变频器，使电动机满足如图 7-72 所示运行速度要求。

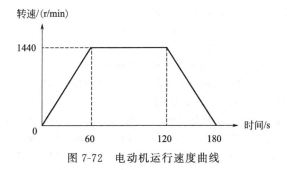

图 7-72　电动机运行速度曲线

2. 按图 7-73 所示，连接电动机控制系统。

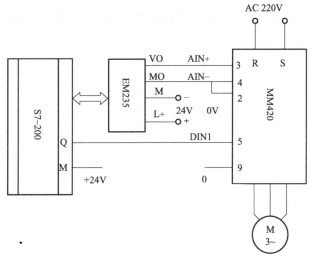

图 7-73　电动机控制系统接线

3. 按照要求编写程序。

4. 运行、调试。

**四、预习要求**

1.阅读本实验指导书，复习功能指令的有关内容。

2.阅读 EM235 和 MM420 的使用方法。

3.编写符合实验内容要求的梯形图和语句表程序。

**五、实验报告要求**

写出调试程序的步骤、调试好的梯形图程序和语句表程序。

# 思考与练习

7-1　写一段梯形图程序，实现将 VB20 开始的 100 个字节型数据送到 VB400 开始的存储区，这 100 个数据的相对位置在移动前后不发生变化。

7-2　有一组数据存放在 VB300 开始的 10 个字节中，采用间接寻址方式设计一段程序，将这 10 个字节的数据存储到从 VB200 开始的存储单元中。

7-3　用移位寄存器指令设计一个路灯照明系统的控制程序，三路路灯按 $H_1 \rightarrow H_2 \rightarrow H_3$ 的顺序依次点亮。各路灯之间点亮的间隔时间为 10s。

7-4　用循环移位指令设计一个彩灯控制程序，8 路彩灯串按 $H_1 \rightarrow H_2 \rightarrow H_3 \rightarrow \cdots \rightarrow H_8$ 的顺序依次点亮，且不断重复循环。各路彩灯之间的间隔时间为 1s。

7-5　用整数除法指令将 VW100 中的 240 除以 8 后存到 AC0 中。

7-6　将 AIW0 中的有符号整数 3400 转换成 0.0～0.1 之间的实数，结果存入 VD200。

7-7　用定时中断设置一个每 0.1s 采集一次模拟量输入值的控制程序。

7-8　利用定中断功能编制一个程序，实现如下功能：当 I0.0 由 OFF→ON，Q0.0 亮 1s，灭 1s，如此循环反复，直到 I0.0 由 ON→OFF，Q0.0 变为 OFF。

7-9　按模式 6 设计高速计数器 HSC1 初始化子程序，设控制字节 SMB47＝16♯F8。

7-10　以输出点 Q0.0 为例，简述 PTO 多段操作的操作初始化及其操作过程。

7-11　某一过程控制系统，其中一个单极性模拟量输入参数从 AIW0 采集到 PLC 中，通过 PID 指令计算出的控制结果从 AQW0 输出到控制对象。PID 参数表起始地址为 VB100。试设计一段程序完成下列任务：

（1）每 200ms 中断一次，执行中断程序；

（2）在中断程序中完成对 AIW0 的采集、转换及归一化处理；完成回路控制输出值的工程量标定及输出。

# 第 8 章　S7-200 PLC 的网络通信技术及应用

本章主要介绍 PLC 通信及网络的基本知识，如何实现 S7 系列 PLC 的网络配置，相应的通信指令的应用以及 TD200 的组态方法。

网络技术近 20 年来获得了极大的发展，Internet 正在飞速地改变着世界。工业以太网、各种各样的现场总线进入了工业控制的各个领域，过程自动化、分布式 I/O 被更多的工业控制工程师接受，一个基于网络技术的全集成自动化工业控制新局面正在形成。为了适应发展，世界各 PLC 生产厂家纷纷给自己的产品增加了通信及联网功能，研制开发出自己的 PLC 网络系统，如三菱公司的 MELSEC NET、CCLINK 网，欧姆龙公司的 Controller Link，西门子公司的 SINEC H1 局域网等。现在即使是微型和小型的 PLC，也都具有了网络通信接口。网络向着高速、多层次、大信息吞吐量、高可靠性和开放式（即通信协议向国际标准或地区通用工艺标准靠近）的方向发展。但是，由于国家间的技术壁垒以及技术发展方式上的不一致，即使是工业控制网络，也没有形成世界统一的网络标准或协议。

PLC 网络系统十分丰富，涉及面广。西门子工业控制网络是指德国西门子公司工业控制设备构成的通信网络。S7 系列可编程控制器具有很强的通信能力，特别是 S7-300 及 S7-400 机型，可以在 Profibus 总线网络乃至工业以太网中承担网络主站任务；S7-200 系列 PLC 虽然相对弱些，也可以实现 PLC 与计算机、PLC 与 PLC、PLC 与其他智能控制装置之间联网通信。本章主要介绍 S7-200 PLC 网络系统，讲述如何设置通信硬件和设置 S7-200 通信网络。

## 8.1　S7-200 通信与网络

西门子 S7-200 系列 PLC 是一种小型整体结构形式的 PLC，内部集成的 PPI 接口为用户提供了强大的通信功能，其 PPI 接口（即编程口）的物理特性为 RS-485。根据不同的协议，通过此接口与不同的设备进行通信或组成网络。

### 8.1.1　S7-200 系列网络层次结构

西门子的工业控制网络如图 8-1 所示，由下到上依次是过程测量与控制级、过程监控级、工厂与过程管理级、公司管理级。

最低一级为 ASI 级总线，负责与现场传感器和执行器的通信，也可以是远程 I/O 总线（负责 PLC 与分布式 I/O 模块之间的通信）。

中间一级是 Profibus 级总线。它是一种新型总线，采用令牌控制方式与主从轮询相结合的存取控制方式，实现现场、控制和监控 3 级通信。中间级也可采用主从轮询存取方式的主从多点链路。

最高一级为工业以太网（Industrial Ethernet），使用通信协议，负责传送生产管理信息。

在配置网络设备时，必须设置设备的类型、在网络中的地址和通信波特率。

在网络中的设备被定义为两类：主站和从站。主站设备可以对网络上的其他设备发出请求，也可以对网络上其他主站设备的请求作出响应。典型的主站设备包括编程软件、TD-200 等 HMI 产品和 S7-300、S7-400 PLC。从站设备只能对网络上主站的请求作出响应，自

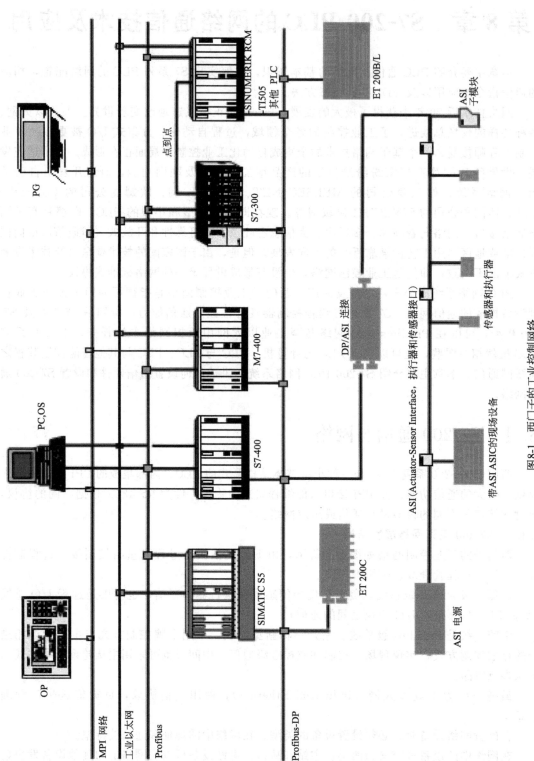

图8-1　西门子的工业控制网络

已不能发送通信请求。一般情况下，S7-200 PLC 被配置为从站。当 S7-200 需要从其他 S7-200 读取信息时，也可以定义为主站（点对点通信）。

　　在网络中的设备必须有唯一的地址，以保证数据发送到正确的设备，或从正确的设备接收数据。S7-200 支持的网络地址为 0～126。对于有两个通信口（CPU 226）的 S7-200，每一个通信口可以有不同的地址。S7-200 的地址在编程软件的系统块（System Block）中设定。S7-200 的默认地址是 2，编程软件的默认地址是 0，操作面板（如 TD-200、OP37）的默认地址是 1。

　　数据通过网络传输的速度称为波特率，其单位通常为 Kbps 或 Mbps，表示单位时间内传输数据的多少。在同一网络中，所有的设备必须被配置成相同的波特率。S7-200 波特率的配置在编程软件的系统块中完成。

### 8.1.2　S7-200 PLC 网络通信协议

　　S7-200 系列 PLC 安装有串行通信口。CPU 221、CPU 222、CPU 224 为 1 个 RS-485 口，定义为 PORT0；CPU 226 及 CPU 226XM 为 2 个 RS-485 口，定义为 PORT0 及 PORT1。

　　S7-200 CPU 支持多样的通信协议，根据所使用的 S7-200 CPU，网络支持一个或多个协议，包括通用协议和公司专用协议。专用协议包括点到点（Point-to-Point）接口协议（PPI）、多点（Multi-Point）接口协议（MPI）、Profibus 协议、自由通信接口协议和 USS 协议。

　　PPI、MPI、Profibus 协议在 OSI 七层模式通信结构的基础上，通过令牌环网实现。令牌环网遵守欧洲标准 EN 50170 中的过程现场总线（Profibus）标准。这些协议都是异步、基于字符传输的协议，带有起始位、8 位数据、偶校验和一个停止位。通信帧由特殊的起始和结束字符、源和目的站地址、帧长度和数据完整性检查组成。如果使用相同的波特率，这些协议可以在一个网络中同时运行，不相互影响。

　　网络通信通过 RS-485 标准双绞线实现，在一个网络段上允许最多连接 32 台设备。根据波特率不同，网络段的确切长度可以达到 1200m（3936ft）。采用中继器连接，各段可以在网络上连接更多的设备，延长网络的长度。根据不同的波特率，采用中继器可以把网络延长到 9600m（31488ft）。

　　（1）PPI 协议

　　PPI 通信协议是西门子公司专门为 S7-200 系列 PLC 开发的一个通信协议，内置于 S7-200 CPU 中。PPI 协议物理上基于 RS-485 口，主要应用于对 S7-200 的编程、S7-200 之间的通信以及 S7-200 与 HMI 产品的通信。可以通过 PC/PPI 电缆或两芯屏蔽双绞线联网，支持的波特率为 9.6Kbps、19.2Kbps 和 187.5Kbps。PPI 协议最基本的用途是使用 PC 运行 STEP7-Micro/WIN 软件编程时上传及下载应用程序，此时使用西门子公司的 PC/PPI 电缆连接 PC 的 RS-232 口及 PLC 的 RS-485 口，并选择一定的波特率。图 8-2 所示为 PC/PPI 电缆的外观，它除了完成 RS-232 口与 RS-485 口间的信号转换外，还提供口间的供电隔离功能。图中给出了通信电缆上 DIP 开关的位置及使用意义，它们是为选择通信波特率及选择通信字节位而设置的。

　　PPI 是一个主/从协议。在这个协议中，S7-200 一般作为从站，自己不发送信息，只有当主站，如西门子编程器、TD 200 等 HMI 给从站发送申请时，从站才响应。

　　如果在用户程序中将 S7-200 设置（由 SMB30 设置）为 PPI 主站模式，则这个 S7-200 CPU 在 RUN 模式下可以作为主站。一旦被设置为 PPI 主站模式，就可以利用网络读（NETR）指令和网络写（NETW）指令来读写另外一个 S7-200 中的数据。有关这些指令的详

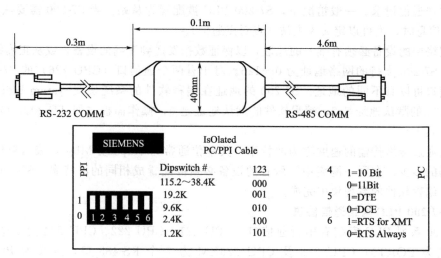

图 8-2　PC/PPI 电缆外观

细描述，请参阅 8.2 节所述的通信指令。当 S7-200 CPU 作为 PPI 主站时，它还可以作为从站响应来自其他主站的申请。图 8-3 所示为通过 PC/PPI 电缆与多台 S7-200 机通信时的连接。

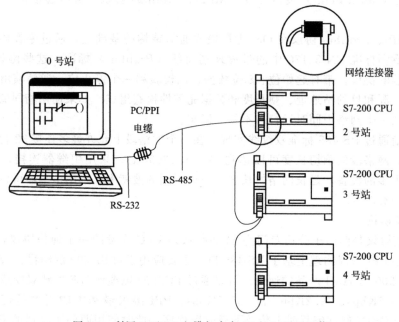

图 8-3　利用 PC/PPI 电缆与多台 S7-200 CPU 通信

　　PPI 通信协议是一个令牌传递协议，对于一个从站可以响应多少个主站的通信请求，PPI 协议没有限制；但是在不加中继器的情况下，网络中最多只能有 32 个主站，包括编程器、HMI 产品或被定义为主站的 S7-200。图 8-4 所示为多主站的 PPI 网络。

　　（2）MPI 协议

　　MPI 允许主—主通信和主—从通信。S7-200 系列 PLC 在 MPI 协议网络中仅能作为从站。PC 运行 STEP7-Micro/WIN 与 S7-200 机通信时必须通过 CP 卡，且设备之间通信连接的个数受 S7-200 CPU 及 Profibus-DP 模块 EM277 所支持的连接个数限制。表 8-1 给出了这些设备支持的连接个数，图 8-5 所示为带有主站及从站的 MPI 协议网络。

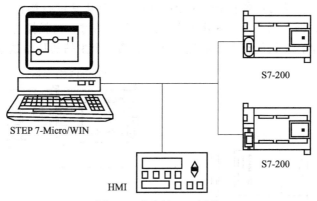

图 8-4　多主站 PPI 网络

表 8-1　通信口及 EM277 模块连接站点的数目

| 模　　块 | 波特率/bps | 连　接　数 |
|---|---|---|
| S7-200 CPU 通信口 0 | 9.6K、19.2K、187.5K | 4 |
| S7-200 CPU 通信口 1 | 9.6K、19.2K、187.5K | 4 |
| EM277 | 9.6K～12M | 6(每个模块) |

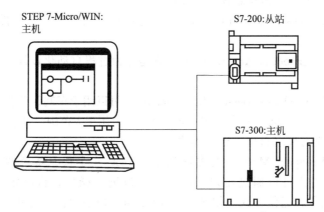

图 8-5　带有主站及从站的 MPI 协议网络

MPI 协议可以是主/主协议或主/从协议。协议如何操作，有赖于通信设备的类型。如果是 S7-300/400 CPU 之间通信，那就建立主/主连接，因为所有的 S7-300/400 CPU 在网站中都是主站。如果设备是一个主站与 S7-200 CPU 通信，那么就建立主/从连接，因为 S7-200 CPU 是从站。

应用 MPI 协议组成网络时，在 S7-300/400 CPU 的用户程序中可以利用 XGET 和 XPUT 指令来读写 S7-200 的数据（指令的使用方法请参考 S7-300 或 S7-400 编程手册）。

（3）Profibus 协议

Profibus 协议通常用于实现分布式 I/O 设备（远程式 I/O）的高速通信。许多厂家生产类型众多的 Profibus 设备，包括从简单的输入或输出模块，到电机控制器和可编程控制器。S7-200 CPU 可以通过 EM277 Profibus-DP 扩展模块的方法连接到 Profibus-DP 协议支持的网络中。协议支持的波特率为 9600Kbps～12Mbps。

Profibus 网络通常有一个主站和几个 I/O 从站，如图 8-6 所示。主站通过配置可以知道所连接的 I/O 从站的型号和地址。主站初始化网络时核对网络上的从站设备与配置的从站是否匹配。运行时，主站可以像操作自己的 I/O 一样对从站进行操作，不断地把数据写到从站或由从站读取数据。当 DP 主站成功地配置一个从站时，它就拥有了该从站。如果在网络中有另外一个主站，它只能很有限制地访问属于第一个主站的从站数据。

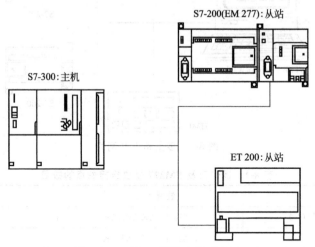

图 8-6  Profibus 网络中的 S7-200

Profibus 包括以下 3 个相互兼容的部分：

① Profibus-DP（Distributed Periphery）  它可以用于 PLC 与分散的现场设备进行通信。

② Profibus-PA（Process Automation）  它是专为过程自动化设计的协议，可用于安全性要求较高的场合。

③ Profibus-FMS（Fieldbus Message Specification）  可以用于车间级监控网络。对于 FMS 而言，它考虑的主要是系统功能而不是响应时间。FMS 通常用于大范围、复杂的通信系统。

（4）用户自定义协议（自由口通信模式）

自由口通信（Freeport Mode）模式是 S7-200 PLC 一个很有特色的功能。S7-200 PLC 的自由口通信，即用户可以通过用户程序对通信口进行操作，自己定义通信协议（例如 ASCII 协议）。应用这种通信方式，使 S7-200 PLC 与任何通信协议已知、具有串口的智能设备和控制器（例如打印机、条形码阅读器、调制解调器、变频器、上位 PC 等）通信，也可以用于两个 CPU 之间简单的数据交换。该通信方式使可通信的范围大大增大，使控制系统配置更加灵活、方便。当连接的智能设备具有 RS-485 接口时，可以通过双绞线连接；如果连接的智能设备具有 RS-232 接口，可以通过 PC/PPI 电缆连接起来进行自由口通信。此时，通信支持的波特率为 1.2～115.2Kbps。

在自由口通信模式下，通信协议完全由用户程序控制。通过设定特殊存储字节 SMB30（端口 0）或 SMB130（端口 1）允许自由口模式，用户程序使用发送中断、接收中断、发送指令（XMT）和接收指令（RCV）对通信口操作。应注意的是，只有在 CPU 处于 RUN 模式时才能允许自由口模式，此时编程器无法与 S7-200 通信。当 CPU 处于 STOP 模式时，自由口模式通信停止，通信模式自动转换成正常的 PPI 协议模式，编程器与 S7-200 恢复正常的通信。有关发送和接收指令的使用请参阅 8.2 节的说明。

（5）USS 协议

USS 协议是西门子传动产品（变频器等）通信的一种协议。S7-200 提供 USS 协议的指令，用户使用这些指令可以方便地实现对变频器的控制。通过串行 USS 总线最多可接 30 台变频器（从站），然后用一个主站（PC，西门子 PLC）进行控制，包括变频器的启/停、频率设定、参数修改等操作。总线上的每个传动装置都有一个从站号（在传动设备的参数中设定），主站依靠此从站号识别每个传动装置。USS 协议是一种主从总线结构，从站只是对主站发来的报文做出回应并发送报文。另外，可以是一种广播通信方式，一个报文同时发给所有 USS 总线传动设备。

### 8.1.3　网络部件

网络部件可以把每个 S7-200 上的通信口连到网络总线。下面介绍通信口、网络连接器、网络电缆、用于扩展网络的中继器、CP 卡及 EM227。

（1）通信口

S7-200 CPU 上的通信口是符合欧洲标准的 EN50170 中 Profibus 标准的 RS-485 兼容 9 针 D 型连接器。图 8-7 所示是通信接口的物理连接口，表 8-2 给出了通信口插针的分配。

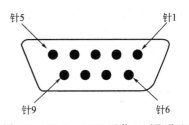

图 8-7　S7-200 CPU 通信口引脚分配

表 8-2　S7-200 CPU 通信口引脚分配

| 针 | Profibus 名称 | 端口 0/端口 1 | 针 | Profibus 名称 | 端口 0/端口 1 |
|---|---|---|---|---|---|
| 1 | 屏蔽 | 逻辑地 | 6 | +5V | +5V，100Ω 串联电阻 |
| 2 | 24V 返回 | 逻辑地 | 7 | +24V | +24V |
| 3 | RS-485 信号 B | RS-485 信号 B | 8 | RS-485 信号 A | RS-485 信号 A |
| 4 | 发送申请 | RTS(TTL) | 9 | 不用 | 10 位协议选择（输入） |
| 5 | 5V 返回 | 逻辑地 | 连接器外壳 | 屏蔽 | 机壳接地 |

（2）网络连接器

利用西门子公司提供的两种网络连接器，可以把多台设备很容易地连到网络中。两种连接器都有两组螺丝端子，可以连接网络的输入和输出。两种网络连接器还有网络编程和终端匹配的选择开关，一个连接器仅提供连接到 CPU 的接口，另一个连接器增加了一个编程接口，如图 8-8 所示。

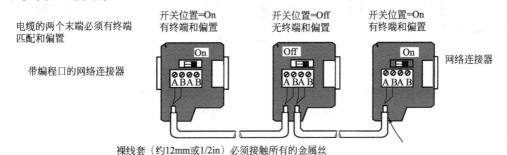

图 8-8　网络电缆的连接、偏置及终端

　　带有编程接口的连接器可以把 SIMATIC 编程器或操作面板增加到网络中，不用改动现有的网络连接。编程口连接器把从 CPU 来的信号传到编程口，对连接从 CPU 取电源的设备（例如 TD-200 或 OP3）很有用。编程口连接器上的电源引针连到编程口。

　　连接具有不同参考电位的设备会在连接电缆中产生不必要的电流，这些不必要的电流可能造成通信故障或设备损坏。因此，必须确保需要通信电缆连接的所有设备或者共享一个共同的参考点，或者隔离，以防止不必要的电流。

　　（3）Profibus 网络电缆

　　表 8-3 列出了 Profibus 网络电缆的总规范。

表 8-3　Profibus 网络电缆的总规范

| 通用特性 | 规　范 | 通用特性 | 规　范 |
|---|---|---|---|
| 类型 | 屏蔽双绞线 | 电缆电容 | ＜60pF/m |
| 导体截面积 | 24AWG(0.22mm$^2$)或更粗 | 阻抗 | 100～120Ω |

　　Profibus 网络电缆的最大长度有赖于波特率和所用电缆的长度。

　　（4）网络中继器

　　西门子公司提供连接到 Profibus 网络段的网络中继器，如图 8-9 所示。利用中继器可以延长网络距离，允许给网络加入设备，并且提供一个隔离不同网络段的方法。当波特率是 9600bps 时，Profibus 允许在一个网络环上最多连接 32 个设备，最长距离是 1200m；每个中继器允许给网络增加另外 32 个设备，而且把网络再延长 1200m。网络中最多可以使用 9 个中继器，网络总长度可以增加到 9600m。每个中继器为网络段提供偏置和终端匹配。

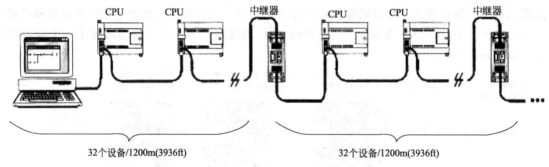

图 8-9　带有中继器的网络

　　（5）CP 卡及 EM277

　　表 8-4 和表 8-5 给出了 S7-200 系列 PLC 组网时所需的一些硬件设备的应用场合及技术参数。

表 8-4　STEP7-Micro/WIN 支持的 CP 卡和协议

| 配　置 | 波特率/bps | 协　议 |
|---|---|---|
| PC/PPI 电缆连接到编程站的 COM 口 | 9.6K 或 19.2K | PPI |
| CP5511 类型 Ⅱ，PCMCIA 卡(适用于笔记本电脑) | 9.6K～12M | PPI、MPI 和 Profibus |
| CP5511(版本 3 以上)PCI 卡 | 9.6K～12M | PPI、MPI 和 Profibus |
| MPI，SIMATIC 编程器集成的 MPI 口计算机上的 CP 卡(ISA 卡) | 9.6K～12M | PPI、MPI 和 Profibus |

表 8-5　EM277 模块的部分技术规范

| 常　规 | |
|---|---|
| 接口数 | 1 |
| 电气接口 | RS-485 |
| Profibus-DP/MPI 波特率（自动设置协议） | 9.6Kbps、19.2Kbps、45.45Kbps、93.75Kbps、187.5Kbps 及 500Kbps；1Mbps、1.5Mbps、3.6Mbps、12Mbps（Profibus-DP 从站及 MPI 从站） |
| 电　缆　长　度 | |
| 最高 937.5Kbps | 1200m |
| 187.5Kbps | 1000m |
| 500Kbps | 400m |
| 1～1.5Mbps | 200m |
| 3～12Mbps | 100m |
| 联　网　能　力 | |
| 站地址设置 | 0～99（由旋钮开关设定） |
| 每段最大站数 | 32 |
| 每个网络最大站数 | 126，最多 99 个 EM277 |
| MPI 连接 | 6 个，2 个预留（1 个为编程器 PG，1 个为 OP） |

### 8.1.4　网络配置实例

（1）单主站的 PPI 网络

编程设备通过 PC/PPI 电缆或通信卡（如 CP5611 等）与 S7-200 通信，完成对 S7-200 的编程、监控等操作，如图 8-10（a）所示；HMI 产品（如 TD-200、TP 或 OP）通过标准 RS-485 电缆与 S7-200 通信，如图 8-10（b）所示。它们都是应用 PPI 协议组成的网络，而且图 8-10 中所示的两个网络中都是只有单一的主站，如编程设备（STEP7-Micro/WIN）、HMI 产品。在这两个网络中，S7-200 都是从站，只响应来自主站的请求。

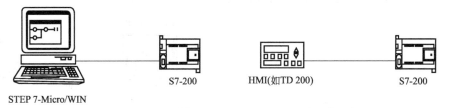

STEP 7-Micro/WIN　S7-200　　　　HMI（如TD 200）　　S7-200

（a）S7-200与编程软件的通信　　　　　（b）S7-200与HMI产品的通信

图 8-10　单主站的 PPI 网络

（2）多主站的 PPI 网络

图 8-11 所示为网络中有多主站的网络实例，编程设备通过 PC/PPI 电缆或通信卡与 S7-200 连接，HMI 产品与 S7-200 通过网络连接器及双绞线连接。网络应用 PPI 协议进行通信。

在网络中，S7-200 作为从站响应网络中所有主站的通信请求，任意主站均可以读写 S7-200 中的数据。如果一个 S7-200 在用户程序中被定义为 PPI 主站模式，则这个 S7-200 可以应用网络读（NETR）和网络写（NETW）指令读写另外作为从站的 S7-200 中的数据，但与网络中其他主站（编程器或 HMI）通信时还是作为从站，即此时只能响应主站请求，不能发出请求。

因为 PPI 协议是一种主从通信协议，所以在网络中的多个主站之间不能相互通信。

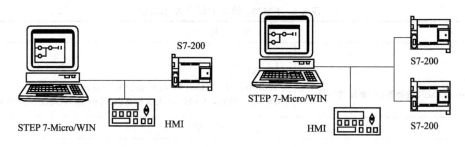

（a）单个从站、多个主站的PPI网络　　　　（b）多个从站、多个主站的PPI网络

图 8-11　多主站的 PPI 网络

（3）使用 S7-200、S7-300 和 S7-400 设备组成的 MPI 网络

图 8-12 所示是应用 MPI 协议组成的网络的实例，在网络中有多个主站。主站包括编程设备、S7-300（或 S7-400）以及 HMI 产品，又有从站 S7-200。网络通过通信卡（或 PC 适配器）、网络连接器和双绞线连接。在这种网络中，S7-200 只能作为从站，主站 S7-300 用 XGET 和 XPUT 指令实现对从站 S7-200 的读写操作，而且 S7-200 不能被定义为 PPI 主站模式。

MPI 是一种允许主—主通信和主—从通信的协议，所以作为主站的 S7-300、S7-400 之间也可以通信。

（4）Profibus 网络配置

在这种网络中，S7-200 作为 S7-315-2DP 的一个从站，通过特殊扩展模块 EM277 连接到 Profibus 网络中，如图 8-13 所示。S7-315-2DP（一种具有一个 MPI 通信口和一个 Profibus-DP 通信口的 S7-300 CPU）作为主站。对于从站 ET200，自己没有用户程序，其 I/O 点直接作为主站的 I/O 点由主站直接进行读写操作，而且主站在网络配置时，就将 ET200 的 I/O 点与主站本身的 I/O 点一起编址；对于从站 S7-200 与主站的通信，主站通过 EM277 读写 S7-200 的 V 存储器来完成，通信的数据量为 1～128 个字节。

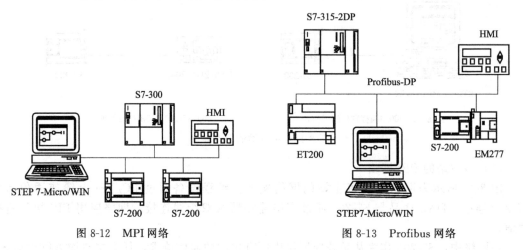

图 8-12　MPI 网络　　　　　　　图 8-13　Profibus 网络

# 8.2　S7-200 通信指令

S7-200 系列 PLC 可以多种方式接入多种网络。为了便于网络通信，S7-200 系列 PLC 专

门配备了功能齐全的通信指令。S7-200 的通信指令包括应用于 PPI 协议网络的读/写指令、用于自由通信模式的发送和接收指令，以及用于控制变频器的 USS 协议指令。

### 8.2.1　网络读/写指令

网络读 NETR（Network Read）、网络写 NETW（Network Write）指令格式如图 8-14 所示。当 S7-200 被定义为 PPI 主站模式时，可以应用网络读/写指令对另外的 S7-200 进行读/写操作。

① 指令格式：NETR 及 NETW 格式如图 8-14 所示。

② 功能：应用网络读（NETR）通信操作指令，可以通过指令指定的通信端口（PORT）从另外的 S7-200 上接收数据，并将接收到的数据存储在指定的缓冲区表（TBL）中。

③ 数据类型：TBL 为缓冲区首地址，操作数为字节；PORT 为操作端口，CPU 226 可为“0”或“1”，其他 CPU 只能为“0”。缓冲区（TBL）参数的定义如图 8-15 所示。

NETW TBL,PORT　　NETR TBL,PORT
网络写　　网络读

图 8-14　NETR/NETW 指令格式

| 字节偏移量 | 7 | 6 | 5 | 4 | 3 | 0 |
|---|---|---|---|---|---|---|
| 字节0 | D | A | E | 0 | 错误码 | |
| 字节1 | 远程站的地址 | | | | | |
| 字节2 | 远程站的数据指针 | | | | | |
| 字节3 | | | | | | |
| 字节4 | | | | | | |
| 字节5 | | | | | | |
| 字节6 | 数据长度 | | | | | |
| 字节7 | 数据字节0 | | | | | |
| 字节8 | 数据字节1 | | | | | |
| ⋮ | ⋮ | | | | | |
| 字节20 | 数据字节14 | | | | | |
| 字节21 | 数据字节15 | | | | | |

D（操作已完成；）：0=未完成 ，　1=完成
A（操作已被排队）：　0=无效，　　1=有效
E（操作返回一个错误）；0=无错误　1=错误
远程站地址：被访问的PLC的地址
远程站的数据区指针：被访问数据的间接指针
数据长度：远程站上被访问数据的字节数
接收和发送数据区：如下描述的保存数据的1～16个字节
对NETR，执行NETR指令后，从远程站读到的数据放在这个数据区
对NETW，执行NETW指令后，要发送到远程站的数据放在这个数据区

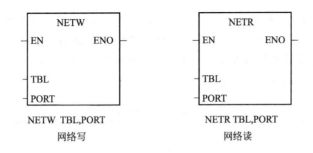

图 8-15　TBL 参数表的格式及参数的含义

NETR 指令可以从远程站点上读最多 16 个字节的信息，NETW 指令可以向远程站点写最多 16 个字节的信息。在程序中可以使用任意多条网络读/写指令，但在任何同一时间，最多只能同时执行 8 条 NETR 或 NETW 指令、4 条 NETW 指令和 4 条 NETR 指令，或者 2 条 NETR 指令和 6 条 NETW 指令。

偏移量为零的字节是 PPI 通信有关的标志位及错误代码。表 8-6 所示为错误代码的含义。

表 8-6　TBL 表中错误码的意义

| 错　误　码 | 定　　义 |
| --- | --- |
| 0 | 无错误 |
| 1 | 时间溢出错误。远程站点不响应 |
| 2 | 接收错:奇偶校验错。响应时,帧或校验和出错 |
| 3 | 离线错:相同的站地址或无效的硬件引发冲突 |
| 4 | 队列溢出错:激活了超过 8 个 NETR/NETW 方框 |
| 5 | 违反通信协议:没有在 SMB30 中允许 PPI,就试图执行 NETR/NETW 指令 |
| 6 | 非法参数:NETR/NETW 表中含有非法参数或无效的数值 |
| 7 | 没有资源:远程站点正在忙中(上传或下载程序在处理中) |
| 8 | 第七层错误:违反应用协议 |
| 9 | 信息错误:错误的数据地址或不正确的数据长度 |
| A~F | 未用(为将来的使用保留) |

使用网络读/写指令对另外的 S7-200 读/写操作时，首先要将应用网络读/写指令的 S7-200 定义为 PPI 模式（SMB30），即通信初始化，然后使用该指令进行读/写操作。和 PPI 及自由口通信均有密切联系的特殊标志位 SMB30（PORT0）及 SMB130（PORT1）中规定了 PPI 通信的设定方式，如表 8-7 所示。

表 8-7　SMB30 和 SMB130 的格式

| PORT0 | PORT1 | 说明 |
| --- | --- | --- |
| SMB30 格式 | SMB130 格式 | MSB7　　　　　　　　　　　　LSB0<br>┌─┬─┬─┬─┬─┬─┬─┬─┐<br>│p│p│d│b│b│b│m│m│<br>└─┴─┴─┴─┴─┴─┴─┴─┘<br>自由口模式控制字 |
| SMB30.3 和<br>SMB30.7 | SMB130.6 和<br>SMB130.7 | pp:校验选择,00＝无检验,01＝偶校验<br>10＝无校验,11＝奇校验 |
| SMB30.5 | SMB130.5 | d:每个字符占用位数,0＝每字符 8 位;1＝每字符 7 位 |
| SMB30.2~SMB30.4 | SMB130.2~SMB130.4 | bbb:自由口波特率　000＝38400bps,001＝19200bps<br>010＝9600bps,011＝4800bps,100＝2400bps<br>101＝1200bps,110＝600bps,111＝300bps |
| SMB30.0 和 SMB30.1 | SMB130.0 和 SMB130.1 | mm:通信协议选择。00＝PPI 协议(PPI/从站模式),01＝自由口协议,10＝PPI/主站模式,11＝保留(默认 PPI/从站模式)<br>当选择 mm＝10 时,PLC 成为网络的一个主站,可以执行 NETR 及 NETW 指令。在 PPI 模式下,忽略 2~7 位 |

### 8.2.2　配置 PPI 网络通信举例

PPI 通信应用十分简单，下面给出配置步骤以及读/写程序实例。

（1）网络的连接

使用双绞线及网络连接器将网络内设置的 RS-485 口连接起来。连接一般为总线方式。

（2）站地址和存储区的安排

依照网络读及网络写指令操作数的要求，依主站及从站的不同需要，在各个站中指定足够数量的存储单元，并明确它们的用途，如为发送数据区、接收数据区或其他数据区。

为网络中的所有通信设备指定唯一的站地址，S7-200 支持的站地址为 0~126。对于有两个通信口的 S7-200，每一个通信口都要安排一个站地址。表 8-8 列出了 S7-200 设备的默认地址设置。

表 8-8　S7-200 设备的默认站地址

| S7-200 设备 | 默认地址 |
| --- | --- |
| STEP7-Micro/WIN32 | 0 |
| HMI | 1 |
| S7-200 CPU | 2 |

当在网络中应用 STEP7-Micro/WIN32 时，其波特率必须和网络上的其他站相同。通常不必改变其默认值，仅当网络中包含其他使用 STEP7 编程软件的编程设备时，才需要考虑改变 STEP7-Micro/WIN32 的默认值。

STEP7-Micro/WIN32 设置站地址及波特率的操作步骤如下所述：

① 在 STEP7-Micro/WIN32 编程软件操作栏中单击"属性"。

② 双击通信设置图标。

③ 在"SetPG/Pcintface"对话框中单击"属性"按钮。

④ 为 STEP7-Micro/WIN32 选择站地址。

⑤ 为 STEP7-Micro/WIN32 选择波特率。

为 S7-200 设置波特率和站地址的方法与上述类似。

（3）程序的编制

PPI 为 S7-200 系列 PLC 内置通信协议。在硬件连接及站地址安排完成以后，只需要在程序中引用 NETR/NETW 指令即可，原则上不需要考虑通信的联络过程。指令带有的 TBL 表格中的第一字节给出的各种状态标志可以在程序中应用。在 STOP 状态下，机器进入 PPI 通信方式。在 RUN 状态，机器的默认值也是 PPI 方式。为了可靠，通常在通信初始化程序段中安排 SMB30 语句，使能 PPI 模式。

【例 8-1】　如图 8-16 所示，1 条生产线正在灌装黄油桶，并将其送到 4 台包装机（打包机）上包装，打包机把 8 个黄油桶包装到 1 个纸箱中。1 台分流机控制着黄油桶流向各个打包机。

图 8-16 所示为系统组成示意图。4 个 CPU 221 用于控制打包机；1 个 CPU 222 安装了 TD-200 操作器人机界面，用于控制分流机。

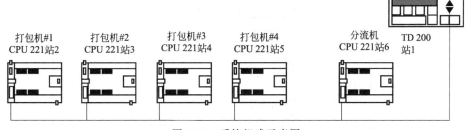

图 8-16　系统组成示意图

分流机对打包机的控制主要是负责将纸箱、黏结剂和黄油桶分配给不同的打包机，而分配的依据就是各个打包机的工作状态，因此分流机要实时地知道各个打包机的工作状态。另外，为了统计的方便，各个打包机打包完成的数量应上传至分流机，以便记录和通过 TD-200 查阅。

4 台打包机（CPU 221）的站地址分别为 2、3、4 和 5，分流机（CPU 222）的站地址为 6，TD-200 的站地址为 1，将各个 CPU 的站地址在系统块中设定好，随程序一起下载到 PLC 中。TD-200 的地址在 TD-200 中直接设定。

在这个例子中，6# 站分流机的程序应包括控制程序、与 TD-200 的通信程序以及与其他站的通信程序，其他站只有控制程序。

在网络连接中，6# 站所用的网络连接器带编程口，以便连接 TD-200 和其他站，其他站采用不带编程口的网络连接器。

假设各个打包机的工作状态存储在各自 CPU 的 VB100 中。其中，V100.7 为打包机检测到错误；V100.6～V100.4 为打包机错误代码；V100.2 为黏结剂缺的标志，应增加黏结剂；V100.1 为纸箱缺的标志，应增加纸箱；V100.0 为没有可包装黄油桶的标志。各个打包机已经完成的打包箱数分别存储在各自 CPU 的 VW101 中。

定义 6♯站分流机对各打包机接收和发送的缓冲区的起始地址分别为：VB200、VB210、VB220、VB230 和 VB300、VB310、VB320、VB330。

分流机读/写 1♯打包机（2♯站）的工作状态和完成打包数量的程序清单如图 8-17 所示。

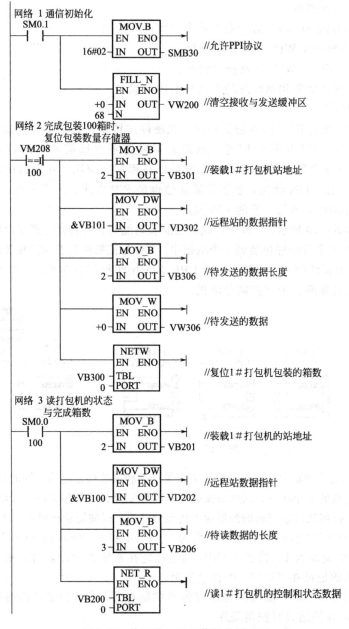

图 8-17　分流机 PPI 通信部分梯形图

对于其他站的读/写操作程序，只需将站地址号与缓冲区指针做相应的改变即可。

### 8.2.3　发送与接收指令

采用自由口通信方式时，RS-485 口完全由用户程序控制。S7-200 PLC 可与任何通信协议已知的设备通信。为了方便自由口通信，S7-200 PLC 配有发送及接收指令，通信及接收中断，以及用于通信设置的特殊标志位。

（1）XMT（Transmit）/RCV（Receive）（发送/接收）指令

① 指令格式：XMT/RCV 指令格式如图 8-18 所示。

② 功能：应用发送指令（XMT），可以将发送数据缓冲区（TBL）中的数据通过指令指定的通信端口（PORT）发送出去。发送完成时，产生一个中断事件，数据缓冲区的第一个数据指明了要发送的字节数。

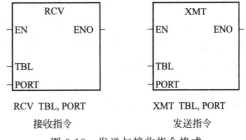

图 8-18　发送与接收指令格式

应用接收指令（RCV），可以通过指令指定的通信指定端口（PORT）接收信息并存储于接收数据缓冲区（TBL）中。接收完成，也产生一个中断事件，数据缓冲区的第一个数据指明了接收的字节数。

③ 数据类型：TBL 为缓冲区首地址，操作数为字节；PORT 为操作端口，CPU 226/CPU 226XM 可为 "0" 或 "1"，其他 CPU 只能为 "0"。

（2）自由端口模式

CPU 的串行通信口由用户程序控制，这种操作模式称为自由端口模式。当选择了自由端口模式时，用户程序可以使用接收中断、发送中断、发送指令（XMT）和接收指令（RCV）完成通信操作。在自由端口模式下，通信协议完全由用户程序控制。SMB30（用于端口 0）和 SMB130（如果 CPU 有两个端口，则用于端口 1）用于选择波特率、奇偶校验、数据位数和通信协议。

只有 CPU 处于 RUN 模式时，才能进行自由端口通信。通过向 SMB30（端口 0）或 SMB130（端口 1）的协议选择区置 "1"，允许自由端口模式。处于自由端口模式时，PPI 通信被禁止，此时不能与编程设备通信（如使用编程设备对程序状态监视或对 CPU 操作）。在一般情况下，可以用发送指令（XMT）向打印机或显示器发送信息，其他的如条码阅读器、重量计和焊机等的连接，在这种情况下，用户都必须编写程序，以支持自由端口模式下设备同 CPU 通信的协议。

当 CPU 处于 STOP 模式时，自由端口模式被禁止，通信口自动切换为 PPI 协议的操作，重新建立与编程设备的正常通信。

可以用反映 CPU 工作方式的模式开关当前位置的特殊存储器 SM0.7 来控制自由端口模式的进入。当 SM0.7 为 "0" 时，模式开关处于 "TERM" 位置；当 SM0.7 为 "1" 时，模式开关处于 "RUN" 位置。只有模式开关位于 "RUN" 位置，才允许自由端口模式。为了使用编程设备对程序状态监视或对 CPU 进行操作，可以把模式开关改变到任何其他位置（如 "STOP" 或 "TERM" 位置）。

（3）端口的初始化与控制字节

SMB30 和 SMB130 分别配置通信端口 0 和 1，为自由端口通信选择波特率、奇偶校验和数据位数。自由口通信时，由发送指令（XMT）激活发送数据缓冲区的数据。数据格式如图 8-19 所示。

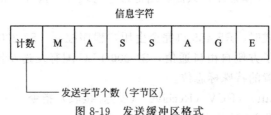

图 8-19　发送缓冲区格式

数据缓冲区的第一个数据指明了待发送的字节数，最大数为 255 个。PORT 指定了用于发送的端口。如果有一个中断服务程序连接到发送结束事件上，在发送完缓冲区中的最后一个字符后，会产生一个中断；通过监视 SM4.5 和 SM4.6 信号，判断发送是否结束。当端口 0 及端口 1 发送空闲时，SM4.5 和 SM4.6 置"1"。

接收指令（RCV）用于启动或结束接收信息。通过指定端口（PORT）接收的信息存储于数据缓冲区。接收缓冲区的格式如图 8-20 所示。

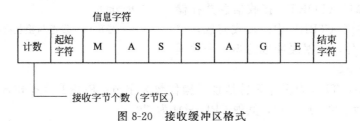

图 8-20　接收缓冲区格式

缓冲区的第一个数据指明了待接收的字节数，最大数为 255 个字节。如果有一个中断服务程序连接到接收信息结束事件上，在接收完缓冲区中的最后一个字符后，S7-200 产生一个中断。

采用自由口通信时，通信秩序完全靠用户保障。例如，当接收指令执行时，在接收端口上有来自其他器件的信号，接收信息功能有可能从一个字符的中间开始接收字符，导致校验错误和接收信息功能的终止。这就是接收的同步问题。

为了实现接收的同步，可充分利用 S7-200 CPU 提供的各种编程软件。特殊标志位 SMB86～SMB94 及 SMB186～SMB194 分别为端口 0 和端口 1 的接收信息状态字及控制字，它们的意义及功能如表 8-9 所示。

（4）自由口通信配置的过程

步骤一：网络的连接。

使用双绞线及网络连接器将网络内设置的 RS-485 口连接起来。连接一般为总线方式。

步骤二：站地址及存储区的安排。

为网络内所有通信设备指定唯一的站地址。和 PPI 通信方式不同，在自由口通信中，站地址不可以通过软件设定，而只是在通信协议中约定。约定后的地址在以后的通信过程中一般不再改变。发送信息时，为了明确该信息是发给哪个站的，通常需约定发送的地址格式。接收方收到信息后，先判断此信息是否是发给自己的。如是，则继续接收；不是，则放弃。为了有条理地管理网络上传送的信息，网络中各站要安排好各类数据的收、发存储单元。

步骤三：约定通信的操作流程。

约定通信的操作流程从根本上说是通信协议的重要内容。一般包括通信地址的认定、握手信号的安排、握手的过程设计、信息的传送方式、信息的起始及结束判定、信息的出错校验等内容。可先绘出流程图，以明确及完善操作流程。

表 8-9　SMB86～SMB94 和 SMB186～SMB194 的意义和功能

| 端口 0 | 端口 1 | 描　　述 |
|---|---|---|
| SMB86 | SMB186 | 接收信息状态字<br>MSB7　　　　　　　　　LSB0<br>`n | r | e | 0 | 0 | t | c | p`<br>n:1＝用户通过禁止命令结束接收信息<br>r:1＝接收信息结束;输入参数错误或缺少起始和结束条件<br>e:1＝收到结束字符<br>t:1＝接收信息结束;超时<br>c:1＝接收信息结束;字符数超长<br>p:1＝接收信息结束;奇偶校验错误 |
| SMB87 | SMB187 | 接收信息控制字<br>MSB7　　　　　　　　　LSB0<br>`en | sc | ec | il | c/m | tmr | bk | 0`<br>en:0＝禁止接收信息功能;1＝允许接收信息功能;每次执行 RCV 指令时检查允许/禁止接收信息位<br>sc:0＝忽略 SMB88 或 SMB188;1＝使用 SMB88 或 SMB188 的值检测起始信息<br>ec:0＝忽略 SMB89 或 SMB189;1＝使用 SMB89 或 SMB189 的值检测结束信息<br>il:0＝忽略 SMW90 或 SMW190;1＝使用 SMW90 或 SMW190 的值检测空闲状态<br>c/m:0＝定时器是内部字符定时器;1＝定时器是信息定时器<br>tmr:0＝忽略 SMW92 或 SMW192;1＝当执行 SMW92 或 SMW192 时终止接收<br>bk:0＝忽略中断条件;1＝使用中断条件来检测起始信息<br>信息的中断控制字节位用来定义识别信息的标准,信息的起始和结束均需定义:<br>起始信息＝il×sc＋bk×sc　　　　　结束信息＝ec＋tmr＋最大字符数<br>起始信息编程:<br>1:空闲检测　　　　　　　　　　　　il＝1,sc＝0,bk＝0,SMW90＞0<br>2:起始字符检测　　　　　　　　　　il＝0,sc＝1,bk＝0,SMW90 被忽略<br>3:中断检测　　　　　　　　　　　　il＝0,sc＝1,bk＝1,SMW90＞0 被忽略<br>4:对一个信息的影响　　　　　　　　il＝1,sc＝1,bk＝0,SMW90＝0<br>(信息定时器用来终止没有响应的接收)<br>5:中断一个起始字符　　　　　　　　il＝0,sc＝1,bk＝1,SMW90 被忽略<br>6:空闲一个起始字符　　　　　　　　il＝1,sc＝1,bk＝0,SMW90＞0<br>7:空闲和起始字符(非法)　　　　　　il＝1,sc＝1,bk＝0,SMW90＝0<br>注意:通过超时和奇偶校验错误(如果允许),可以自动结束接收过程 |
| SMB88 | SMB188 | 信息字符的开始 |
| SMB89 | SMB189 | 信息字符的结束 |
| SMB90<br>SMB91 | SMB190<br>SMB191 | 空闲线时间段按 ms 设定。空闲线时间溢出后接收的第一个字符是新的信息的开始字符。SMB90(或 SMB190)是最高有效字节,SMB91 或 SMB191 是最低有效字节 |
| SMB92<br>SMB93 | SMB192<br>SMB193 | 中间字符/信息定时器溢出值按 ms 来设定。如果超过这个时间段,则终止接收信息。SMB92 或 SMB192 是最高有效字节,SMB93 或 SMB193 是最低有效字节 |
| SMB94 | SMB194 | 要接收的最大字符数(1～255 个字节)<br>注意:这个范围必须设置到所希望的最大缓冲区大小,即使信息的字符数始终达不到 |

步骤四：通信程序的编制。

通信程序一般先初始化。在初始化程序中设置通信模式及参数，并准备存储单元及初始数据。初始化以后的编程主要是通过程序实现通信流程图的过程。S7-200 系列 PLC 通信中断功能在通信程序的编制中很有用处，SMB2 及 SMB3 在单字节通信中也常使用，通信程序常采用结构化程序，这对简化程序段功能、方便程序的分析是有利的。

【例 8-2】 图 8-21 和图 8-22 分别给出了一段发送及接收主程序和中断程序，请读者自行分析。

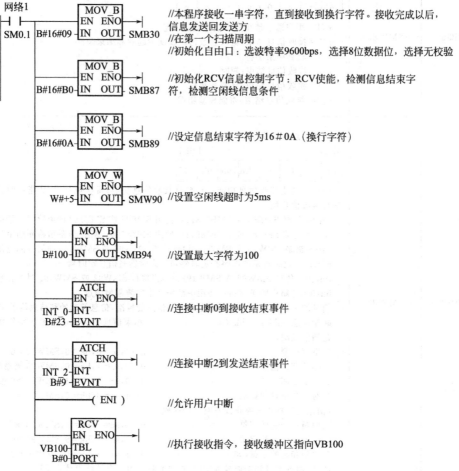

图 8-21　发送和接收指令主程序

### 8.2.4　USS 通信指令

USS 通信指令用于 PLC 与变频器等驱动设备的通信及控制。

将 USS 通信指令置于用户程序中，编译后自动地将一个或多个子程序和 3 个中断程序添加到用户程序中。另外，用户需要将一个 V 存储器地址分配给 USS 全局变量表的第一个存储单元。从这个地址开始，以后连续 400 个字节的 V 存储器将被 USS 指令使用，不能用作他用。

当使用 USS 指令通信时，只能使用通信口 0，而且 0 口不能用作他用，包括与编程设备的通信或自由口通信。

使用 USS 指令控制变频器时，变频器的参数应当适当设定。USS 通信指令包括 USS_INT 初始化指令、USS_CTRL 控制变频器指令、USS_RPM_W（D、R）读无符号字类型（双字类型、实数类型）参数指令以及 USS_WPM_W（D、R）写无符号字类型（双字类型、实数类型）参数指令。

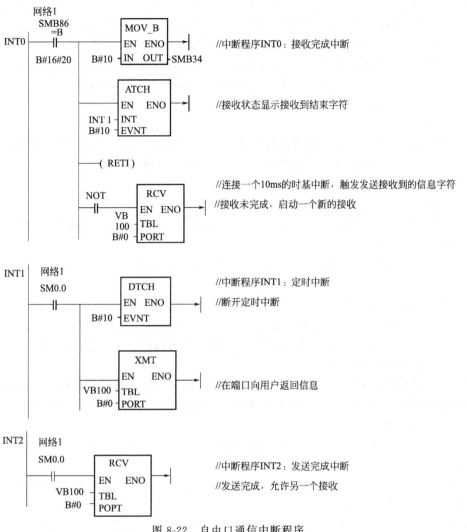

图 8-22　自由口通信中断程序

# 8.3　中文 TD-200 组态简介

TD-200（Text Display 200）是专用于 S7-200 系列的文本显示和操作员界面。TD-200 支持中文操作和文本显示。

TD-200 包装中提供了专用电缆（TD/CPU 电缆）用来与 S7-200 CPU 连接，电缆能从 CPU 通信口上取得 TD-200 所需的 24V DC 电源。TD-200 同时提供了 24V DC 电源输入接口，仅通过 Profibus 电缆连接到 CPU 或 PPI 网络上使用。

TD-200 作为主站在 PPI 网络上工作。网络上的 TD-200（包括其他设备）都有唯一的地址。1 个 S7-200 CPU 最多可以连接 4 个 TD-200，1 个 TD-200 只能与 1 个 S7-200 CPU 建立连接。

连接到同一个 S7-200 CPU 的多个 TD-200 可以访问同一个参数块，也可设置不同的数据块偏移地址按不同的参数块工作。不同的参数块可以分多次调用 TD-200 向导定义。

（1）TD-200 的特点

TD-200 具有牢固的塑料壳，前面板具有 IP65 防护等级；27mm 的安装深度，无需附件即可安装在箱内或面板内，便于安装。TD-200 采用背光 LCD 液晶显示器，即使在逆光情况下也很容易看清楚。人体工学设计的输入键位于可编程的功能键上部，便于操作。其中文版内置国标汉字库，可以方便、清晰地显示中文文本；内置连接电缆的接口，可以方便地进行功能扩展。如果 TD-200 与 S7-200 系列之间的距离超过 2.5m，需要额外的电源，可以用 Profibus 总线电缆连接。

（2）TD-200 的功能

① 进行文本信息的显示，用选择项确认方法，可以显示最多 80 条信息，每条信息最多包含 4 个变量。TD-200 具有 5 种系统语言，方便使用者操作和选用。

② 可设定实时时钟。

③ 提供强制 I/O 点诊断功能和密码保护功能。

④ 过程参数的显示和修改。参数在显示器中显示，并可用输入键修改。例如，进行温度设定或速度改变等。

⑤ 可编程控制器的 8 个功能键可以取代普通的控制按钮，作为控制键使用，节省了 8 个输入点。

⑥ 可以选择通信速率以及进行输入和输出的设定。8 个可编程功能键的每一个键都对应地分配了存储器位。例如，这些功能键可在系统启动、测试时设置和诊断。又例如，不用其他操作设备，即可实现对电动机的控制。TD-200 还可选择显示信息刷新时间。

（3）TD-200 的使用说明

TD-200 使用 STEP7-Micro/WIN32 软件编程，无需其他参数赋值软件。在 S7-200 系列的 CPU 中保留了一个专用区域，用于与 TD-200 交换数据。TD-200 直接通过这些数据区访问 CPU 的必要功能。

TD-200 支持多种亚洲文字，在国内应用广泛。该面板的组态和使用非常方便，其组态步骤介绍如下：

步骤一：在 "Tools" 菜单中选中 "TD-200 Wizard"，出现 "TD-200 Configration Wizard" 设置界面，然后单击 "NEXT" 键。

步骤二：在随后出现的语言选择栏中选择 "Chinese 中文显示"，然后单击 "NEXT" 键。选择 "简体中文（Single Chinese）"，再单击 "NEXT"。

步骤三：进入 TD-200 功能选择项，默选框包括以下内容：

① "使用 TD-200 日期显示功能"，选择 "YES"。

② "使用 TD-200 强制功能"，选择 "YES"。

③ "使用 TD-200 密码保护功能"，选择 "NO"。

然后单击 "NEXT" 进入下一个复选框。

步骤四：本复选框包括与 F1～F8（外部输入键）对应的 M 寄存器的地址，以及选择 TD-200 与 PLC 的更新速率两个内容。接受默认选项，然后单击 "NEXT" 进入下一步。

步骤五：本屏内容主要包括每屏两行信息的显示方式、每屏一行信息的显示方式以及设定最大信息条数三项选择内容。选择默认选项，进入下一步。

步骤六：本屏内容主要包括控制字起始地址设定、信息使能起始字节设定、信息存储起始字节设定三项选择内容。选择默认选项，进入下一步。

步骤七：键入所需的中文文字，然后单击 "Finish" 完成。

步骤八：TD-200 中的信息可以在 DB 块中看到。

DB 块中的控制字的说明如下：

| VB0 | 'TD' | //TD-200 数据块的标志 |
| VB2 | 16#60 | //设置为中文，更新速率尽可能快 |
| VB3 | 16#B0 | //设置 20 个字符模式，上箭头对应的位是 V3.2；下箭头对应的位是 V3.3 |
| VB4 | 1 | //设置显示信息的条数 |
| VB5 | 0 | //M0.0～M0.7 对应 TD-200 面板上和 Shift + F1～Shift + F4 |
| VW6 | 34 | //设置信息起始地址为 VW34 |
| VW8 | 14 | //设置信息使能位的地址为 VW14 |
| VW10 | 0 | //用于设置全局密码保护（此处为无密码保护） |
| VW12 | 256 | //设置字符集为简体中文 |

（4）相关编程

【例 8-3】　本例将在 TD-200 上显示 S7-200 CPU 系统时钟的时、分、秒。

程序主要包括主程序和子程序两部分。

① 主程序：读 S7-200 CPU，将时、分、秒转换为十进制整数，并传送到相应的嵌入数据地址中。消息使能位置位后，TD-200 自动读取这些数据并显示出来。

② 子程序 SBR-0：完成数据从 BCD 格式到十进制格式的转换。

主程序编程如图 8-23 所示，SBR _ 0 编程如图 8-24 所示。

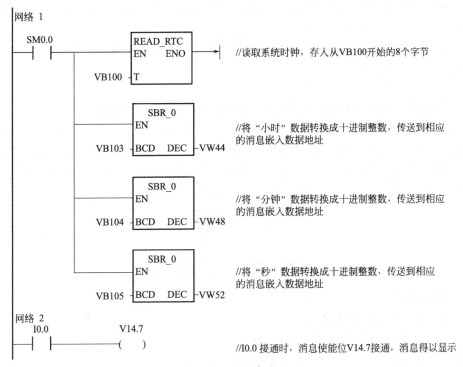

图 8-23　主程序编程

TD-200 支持多达 80 条消息。消息的显示与否由消息使能位的状态决定。多条消息的使能位同时置位时，各消息按照编号由小到大的顺序决定显示优先级。

（5）TD200 菜单操作简介

使用随机提供的连接电缆，将 TD-200 连接到 S7-200 CPU 的通信口上。

接通 S7-200 CPU 的电源，然后按 Esc 键，进入 TD-200 菜单方式。

可以使用的菜单项目有：View Messages（浏览消息）；View CPU Status（浏览 CPU 状态）；Force I/O（强制 I/O）（组态时选中）；Set Time and Date（设置日期和时间）（组

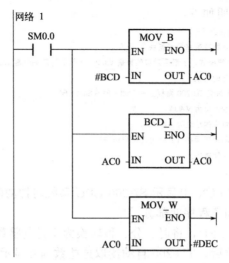

图 8-24　SBR＿0 编程

态时选中）；Release Password（释放口令）（组态时启用）；TD-200 Setup（TD-200 设置）。

按"向上"箭头键和"向下"箭头键卷动菜单选择。当显示出想要的项目时，按 Enter 键进入下一级菜单，或编辑、修改，完成后按 Enter 键确认。

显示菜单时按 Esc 键，将退出菜单方式。如果 1 分钟内没有操作，TD-200 自动从菜单方式退出到消息显示方式。

（6）TD-200 设置

TD-200 设置项决定 TD-200 是否能够正确访问 S7-200 CPU 的数据。

进入"TD-200 Setup（TD-200 设置）"菜单，选择"TD-200 ADDRESS"设置 TD-200 的地址，默认地址为"1"。在"CPU ADDRESS"中设置 S7-200 CPU 地址，默认值为"2"。在"RAM ADDRESS"中设置参数块地址，默认值为"0"。在"BAUD RATE"中选择 TD-200 与 CPU 的通信速率，默认值为"9.6Kbps"。

# 实　　验

## 实验　S7-200 通信配置

**一、实验目的**

1.熟悉 PLC 的通信功能指令。

2.熟悉对几种通信方式处理的常用方法。

3.熟悉各种通信方式的设置及程序的编制。

**二、实验设备**

1. EFPLC 可编程控制器实验装置。

2.计算机一台，S7-200 PLC 两台。

3. PC/PPI 编程电缆一根。

4.模拟输入开关两套；模拟输出装置两套。

5.连接导线若干。

**三、实验内容**

两台 S7-200 PLC 与装有编程软件的计算机（PC）通过 RS-485 通信接口组成通信网络。

1. 建立 PLC 与 PC 之间的通信。

PLC 与 PC 之间建立通信时，应将 PLC 的工作方式置为 STOP 状态。将 PC/PPI 电缆的 RS-232C 端连接到计算机上，RS-485 端分别连接到两台 PLC，例如 S7-200 CPU 226 模块的端口 1 上。通过编程软件的系统块分别将端口 0 的站地址设为 2 和 3，并将系统块参数和用户程序下载到各自的 CPU 模块中。

2. 建立 PLC 与 PLC 之间的通信。

PLC 与 PLC 之间建立通信时，应将 PLC 的工作方式置为 STOP 状态。用网络连接器将两台 PLC 的端口 O 连接起来。接在网络末端的连接器必须有终端匹配和偏置电阻，即将开关放在"ON"的位置上。连接器内有 4 个端子 $A_1$、$B_1$、$A_2$、$B_2$，用电缆连接时，请注意接线端子的连接。例如，分别将两个连接器的 A 端子和 A 端子连在一起，B 端子和 B 端子连在一起。

3. PPI 主站模式的通信。

将 PLC 甲（主站 2）和 PLC 乙（从站 3）的工作方式置为 RUN 状态，以本书介绍的PPI 通信为例进行通信操作。将图 8-17 的通信程序分别输入到 PLC 甲（主站 2）和 PLC 乙（从站 3），并进行调试。PLC 乙（从站 3）的输入端子 I0.0 每接通一次，观察 VB207 各位状态的变化，至少通、断 5 次以上。为便于观察，在调试过程中可通过 PLC 甲（主站 2）的输出端口观察 VB207 各位状态的变化；通过 PLC 乙（从站 3）的输出端口观察 VB300 各位状态的变化。

4. 自由口通信。

将 PLC 甲（站 2）和 PLC 乙（站 3）的工作方式置为 RUN 状态。以本书的图 8-21、图 8-22 为例进行通信操作。将图 8-21、图 8-22 的通信程序分别输入到 PLC 站甲（站 2）和 PLC 站乙（站 3）中，并进行调试。

SM0.7 的状态由 PLC 的方式开关确定。当方式开关处于"RUN"位置时，SM0.7 = 1；其他位置 SM0.7 = 0。操作时，通过控制信号 I0.0 来控制信号的发送和接收。

为便于观察，在调试过程中可设定站 2 的 IW1 为某状态（例如为 1010-1010-1010-1010），这样就可以观察站 2 的 QW0 状态和站 3 的 QW0 状态。

改变输入信号的状态，观察输出信号的变化。

**四、预习要求**

1. 复习 PLC 通信指令的内容。

2. 阅读本实验有关的程序。

3. 注意程序中有关参数的设定。

**五、实验报告**

要求写出调试过程和观察到的现象。

# 思考与练习

8-1　网络通信时，数据传输的方式有哪几种？它们各有什么特点？

8-2　S7-200 系列 PLC 可在哪些通信协议中完成通信工作？

8-3　S7-200 系列 PLC 在西门子工业控制网络中可承担哪些工作？

8-4　如何设置 PPI 通信时 S7-200 CPU 的站地址？

8-5　在自由口通信时需要考虑握手过程，为什么在 PPI 通信时不需考虑？

8-6　参照图 8-16 和图 8-17，编写分流机读/写 2#打包机（站 3）的工作状态和完成打包数量的程序。

8-7　三台 CPU 224 组成通信网络，其中一台为主站，两台为从站。拟用主站的 I0.0～I0.7 分时控制两台从站的输出口 Q0.0～Q0.7，每 10s 为一个周期交替切换 1 号从站及 2 号从站。试用 PPI 及自由口两种方式编制程序，完成以上功能。

8-8　利用自由口通信的功能和指令，设计一个计算机与 PLC 通信程序，要求上位计算机能够对 S7-200 PLC VB100～VB107 中的数据进行读/写操作（提示：在编制程序之前，应首先指定通信的帧格式，包括起始符、目标地址、操作种类、数据区、停止符等的顺序和字节数；当 PLC 收到信息后，应根据指定好的帧格式进行解码分析，然后根据要求做出响应）。

# 第 9 章　PLC 控制系统设计

学习 PLC 的最终目的是把它应用到实际的工业控制系统中去。虽然各种工业控制系统的功能、要求不同，但在设计 PLC 控制系统时，基本步骤、设计方法基本相同。本章将应用前面所讲的 PLC 硬件及软件知识，联系实际，介绍小型 PLC 控制系统设计所必须遵循的基本原则、一般的步骤和方法，并讲述数字控制系统与模拟控制系统的设计实例。

## 9.1　PLC 控制系统设计步骤

PLC 控制系统的设计原则是：在最大限度地满足被控对象控制要求的前提下，力求使控制系统简单、经济、安全、可靠；考虑到今后生产的发展和工艺的改进，在选择 PLC 机型时，应适当留有余地。控制系统设计的一般步骤如图 9-1 所示。

（1）分析控制对象

在确定采用 PLC 控制后，应对被控对象（机械设备、生产线或生产过程）工艺流程的特点和要求作深入了解、详细分析、认真研究，明确控制的任务、范围和要求，根据工业指标，合理地制定和选取控制参数，使 PLC 控制系统最大限度地满足被控对象的工艺要求。

控制要求主要指控制的基本方式、必须完成的动作时序和动作条件、应具备的操作方式（手动、自动、间断和连续等）、必要的保护和联锁等，可用控制流程图或系统框图的形式来描述。

在明确了控制任务和要求后，需要选择电气传动方式和电动机、电磁阀等执行机构的类型和数量，拟定电动机启动、运行、调速、转向、制动等控制要求；确定输入、输出设备的种类和数量，分析控制过程中输入、输出设备之间的关系，了解对输入信号的响应速度等。

（2）PLC 的选择

选择合适的机型是 PLC 控制系统硬件配置的关键问题。目前，国内外生产 PLC 的厂家很多，如西门子、三菱、松下、欧姆龙、LG、ABB 公司等，不同厂家的 PLC 产品虽然基本功能相似，但有些特殊功能、价格、服务及使用的编程指令和编程软件都不相同。同一厂家生产的 PLC 产品有不同的系列，同一系列中有不同的 CPU 型号，不同系列、不同型号的产品在功能上有较大差别。因此，如何选择合适的机型至关重要。在满足控制要求的前提下，选型时应选择最佳的性能价格比，一般从以下几个方面来考虑。

① I/O 点数的估算　I/O 点数是 PLC 的一项重要指标。合理选择 I/O 点数，既可使系统满足控制要求，又可使系统总投资最低。PLC 的输入/输出总点数和种类应根据被控对象所需控制的模拟量、开关量等输入/输出设备情况（包括模拟量、开关量等输入信号和需控制的输出设备数目及类型）来确定，一般一个输入/输出元件要占用一个输入/输出点。考虑到今后的调整和扩充，一般应在估计的总点数上加上 20%～30% 的备用量。

② 用户存储器容量的估算　PLC 常用的内存是 EPROM、EEPROM 和带锂电池供电的 RAM。一般情况下，微型和小型 PLC 的存储容量是固定的，介于 1～2KB 之间。用户应用

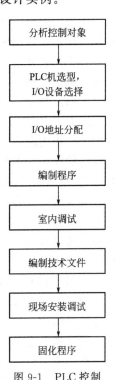

分析控制对象

↓

PLC机选型，
I/O设备选择

↓

I/O地址分配

↓

编制程序

↓

室内调试

↓

编制技术文件

↓

现场安装调试

↓

固化程序

图 9-1　PLC 控制
系统设计步骤

程序占用多少内存与许多因素有关，如 I/O 点数、控制要求、运算处理量、程序结构等。因此在程序设计之前，只能粗略地估算。

③ CPU 功能与结构的选择　PLC 的功能日益强大，一般 PLC 都具有开关量逻辑运算、定时、计数、数据处理等基础功能，有些 PLC 还可扩展特殊功能模块，如通信模块、位置控制模块等，选型时考虑以下几点：

• 功能与任务相适应。

对于开关量控制的应用系统，当对控制速度要求不高时，选用小型 PLC 就能满足要求。例如，对小型泵的顺序控制、单台机械自动控制等。

对于以开关量控制为主，带有部分模拟量控制的应用系统，如工业生产中常遇到的温度、压力、流量、液位等连续量的控制，应选用带有 A/D 转换的模拟量输入模块和带 D/A 转换的模拟量输出模块，并且选择运算功能较强的小型 PLC。

对于工艺复杂，控制要求较高的系统，如需要 PID 调节、位置控制、快速控制、通信联网等功能的系统，可选用中、大型 PLC。

• PLC 的处理速度应满足实时控制的要求。

PLC 工作时，从输入信号到输出控制存在着滞后现象，即输入量的变化，一般要在 1 或 2 个扫描周期之后才能反映到输出端。这对于一般的工业控制是允许的，但对于实时性要求较高的设备，不允许有较大的滞后时间。滞后时间一般应控制在几十毫秒之内（相当于普通继电器的动作时间），否则就没有意义了。滞后时间的长短与 I/O 总点数、应用程序的长短、编程质量等有很大关系。

为了提高 PLC 实时处理速度，可选择 CPU 处理速度快的 PLC，使执行一条基本指令的时间不超过 $0.5\mu s$；同时对编制的程序进行优化，缩短扫描周期。必要时可采用高速响应模块，其响应时间不受 PLC 扫描周期的影响，只取决于硬件的延时。

• PLC 结构合理、机型统一。

PLC 的结构主要有整体式和模块式两种。对于单机控制系统、集中控制系统，往往选用整体式结构；对于控制规模较大的集散控制系统、远程 I/O 系统，常选用模块式结构。模块式结构组态灵活，易于扩充。

在一个单位或一个企业里，应尽量使机型统一，这不仅使模块通用性好，减少备件量，而且给编程和维修带来极大的方便，也给扩展系统升级留有余地。

（3）I/O 地址分配

输入/输出信号在 PLC 接线端子上的地址分配是设计 PLC 控制系统的基础。对软件设计来说，I/O 地址分配以后才可编程；对控制柜及 PLC 的外围接线来说，只有 I/O 地址确定以后，才可以绘制电气接线图、装配图，让装配人员根据线路图和安装图安装控制柜。

在分配 I/O 地址时，最好把 I/O 点的名称、代码和地址以表格的形式列写出来。

（4）程序设计

程序设计就是在硬件设计的基础上，分配输入/输出元件地址号，应用相关编程软件编写用户应用程序。根据控制要求设计出梯形图、功能块图或语句表等语言的程序，这是整个设计的核心工作。

在编程语言的选择上，用梯形图编程还是用语句表编程或使用功能图编程，主要取决于以下几点：

① 有些 PLC 使用梯形图编程不是很方便（例如书写不便），则可用语句表编程，但梯形图比语句表直观。

② 经验丰富的人员可用语句表直接编程，就像使用汇编语言一样。

③ 如果是清晰的单顺序、选择顺序或并发顺序的控制任务，最好是用功能图来设计程序。

（5）系统调试

将编译通过的程序下载到 PLC 中，先进行室内模拟调试，然后进行现场系统调试。如果控制系统由几个部分组成，应先做局部调试，然后进行整体调试。调试中出现的问题要逐一排除，直至调试成功。

（6）固化程序

若程序需频繁修改，可选择 RAM；若长期使用，不需改变，或试运行期结束，可选用 EPROM 或 EEPROM。把已调试通过的程序写入 EPROM 或 EEPROM，将程序固化，PLC 控制系统就可正式投运。

（7）编写技术文件

经过现场调试以后，控制电路和控制程序基本被确定了，整个系统的硬件和软件基本没有问题了，这时要全面整理技术文件，包括电路图、PLC 程序、使用说明及帮助文件。至此，工作基本结束。

# 9.2　PLC 控制系统设计实例

### 9.2.1　呼车控制

（1）工艺过程

一部电动运输车供 8 个加工点使用，其系统示意图如图 9-2 所示。车辆控制要求如下所述。

PLC 上电后，车停在某个加工点（下称工位）。若无用车呼叫（下称呼车），各工位的指示灯亮，表示各工位可以呼车。某工作人员按本工位的呼车按钮呼车时，各工位的指示灯均灭，此时别的工位呼车无效。在停车位呼车时，小车不动；呼车工位号大于停车位时，小车自动向高位行驶；当呼车位号小于停车位号时，小车自动向低位行驶；当小车到达呼车工位时，自动停车。停车时间为 30s，供呼车工位使用，其他加工点不能呼车。从安全角度出发，停电再来电时，小车不会自行启动。

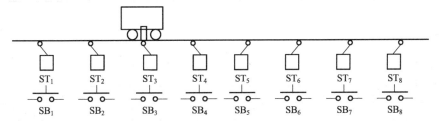

图 9-2　呼车系统示意图

（2）系统控制方案

根据系统示意图，绘制如图 9-3 所示系统工作流程图。

（3）PLC 系统选择

为了实现图 9-3 所示功能，选择 S7-200 CPU 224 基本单元（14 入/10 出）1 台及 EM221 扩展单元（8 入）1 台组成系统。

（4）I/O 地址分配

I/O 分配及机内器件安排如表 9-1 所示，PLC 及扩展模块外围接线图如图 9-4 所示。

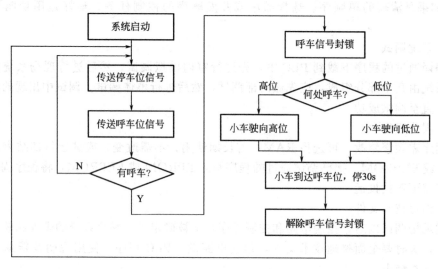

图 9-3　呼车系统工作流程

表 9-1　呼车系统输入/输出端口安排

| 输　入 | | | | 输　出 | |
| --- | --- | --- | --- | --- | --- |
| 限位开关 ST$_1$ | I0.0 | 呼车按钮 SB$_1$ | I2.0 | 电机正转接触器 | Q0.0 |
| 限位开关 ST$_2$ | I0.1 | 呼车按钮 SB$_2$ | I2.1 | 电机反转接触器 | Q0.1 |
| 限位开关 ST$_3$ | I0.2 | 呼车按钮 SB$_3$ | I2.2 | 可呼车指示 | Q0.2 |
| 限位开关 ST$_4$ | I0.3 | 呼车按钮 SB$_4$ | I2.3 | | |
| 限位开关 ST$_5$ | I0.4 | 呼车按钮 SB$_5$ | I2.4 | | |
| 限位开关 ST$_6$ | I0.5 | 呼车按钮 SB$_6$ | I2.5 | | |
| 限位开关 ST$_7$ | I0.6 | 呼车按钮 SB$_7$ | I2.6 | | |
| 限位开关 ST$_8$ | I0.7 | 呼车按钮 SB$_8$ | I2.7 | | |
| 系统启动按钮 | I1.0 | | | | |
| 系统停止按钮 | I1.1 | | | | |

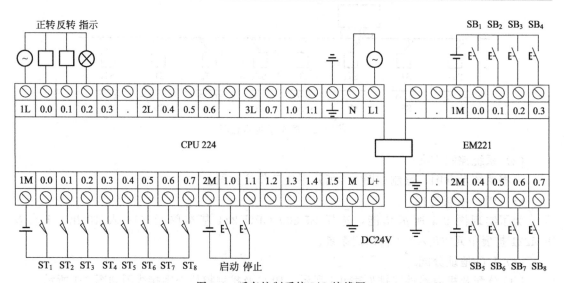

图 9-4　呼车控制系统 I/O 接线图

（5）程序设计

呼车系统自动控制程序如图 9-5 所示。该程序包括主程序和一段子程序。

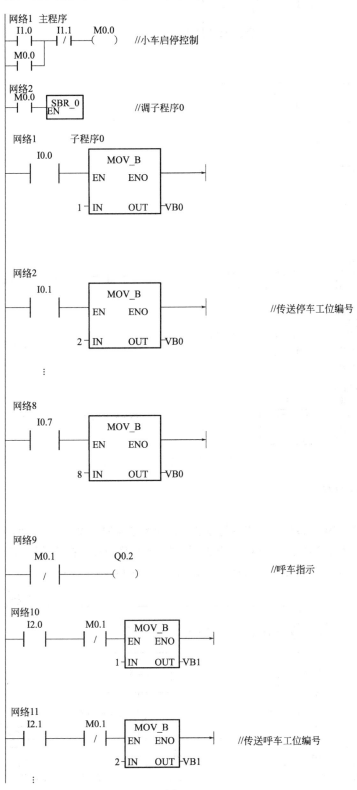

图 9-5

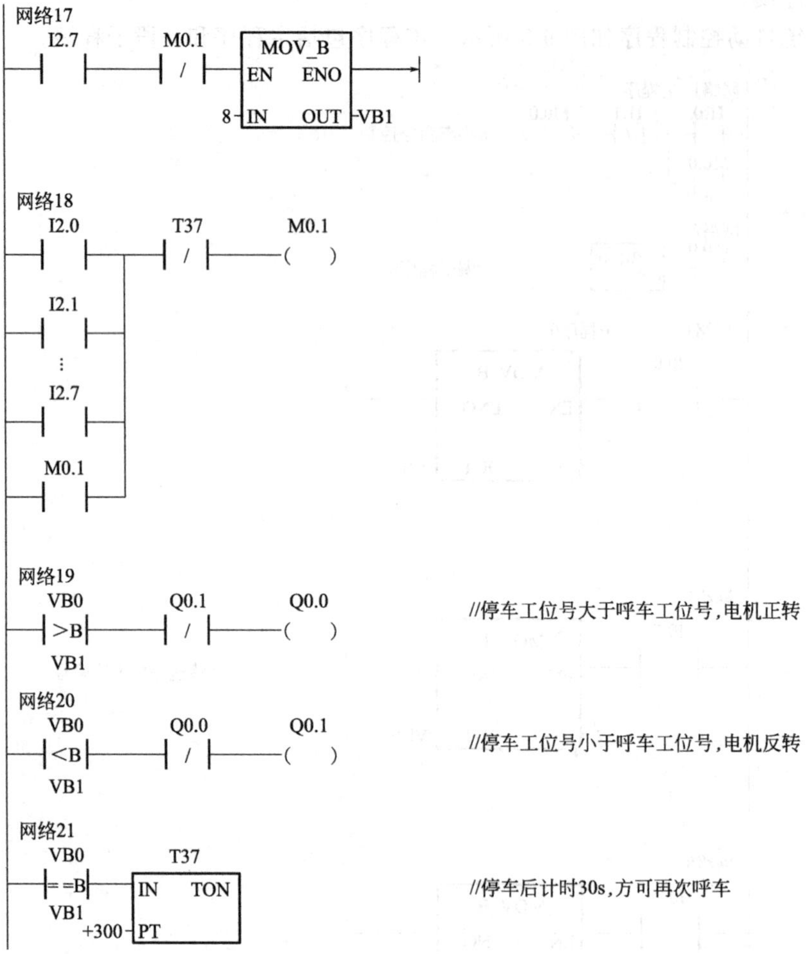

网络17
I2.7
M0.1
MOV_B
EN ENO
8 IN OUT VB1
网络18
I2.0
T37
M0.1
I2.1
⋮
I2.7
M0.1
网络19
VB0
>B
VB1
Q0.1
Q0.0
//停车工位号大于呼车工位号,电机正转
网络20
VB0
<B
VB1
Q0.0
Q0.1
//停车工位号小于呼车工位号,电机反转
网络21
VB0
==B
VB1
T37
IN TON
+300 PT
//停车后计时30s,方可再次呼车

图 9-5　呼车系统自动控制程序

### 9.2.2　窑温模糊控制设计

（1）工艺过程

砌块在生产过程中的最后一道工序是养护。自动控制养护方式，可以借助于PID算法、模糊控制算法及一些优化控制算法，使养护窑的养护温度被严格地控制在养护规则要求的范围之内。

图 9-6 所示为对养护窑进行温度控制的系统。系统控制两个养护窑。每个养护窑有 1 个测

总排气阀
1号风机
M
1号排气阀
2号风机
M
2号排气阀
1号窑
2号窑
1号进气阀
2号进气阀
总进气阀
启动
停止
急停
启动
停止
急停
总启动
总停止

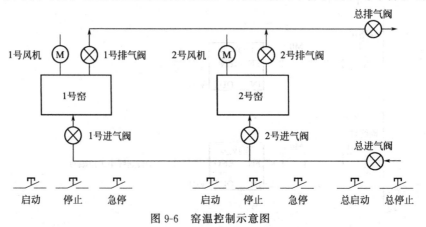

图 9-6　窑温控制示意图

温输入点（模拟量输入）；1 个进气电磁阀控制输入蒸汽，1 个排气电磁阀控制热气的排出，1 台送风电动机，共 3 个开关量输出；1 个启动按钮，1 个停止按钮，1 个急停按钮，共 3 个开关量输入。整个系统还需要设置 1 个总启动按钮，1 个总停止按钮，1 个总进气电磁阀，1 个总排风电磁阀。合计整个控制系统需要开关量输入 8 点，开关量输出 8 点，模拟量输入 2 点。

　　每个窑都可以自行控制，其具体控制流程要求是：启动电动机，供风循环热气流；开启进气阀门，供热气控温；经过一定时间（设恒温 10h），关闭进气阀门；打开排气阀门，排气；按下停止按钮，关风机，关排气阀，准备砌块出窑。联锁要求只要有一个窑排气，总排气阀要打开。只有总进气阀打开，才能启动各窑进气阀。

　　（2）PLC 系统选择

　　为了实现以上功能，选择 S7-200 CPU 224 基本单元（14 入/10 出）1 台及 EM231 模拟量输入扩展模块 1 台组成系统。

　　模拟量输入部分由热敏电阻 $R_1$、$R_2$（PT100）和温度变送器（电流输入型）构成。

　　（3）I/O 地址分配

　　I/O 分配及机内器件安排如表 9-2 所示，PLC 及扩展模块外围接线图如图 9-7 所示。

表 9-2　窑温控制系统输入/输出端口安排

| 输　　入 | | 输　　出 | |
| --- | --- | --- | --- |
| 1 号启动 | I0.0 | 1 号进气阀 | Q0.0 |
| 1 号停止 | I0.1 | 1 号排气阀 | Q0.1 |
| 1 号急停 | I0.2 | 1 号风机 | Q0.2 |
| 2 号启动 | I0.3 | 2 号进气阀 | Q0.3 |
| 2 号停止 | I0.4 | 2 号排气阀 | Q0.4 |
| 2 号急停 | I0.5 | 2 号风机 | Q0.5 |
| 总启动 | I0.6 | 总进气阀 | Q0.6 |
| 总停止 | I0.7 | 总排气阀 | Q0.7 |
| 1 号热敏电阻 | AIW0 | | |
| 2 号热敏电阻 | AIW2 | | |

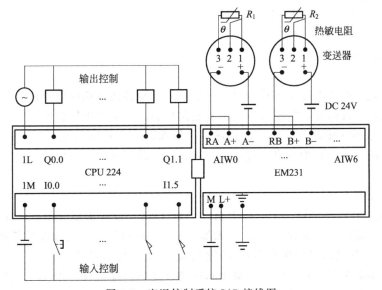

图 9-7　窑温控制系统 I/O 接线图

（4）系统控制方案

① 总体思路。因本系统用来控制规模相同的两个养护窑，所以控制程序采用分块结构。其中，子程序 SBR_0 控制 1 号窑温，SBR_1 控制 2 号窑温。主程序 MAIN 分别调用 SBR_0、SBR_1 子程序块，对两个养护窑分别控制。每个养护窑由 1 个热敏电阻检测窑内温度，由 1 个进气电磁阀周期闭合与断开来控制进气量，调节窑内温度。

② 主程序的控制流程。在系统启动之后，主程序不断查询各个子程序的启动条件，并根据启动条件决定是否调用温控程序，其流程如图 9-8 所示。

③ 控制算法。本例采用的控制算法是根据经验写成的控制规则，用模糊控制算法去控制。控制规则有以下几条：

· 如果检测温度低于设定值的 50%，则进气阀门打开的占空比为 100%。

· 如果检测温度在设定值的 50%～80% 之间，则进气阀门打开的占空比为 70%。

· 如果检测温度在设定值的 80%～90% 之间，则进气阀门打开的占空比为 50%。

· 如果检测温度在设定值的 90%～100% 之间，则进气阀门打开的占空比为 30%。

· 如果检测温度在设定值的 100%～102% 之间，则进气阀门打开的占空比为 10%。

· 如果检测温度高于设定值的 102%，则进气阀门打开的占空比为 0。

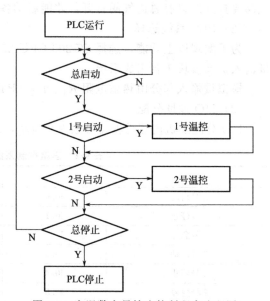

图 9-8　窑温数字量输出控制程序流程图

为了实现控制算法，在程序设计中，每个养护窑安排了 8 个延时断开定时器，产生 4 种不同占空比的脉冲，再由这些脉冲去控制进气阀门的打开与关断。

（5）程序设计

· MAIN：主程序，如图 9-9 所示。

· SBR_0：子程序 1，如图 9-10 所示。

· SBR_1：子程序 2，略。

### 9.2.3　步进电机的定位控制

（1）工艺过程

步进电机是一种用电脉冲进行控制，将电脉冲信号转换成相应角位移的电机。本例是由增量传感器进行位置监视，实现对步进电机定位控制。为了求出传感器信号，将该信号作为 PLC 的高速计数器的输入，检测出位置误差。例如，当启停频率超出时，通过计数丢失可以检测到位置错误。一旦检测出位置误差，就应以较低频率进行位置校正。其控制系统示意图如图 9-11 所示。

（2）系统控制方案

① 初始化　在程序的第一个扫描周期（SM0.1＝1）设置重要的参数。此外，高速计数器 HSC2 由外部复位并初始化为 A/B 计数器。HSC2 对检测定位的增量轴编码器信号计数，传感器的 A 路和 B 路信号分别作为 CPU 输入端 I1.2 和 I1.3 的输入。

由增量传感器进行定位监视。在输出脉冲结束之后，等待 T1 时间，以便使连接电机和传感器的轴连接的扭转振动消失。

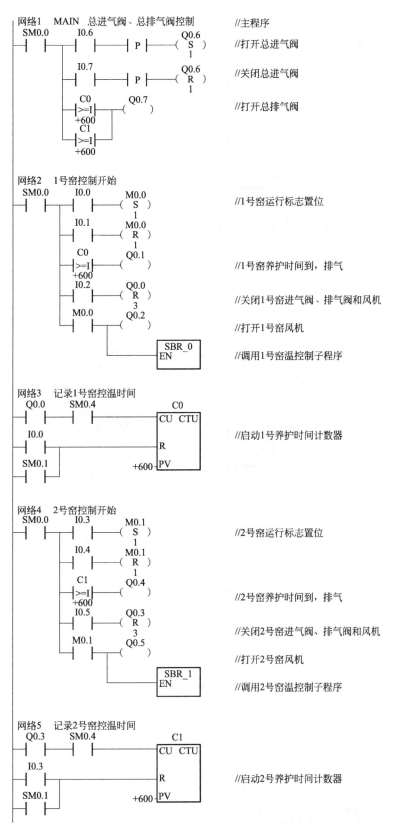

图 9-9 窑温控制系统主程序

网络1　SBR_0　传送1号窑温值，1号窑温设定值　　//子程序

```
SM0.0
─┤ ├──┬──────────┐
      │   SUB_I   │
      │  EN  ENO ─┤
      │           │
      │AIW0─IN1 OUT─VW0
      │+6552─IN2  │
      │           │
      │   DIV_I   │
      │  EN  ENO ─┤
      │           │
      │ VW0─IN1 OUT─VW0
      │+131─IN2   │
      │           │
      │   MUL_I   │
      │  EN  ENO ─┤
      │           │
      │ VW0─IN1 OUT─VW2
      │+100─IN2   │
      │           │
      │   MOV_W   │
      └  EN  ENO ─┤
                  │
       +100─IN OUT─VW4
```

网络2　分段控制

```
SM0.0
─┤ ├──┬──────────┐
      │   MUL_I   │      //第1段的温度控制值
      │  EN  ENO ─┤      为设定值的50倍
      │           │
      │ VW4─IN1 OUT─VW6
      │ +50─IN2   │
      │           │
      │   MUL_I   │      //第2段的温度控制值
      │  EN  ENO ─┤      为设定值的80倍
      │           │
      │ VW4─IN1 OUT─VW8
      │ +80─IN2   │
      │           │
      │   MUL_I   │      //第3段的温度控制值
      │  EN  ENO ─┤      为设定值的90倍
      │           │
      │ VW4─IN1 OUT─VW10
      │ +90─IN2   │
      │           │
      │   MUL_I   │      //第4段的温度控制值
      │  EN  ENO ─┤      为设定值的100倍
      │           │
      │ VW4─IN1 OUT─VW12
      │+100─IN2   │
      │           │
      │   MUL_I   │      //第5段的温度控制值
      └  EN  ENO ─┤      为设定值的102倍
                  │
       VW4─IN1 OUT─VW14
      +102─IN2
```

网络3　控制策略

```
 VW2                          VW2        Q0.0
─┤<I├─────────────────────┬──┤<I├──────( )    //按占空比开、闭进气阀
 VW6                      │   VW14
 VW2      VW2      T101    │
─┤>I├──┤<I├──┤ ├─────┤
 VW6      VW8             │
 VW2      VW2      T103    │
─┤>I├──┤<I├──┤ ├─────┤
 VW8      VW10            │
 VW2      VW2      T105    │
─┤>I├──┤<I├──┤ ├─────┤
 VW10     VW12            │
 VW2      VW2      T107    │
─┤>I├──┤<I├──┤ ├─────┘
 VW12     VW14
```

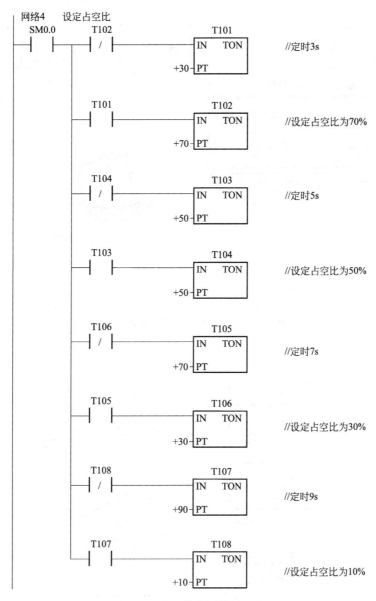

图 9-10　窑温控制系统子程序

② 实际值和设定值的比较　T1 到时后，子程序 4 对实际值和设定值进行比较。如果轴的位置在设定位置的 ±2 步范围内，定位就是正确的。如果实际位置在此目标范围之外，当超过启停频率时，电机失步情况发生，此时，Q1.1 输出一个警告信号。

③ 位置的校正　若定位错误被检测出来，则启动第一等待定时器 T2。此后，根据设定值和实际值之间的差值计算出校正的步数。当校正时，电机频率低于启停频率，以防新的步数丢失。

根据系统示意图，绘出如图 9-12 所示的系统工作流程图。

（3）PLC 系统选择

为了实现图中功能，选择 S7-200 CPU 224 组成系统。

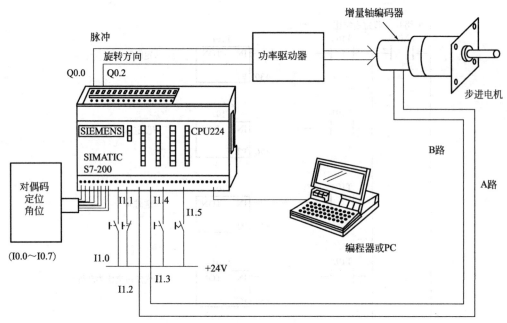

图 9-11　步进电机定位控制系统示意图

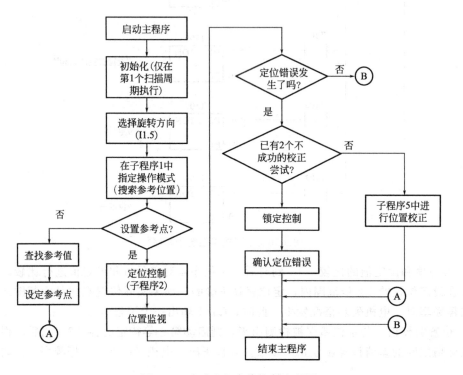

图 9-12　步进电机定位控制流程图

（4）内存变量分配

① I/O 分配及机内器件安排如表 9-3 所示，PLC 外围接线如图 9-11 所示。

表 9-3　步进电机定位控制 I/O 端口安排

| 输　入 | | | 输　出 | |
| --- | --- | --- | --- | --- |
| I0.0～I0.7 | 以度为单位的定位角（对偶码） | Q0.0 | 脉冲输出 | |
| I1.0 | 启动按钮 | Q0.2 | 旋转方向信号 | |
| I1.1 | 停止按钮 | Q1.0 | 操作模式的显示 | |
| I1.2 | 传感器信号，A 路 | Q1.1 | 定位错误的显示 | |
| I1.3 | 传感器信号，B 路 | | | |
| I1.4 | "设置/取消参考点"按钮（确认开关） | | | |
| I1.5 | 选择旋转方向的开关 | | | |

② 其他内存变量。

- 标志位：M0.1　　　　电机运转标志位
　　　　　　M0.2　　　　锁定标志位
　　　　　　M0.3　　　　参考点标志位
　　　　　　M0.4　　　　完成第一次定位标志
　　　　　　M1.1　　　　T1 等待时间到标志位
　　　　　　MD8，MD12　计算步数时的辅助内存单元
　　　　　　M20.0　　　 脉冲输出结束标志位
　　　　　　MW25　　　　错误定位计数器
- 精度：AC0　　　　　　允许偏差的下限
　　　　AC1　　　　　　允许偏差的上限
　　　　AC2　　　　　　设定值
　　　　AC3　　　　　　辅助寄存器

（5）程序设计

本程序共有 1 个主程序、7 个子程序和 1 个中断程序。

① 主程序如下所示：

```
// 初始化
LD      SM0.1            // 仅首次扫描时，SM0.1 才为 "1"
ATCH    0，19            // 把中断程序 0 分配给中断事件 19 (PLSO 脉冲串终止)
ENI                      // 允许中断
MOVW    0，SMW70
CALL    6                // 脉冲宽度 = 0（脉宽调制）
                         // 在子程序 6 中进行初始化

// 高速记数器 HSC2
MOVB    16#FC，SMB57      // 置 HSC2 的控制字节
HDEF    2，10            // 置 HSC2 模式 10：外部复位，A/B 计数器
HSC     2                // 激活 HSC2
// 定位速度
LDW=    MW25，0          // 若没有错误定位
MOVW    200，SMW68       // 则高速定位（T = 200μs）
// 设置逆时针旋转
LDN     M0.1             // 若电机停止（M0.1 = 0）
A       I1.5             // 且按下旋转方向开关（I1.5 = 1）
S       Q0.2，1          // 则逆时针旋转（Q0.2 = 0）
//设置顺时针旋转
LDN     M0.1             // 若电机停止（M0.1 = 0）
AN      I1.5             // 且未按旋转方向开关（I1.5 = 0）
R       Q0.2，1          // 则顺时针旋转（Q0.2 = 0）
// 锁定
LD      I1.1             // 若按 "电机停止（STOP）" 钮
```

```
    OW =      MW25, 3          // 或有 3 个错误定位
    S         M0.2, 1          // 则激活锁定（M0.2 = 1）
    // 解除锁定
    LDN       I1.1             // 若未按电机停止钮 "STOP"（I1.1 = 0）
    AN        I1.0             // 且未按电机启动钮 "START"（I1.0 = 0）
    AW< =     MW25, 2          // 且小于 2 个错误定位
    R         M0.2, 1          // 则解除锁定
    // 指定操作模式（检索参考/定位）
    LD        I1.4             // 若按下 "设置/删除参考点" 按钮（I1.4 = 1）
    EU                         // 且上升沿
    AN        M0.2             // 且无锁定（M0.2 = 0）
    AN        M0.4             // 且无定位（M0.4 = 0）
    CALL      1                // 则调用子程序 1 指定操作模式
    // 启动电机
    LD        I1.0             // 若按 "电机启动" 接钮 "START"（I1.0 = 1）
    EU                         // 且上升沿
    AN        M0.1             // 且电机在停止状态（M0.1 = 0）
    AN        M0.2             // 且无联锁（M0.2 = 0）
    AN        M0.4             // 且无定位控制（M0.4 = 0）
    AD> =     SMD72, 1         // 且步数 > 1，则
    MOVD      0, SMD58         // 置 HSC2 的起始值为 "0"
    HSC       2                // 启动 HSC2
    MOVB      16#85, SMB67     // 激活脉冲输出功能 PTO0（即置 PTO0）的控制位
    S         M0.1, 1          // "电机运转" 标志置位（M0.1 = 1）
    PLS       0                // 启动输出端 Q0.0 输出脉冲
    // 定位
    LD        M0.3             // 若 "定位" 操作模式（M0.3 = 1）
    AN        M0.4             // 且尚未定位（M0.4 = 0）
    CALL      2                // 则调用子程序 2 定位
    // 位置校正
    LD        M1.1             // 若 T1 到时（M1.1 = 1）
    AW> =     MW25, 1          // 检测出错误定位（MW25 ≥ 1）
    AN        M0.2             // 且未激活锁定（M0.2 = 0）
    TON       T98, 100         // 则启动等待定时器 T2（1s）
    LD        T98              // 若 T2 到时（T98 = 1），
    CALL      5                // 调用子程序 5 计算校正步数
    MOVW      1000, SMW68      // 用 1kHz 进行位置校正
    MOVB      16#85, SMB67     // 激活 PTO0（即置 PTO0 的控制位）
    S         M0.1, 1          // 设置 "电机运转" 标志（M0.1 = 1）
    PLS       0                // 启动 Q0.0 输出脉冲
    R         M1.1, 1          //T1 复位（M1.1 = 0）
    // 位置监视
    LD        M20.0            // 若脉冲输出结束（M20.0 = 1）
    AN        M0.2             // 且未激活锁定（M0.2 = 0）
    TON       T97, 50          // 则启动等待定时器 T1（500ms）
    LD        T97              // 若 T1 到时（T97 = 1），
    S         M1.1, 1          // T1 标志置位（M1.1 = 1）
    CALL      4                //在子程序 4 中调用位置监视
    R         M20.0, 1         // 脉冲输出结束标志位复位（M20.0 = 0）
    // 电机停止
    LD        I1.1             // 若按下 "电机停止" 钮 "STOP"（I1.1 = 1）
    EU                         // 且上升沿
    A         M0.1             // 且电机在运转（M0.1 = 1）
    CALL      0                // 则调用子程序 0 停止电机
    // 3 次定位失败之后的错误确认
```

| LD | I1.4 | // 若按下确认钮（I1.4 = 1） |
|---|---|---|
| EEU | | //且上升沿 |
| AW = | MW25, 3 | // 且有 3 次定位失败 |
| CALL | 6 | //则调用子程序 6 返回初始状态 |
| MEND | | // 主程序结束 |

② 子程序如下所示：

• 子程序 0：

// 子程序 0 "停止电机"

| SBR | 0 | // 子程序 0 |
|---|---|---|
| LD | SM0.0 | // SM0.0 总是 "1" |
| MOVB | 16#CB, SMB67 | // 激活脉冲宽度调制（即置 PTO0 的控制位） |
| PLS | 0 | // Q0.0 停止输出脉冲 |
| R | M0.1, 1 | //对 "电机运转" 标志复位（M0.1 = 0） |
| RET | | // 子程序 0 结束 |

• 子程序 1：

// 子程序 1 "指定操作模式"

| SBR | 1 | // 子程序 1 |
|---|---|---|
| LD | M0.1 | // 若电机运转（M0.1 = 1） |
| CALL | 0 | // 则调用子程序 0 停止电机 |

// 开始检索参考点

| LD | M0.3 | // 若 "定位" 标志激活（0.3 = 1） |
|---|---|---|
| R | M0.3, 1 | // 则参考点标志复位（M0.3 = 0） |
| R | Q1.0, 1 | // 删除 "定位激活" 信号（Q1.0 = 0） |
| MOVD | 16#1999997C, | // 为新的参考点设置最大脉冲数 |
| CRET | SMD72 | // 条件返回 |

//请求定位控制

| LDN | M0.3 | // 若未设置参考点（M0.3 = 0） |
|---|---|---|
| S | M0.3, 1 | // 则参考点标志位置位（M0.3 = 1） |
| S | Q1.0, 1 | // 输出 "定位激活" 信号（Q1.0 = 1） |
| RET | | // 子程序 1 结束 |

• 子程序 2：

// 子程序 2 "计算步数，允许偏差极限"

| SBR2 | | // 子程序 2 |
|---|---|---|
| LD | SM0.0 | // SM0.0 总为 "1" |
| MOVB | IB0, MB11 | // 把预设定位角从输入字节 IB0 复制到 MD8 的最低有效字节 MB11 |
| R | M8.0, 24 | // MB8～MB10 清零 |
| MOVW | K9, VW10 | //把 "9" 置入 VW10 |
| DIV | VW10, MD8 | //角度／9 = a1 + r1（a1 = 商，r1 = 余数） |
| MOVW | MW8, MW14 | // 把 r1（余数）存入 MD12 |
| MUL | 25, MD8 | //a1×25 = MD8 |
| MUL | 25, MD12 | //r1×25 = MD12 |
| DIV | VW10, MD12 | // r1×25/9 = a2 + r2（a2 = 商，r2 = 余数） |
| CALL | 3 | // 在子程序 3 中四舍五入步数 |
| MOVW | 0, MW12 | // 删除 r2 |
| +D | MD12, MD8 | // 把步数写入 MD8（MD12 + MD8 = MD8） |
| MOVD | MD8, AC2 | // 步数 = 设定值（把步数 MD8 存入累加寄存器 AC2） |
| MOVD | AC2, SMD72 | // 把步数存入 SMD72 |
| LD | I1.5 | // 若按下逆时针旋转钮（I1.5 = 1） |
| INVD | AC2 | // 则 AC2 取反 |
| INCD | AC2 | // AC2 + 1 = AC2 |
| LD | SM0.0 | // SM0.0 总为 "1" |
| MOVD | AC2, AC0 | // AC2 存入 AC0 |
| MOVD | AC2, AC1 | //AC2 存入 AC1 |

```
－D       2，AC0              // 最低限值（AC2－2＝AC0）
＋D       2，AC1              // 最高限值（AC2＋2＝AC1）
RET                          // 子程序 2 结束
```

## • 子程序 3：

```
// 子程序 3 "四舍五入步数"
SBR      3                   // 子程序 3
LDW＞＝   MW12，5             // 如果 r2≥5/9
INCW     MW14                // 则步数增加 1
RET                          // 子程序 3 结束
```

## • 子程序 4：

```
// 子程序 4 "位置监视"
SBR4                         // 子程序 4
LDD＜＝   HC2，AC1
AD＞＝    HC2，AC0            // 若当前值在限值范围内（即 AC0≤HC2≤AC1）
R        M0.4，1             // 则第 1 个位置标志复位（M0.4＝0）
R        M25.0，16           // 错误定位计数器复位
R        Q1.1，1             // 删除错误定位显示（Q1.1＝0）
CRET                         // 条件返回
LD       SM0.0               // 否则错误定位
INCW     MW25                // 错误定位计数器加 1
S        Q1.1，1             // 显示错误定位
RET                          // 子程序 4 结束
```

## • 子程序 5：

```
// 子程序 5 "计算校正步数"
SBR      5                   // 子程序 5
LD       SM0.0               // SM0.0 总为 "1"
MOVD     AC2，AC3            // AC2 存入 AC3
－D       HC2，AC3            // 设定值—实际值＝AC3
LDD＜＝   HC2，AC0            // 若实际值＜设定值 AC0
MOVD     AC3，SMD72          // 则步数＝设定值—实际值
LDD＜＝   HC2，AC0            // 若实际值＜设定值 AC0
A        I1.5                // 且逆时针方向旋转（I1.5＝1）
R        Q0.2，1             // 则顺时针方向校正
CRET                         // 条件返回
LDD＞＝   HC2，AC1            // 若实际值＞设定值 AC1
INVD     AC3                 // 则 AC3 取反
INCD     AC3                 // AC3＋1＝AC3
MOVD     AC3，SMD72          // 步数＝实际值—设定值
LDD＞＝   HC2，AC1            // 若实际值＞设定值 AC1
AN       I1.5                // 且顺时针方向旋转时（方向开关 I1.5＝0）
S        Q0.2，1             // 则逆时针方向校正
RET                          // 子程序 5 结束
```

## • 子程序 6：

```
// 子程序 6 "程序开始和错误确认之后的初始化"
SBR      6                   // 子程序 6
LD       SM0.0               // SM0.0 总为 "1"
R        M0.0，128           // M0.0～M15.7 复位
R        M25.0，16           // 错误定位计数器复位
R        Q1.0，2             // 操作模式和错误定位显示复位（Q1.0＝0，Q1.1＝0）
MOVD     16#1999997C，SMD72  // 搜索参考点的脉冲计数（PTO0）
RET                          // 子程序 6 结束
```

## ③ 中断程序如下所示：

```
// 中断 0 "脉冲输出终止"
```

| INT | 0 | // 中断程序 0 |
| LD | SM0.0 | // SM0.0 总是 "1" |
| R | M0.1, 1 | // "电机运转" 标志复位（M0.1＝0） |
| S | M20.0, 1 | // "脉冲输出结束" 标志置位（M20.0＝1） |
| LDN | M0.4 | // 第 1 次定位控制之后 |
| S | M0.4, 1 | // 设置相应标志信号（M0.4＝1） |
| RETI | | // 中断程序 0 结束 |

## 9.2.4　读取条形码阅读器信息的控制

（1）工艺过程

本例说明如何将 S7-200 CPU 224 与条形码阅读器配合使用。读入条形码的信息，经解码器翻译后，通过自由通信口模式（Freeaort Mode）把信息传入 PLC。在 S7-200 CPU 224 的内存中有两个缓冲区，用来存储条形码信息，这两个缓冲区轮流地存储每次新读入的条形码。

该系统从条形码阅读器接收信息再存入两个缓冲区。从条形码解码器传出的信息是 ASCII 码形式，所接收的条形码存在 SIMATIC 内存中。这些数据可被程序利用，但本例仅仅将信息存入接收缓冲区，可以利用 SIMATIC S7-200 程序包来查看。

其控制系统示意图如图 9-13 所示。

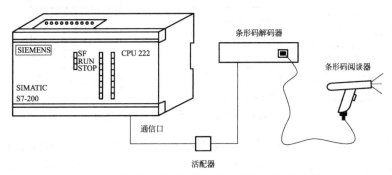

图 9-13　接收条形码阅读器信息控制系统示意图

（2）系统控制方案

根据系统要求，绘制如图 9-14 所示的系统工作流程图。

（3）程序设计

本程序共有以下几个程序：
- 主程序（MAIN）：初始化程序。
- 子程序 0（SBR0）：接收条形码。
- 中断程序 0（INT0）：缓冲区 0 接收。
- 中断程序 1（INT1）：缓冲区 1 接收。

① 主程序　主程序的基本任务是初始化协议模式。

若开关在 "RUN" 位置，则特殊存储标志位 SM0.7 被设置为 "1"，可以采用自由通信口模式。准确的自由通信口模式协议是通过特殊标志字节 SM30 来设定。若开关在 "TERM" 位置，则 SM0.7 为 "0"，传输协议将是点到点接口协议（PPI）。因此，条形码阅读器将不能向 PLC 发送信息，因为条形码阅读器不支持 PPI 协议。

| LD | SM0.1 | // 第一次扫描标志位 SM0.1＝1 |
| CALL | 0 | // 调子程序 0 |
| LD | SM0.7 | // 若在 TERM 模式，则设置 PPI（点到点接口）协议 |
| = | SM30.0 | // 若在 RUN 模式，则设置 Freeport（自由通信口）协议 |
| MEND | | // 主程序结束 |

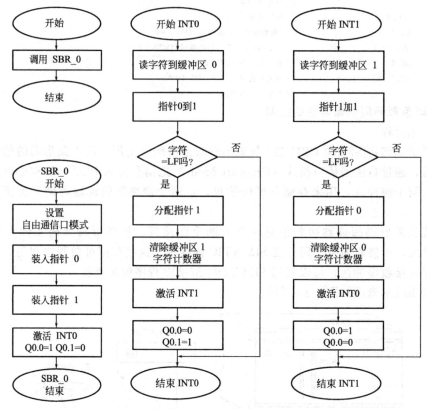

图 9-14　接收条形码阅读信息控制系统流程图

② 子程序 0　若开关在"RUN"位置，则置成自由通信口模式，SIMATIC 从条形码解码器得到信息。选择自由通信口模式协议，并且定义两个指针。缓冲区 0 首地址（VB100）装入指针 VD50，缓冲区 1 首地址（VB200）装入指针 VD60。用 VW54 和 VW64 作为字符计数器，激活中断程序 0 并允许中断。

```
SBR     0               // 准备接收条形码
MOVB    +4, SMB30       // 9600bps, 无奇偶校验, 每字符 8 位
MOVD    & VB100, VD50   // 指针指向缓冲区 0
MOVD    & VB200, VD60   // 指针指向缓冲区 1
MOVD    VD50, VD56      // VD56 也指向缓冲区 0
MOVW    +4, VW54        // 清除缓冲区 0 的字符计数器
ATCH    +0, 8           // 中断程序 0 处理缓冲区 0 的接收
MOVB    +1, QB0         // 设 Q0.0 为 1, Q0.1 为 0
ENI                     // 允许中断
RET                     // 结束子程序 0
```

③ 中断程序 0　若缓冲区 0 有效，则中断 0 中断程序，执行下面的程序：

指针 VD66 内容加 1，指向缓冲区的下一个位置，并且字符计数器加 1。若字符是 LF，则转向缓冲区 1 接收。允许接收中断 1，且设置输出 Q0.0 为 "0"，Q0.1 为 "1"。

```
INT     0               // 缓冲区 0 接收
MOVB    SMB2, * VD56    // 字符装入缓冲区 0
INCD    VD56            // 指针加 1, 指向缓冲区的下一个位置
INCW    VW54            // 字符计数器加 1
LDB =   SMB2, 10        // 若字符是 LF
MOVD    VD60, VD66      // 则使指针 VD66 指向缓冲区 1
MOVW    +0, VW64        // 清除缓冲区 1 的字符计数器
```

```
ATCH      +1, 8          // 中断程序 1 处理缓冲区 1 的接收
MOVB      +2, QB0        // 设置 Q0.0 为 "0"，Q0.1 为 "1"
RETI                     // 中断程序 0 结束
```

④ 中断程序 1　若缓冲区 1 有效，则中断 1 中断程序，执行下面的程序：

指针（VD66 内容）加 1，指向缓冲区下一个位置，并且字符计数器加 1，且设置输出 Q0.0 为 "1"，Q0.1 为 "0"。

```
INT       1              // 缓冲区 1 接收
MOVB      SMB2, * VD56   // 字符装入缓冲区 1
INCD      VD66           // 指针加 1，指向缓冲区的下一个位置
INCW      VW64           // 字符计数器加 1
LDB =     SMB2, 1        // 若字符是 LF，则
MOVD      VD50，VD56      // 使指针 VD56 指向缓冲区 0
MOVW      +0，VW54        // 清除缓冲区 0 的字符计数器
ATCH      +0, 8          // 中断程序 0 处理缓冲区 0 的接收
MOVB      +2, QB0        // 设置 Q0.0 为 "1"，Q0.1 为 "0"
RETI                     // 中断程序 1 结束
```

# 思考与练习

9-1　一般来说，中小型 PLC 最适合应用于什么类型的控制系统中？

9-2　选择 PLC 时，一般要考虑哪方面的问题？

9-3　试设计一个居室安全系统的控制程序，使户主在度假期间四个居室的百叶窗和照明灯有规律地打开和关闭或接通和断开。要求白天百叶窗打开，晚上百叶窗关闭；白天及深夜照明灯断开，晚上 6 时～10 时使四个居室的照明灯轮流接通 1 小时。

9-4　设计一个温度监测控制系统。系统要求：将被控系统的温度控制在 $50 \sim 60℃$ 之间。当温度低于 $50℃$ 或高于 $60℃$ 时，应能自动调整；当调整 3min 后仍不能脱离不正常状态，采用声光报警，提醒操作人员排除故障。

# 第10章 STEP7-Micro/WIN32 编程软件的使用

STEP7-Micro/WIN32 编程软件是基于 Windows 的应用软件，由西门子公司专门为 S7-200 系列可编程控制器设计开发。它的功能强大，主要为用户开发控制程序使用，同时可实时监控用户程序的执行状态。它是西门子 S7-200 用户不可缺少的开发工具。本章主要介绍 STEP7-Micro/WIN32（V3.1 SP2 中文版）软件的安装、基本功能，以及如何用编程软件进行编程、调试和运行监控等。

## 10.1 硬件连接及软件安装

### 10.1.1 硬件连接

可以采用 PC/PPI 电缆建立个人计算机与 PLC 之间的通信。这是单主机与个人计算机的连接，不需要其他硬件，如调制解调器和编程设备。

典型的单主机连接及 CPU 组态如图 10-1 所示。把 PC/PPI 电缆的 PC 端连接到计算机的 RS-232 通信口（一般是 COM1），把 PC/PPI 电缆的 PPI 端连接到 PLC 的 RS-485 通信口即可。

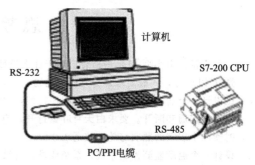

图 10-1 PLC 与计算机的连接

### 10.1.2 软件安装

（1）一般英文版的编程软件安装

STEP7-Micro/WIN32 编程软件在一张光盘上，用户可按以下步骤安装：

① 将光盘插入光盘驱动器，系统自动进入安装向导（或在光盘目录里双击"setup"，进入安装向导）。

② 按照安装向导完成软件的安装。软件程序安装路径可使用默认子目录，也可以在使用"浏览"按钮弹出的对话框中任意选择或新建一个新子目录。

（2）汉化版编程软件安装

必须选择 V3.1.1.6 版本的程序安装，因为汉化补丁程序是附加在该版本的编程软件上的。程序安装步骤如下所述：

① 在光盘目录下，找到"mwin_service_pack_fromV3.1to3.11"软件包。按照安装向导进行操作，把原来的 V3.1 英文版本编程软件转换为 3.11 版本。

② 打开"Chinese3.1.1"目录，然后双击"setup"，再按照安装向导操作，完成汉化补丁的安装。

### 10.1.3 参数设置

（1）检查参数

安装完软件并且设置、连接好硬件之后，按下面的步骤核实默认的参数：

① 在 STEP7-Micro/WIN32 运行时单击通信图标，或从"视图（View）"菜单中选择选项"通信（Communications）"，出现一个通信对话框。

② 在对话框中双击 PC/PPI 电缆的图标，将出现"PG/PC 接口"对话框。

③ 单击"Properties"按钮，将出现"接口属性"对话框。检查各参数的属性是否正确。通信波特率默认值为"9600bps"。

（2）在线联系

前几步如果都顺利完成，则可以建立与西门子 S7-200 CPU 的在线联系。

① 在 STEP7-Micro/WIN 32 下单击通信图标，或从"视图（View）"菜单中选择"通信（Communications）"选项，出现一个"通信建立结果"对话框，显示是否连接了 CPU 主机。

② 双击"通信建立"对话框中的刷新图标，STEP7-Micro/WIN32 将检查所连接的所有 S7-200 CPU 站，并为每个站建立一个 CPU 图标。

③ 双击要通信的站，在"通信建立"对话框中显示所选的通信参数。

此时，可以建立与 S7-200 CPU 主机的在线联系，如主机组态、上装和下载用户程序等。

（3）建立、修改 PLC 通信参数

如果建立了计算机和 PLC 的在线联系，就可以利用软件检查、设置和修改 PLC 的通信参数。

① 单击引导条中的系统块图标，或从"视图（View）"菜单中选择"系统块（System Block）"选项，将出现"系统块"对话框。

② 单击"通信口［Port(s)］"选项卡。检查各参数，确认无误后单击"确定"按钮。如果需要修改某些参数，可以先进行有关的修改，再单击"确认（OK）"键，然后退出。

③ 单击工具条中的下载按钮 ▼，把修改后的参数下载到 PLC 主机。

# 10.2 编程软件的主要功能

## 10.2.1 基本功能

STEP7-Micro/WIN 32 的基本功能是协助用户完成开发应用软件的任务，例如创建用户程序、修改和编辑原有的用户程序。编辑过程中，编辑器具有简单语法检查功能，还有一些工具性的功能，例如用户程序的文档管理和加密等。此外，可以直接用软件设置 PLC 的工作方式、参数和运行监控等。

利用程序编辑过程中的语法检查功能，可以避免一些语法和数据类型方面的错误。

在梯形图中，错误处的下方自动加红色曲线；语句表中的错误行前有红色叉，且错误处的下方加红色曲线。

软件功能可以在联机工作方式（在线方式）下实现，部分功能也可以在离线工作方式下实现。

① 联机方式：有编程软件的计算机与 PLC 连接，此时允许两者之间直接通信。

② 离线方式：有编程软件的计算机与 PLC 断开连接，此时能完成大部分基本功能，如编程、编译和调试程序系统组态等。

两者的主要区别是：联机方式下可直接针对相连的 PLC 进行操作，如上装和下载用户程序及组态数据等；而离线方式下不直接与 PLC 联系，所以程序和参数都暂时存放在磁盘上，联机后再下载到 PLC 中。

## 10.2.2 主界面

启动 STEP7-Micro/WIN32 编程软件，其主要界面外观如图 10-2 所示。

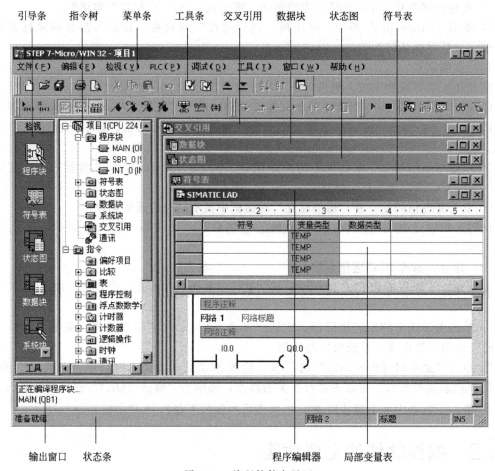

图 10-2　编程软件主界面

界面一般分为以下几个区：菜单条（包含 8 个主要菜单项）、工具条（快捷按钮）、引导条（快捷操作窗口）、指令树（Instruction Tree）（快捷操作窗口）、输出窗口和用户窗口（可同时或分别打开图中的 5 个用户窗口）。

除菜单条外，用户可根据需要决定其他窗口的取舍和样式的设置。

（1）菜单条

允许使用鼠标单击或对应热键的操作，这是必选区。各主要菜单项功能如下所述：

① 文件（File）　文件操作如新建、打开、关闭、保存文件，上装和下载程序，还有文件的打印预览、设置和操作等。

② 编辑（Edit）　程序编辑的工具，如选择、复制、剪切、粘贴程序块或数据块，同时提供查找、替换、插入、删除和快速光标定位等功能。

③ 视图（View）　视图可以设置软件开发环境的风格，如决定其他辅助窗口（如引导窗口、指令树窗口、工具条按钮区）的打开与关闭；包含引条中所有的操作项目；选择不同语言的编程器（包括 LAD、STL、FBD 三种）。

④ 可编程控制器（PLC）　PLC 可建立与 PLC 联机时的相关操作，如改变 PLC 的工作方式、在线编译、查看 PLC 的信息、清除程序和数据、时钟、存储器卡操作、程序比较、PLC 类型选择及通信设置等；还提供离线编译的功能。

⑤ 调试（Debug）　调试用于联机调试。

⑥ 工具（Tools）　工具可以调用复杂指令向导（包括 PID 指令、NETR/NETW 指令和 HSC 指令），使复杂指令编程工作大大简化；安装文本显示器 TD-200 向导；用户化界面风格（设置按钮及按钮样式，可添加菜单项）；用选择子菜单也可以设置 3 种编辑器的风格，如字体、指令盒的大小等。

⑦ 窗口（Windows）　窗口可打开一个或多个，并可完成窗口之间的切换；可以设置窗口的排放形式，如层叠、水平和垂直等。

⑧ 帮助（Help）　通过"帮助"菜单上的目录和索引检阅几乎所有相关的使用帮助信息。"帮助"菜单还提供网上查询功能。在软件操作过程中的任何步骤或任何位置，都可以按 F1 键来显示在线帮助，大大方便了用户的使用。

（2）工具条

工具条提供简便的鼠标操作，将最常用的 STEP7-Micro/WIN 32 操作以按钮形式设定到工具条。可以用"视图（View）"菜单中的"工具（Toolbars）"选项来显示或隐藏 3 种工具条：标准（Standard）、调试（Debug）和指令（Instructions）。

（3）引导条

该条可用"视图（View）"菜单中的"引导条（Navigation Bar）"选项来选择是否打开。

它为编程提供按钮控制的快速窗口切换功能，包括程序块（Program Block）、符号表（Symbol Table）、状态图表（Status Chart）、数据块（Data Block）、系统块（System Block）、交叉索引（Cross Reference）和通信（Communication）。

单击任何一个按钮，则主窗口切换成此按钮对应的窗口。

引导条中的所有操作都可用"指令树（Instruction Tree）"窗口或"视图（View）"菜单来完成，可以根据个人爱好来选择使用引导条或指令树。

（4）指令树

可用"视图（View）"菜单中的"指令树（Instruction Tree）"选项来选择是否打开指令树，它提供编程时用到的所有快捷操作命令和 PLC 指令。

（5）交叉索引

它提供 3 个方面的索引信息，即交叉索引信息、字节使用情况信息和位使用情况信息。使编程所用的 PLC 资源一目了然。

（6）数据块

该窗口可以设置和修改变量存储区内各种类型存储区的一个或多个变量值，并加注必要的注释说明。

（7）状态图表

该图表可在联机调试时监视各变量的值和状态。

（8）符号表

实际编程时，为了增加程序的可读性，常用带有实际含义的符号作为编程元件代号，而不是直接使用元件在主机中的直接地址。例如，编程中 Start 作为编程元件代号，而不用 I0.3。符号表可用来建立自定义符号与直接地址之间的对应关系，并可附加注释，使程序清晰易读。

（9）输出窗口

该窗口用来显示程序编译的结果信息，如各程序块（主程序、子程序的数量及子程序号、中断程序的数量及中断程序号）及各块的大小、编译结果有无错误、错误编码和位置等。

（10）状态条

状态条也称任务栏，与一般的任务栏功能相同。

（11）编程器

该编程器可用梯形图、语句表或功能图表编程器编写用户程序，或在联机状态下从 PLC 上装用户程序完成读程序或修改程序。

（12）局部变量表

每个程序块都对应一个局部变量表，在带参数的子程序调用中，参数传递就是通过局部变量表完成的。

### 10.2.3　系统组态

使用 S7-200 编程软件，可以进行参数设置和系统配置，如通信组态、设置数字量输入滤波、设置脉冲捕捉、配置输出表和定义存储器保持范围等。在实际工作中用到时可参考编程手册。

## 10.3　编程软件的使用

本节介绍如何使用 STEP7-Micro/WIN 32 软件编程，这是学习的重点。

### 10.3.1　程序文件操作

（1）新建

建立一个程序文件，可用"文件（File）"菜单中的"新建（New）"命令，在主窗口将显示新建的程序文件主程序区；也可以用工具条中的 按钮来完成。如图 10-3 所示为一个新建程序的指令树。

系统默认初始设置如下：新建的程序文件以"项目 1（CPU221）"命名，包括系统默认 PLC 的型号。项目中包含了 7 个相关的块。其中，程序块中有 1 个主程序、1 个子程序 SBR_0 和 1 个中断程序 INT_0。

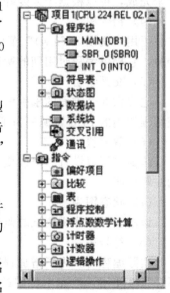

用户可以依据实际编程需要完成以下操作：

① 确定主机型号。首先要根据实际应用情况选择 PLC 型号。右击"项目 1（CPU 221）"图标，在弹出的按钮中单击"类型（Type）"，或选择"PLC"菜单中的"类型（Type）"命令，然后在弹出的对话框中选择所有的 PLC 型号。

② 程序更名。

• 项目文件更名：如果新建了一个程序文件，选择"文件（File）"菜单中的"另存为（Save as）"命令，然后在弹出的对话框中输入新的文件名。

• 子程序和中断程序更名：在指令树窗口中，右击要更名的子程序或中断程序名称，在弹出的选择按钮中单击"重命名（Rename）"，然后输入新的名称。

图 10-3　新建程序的结构

主程序的名称一般默认为 MAIN，任何项目文件的主程序只有一个。

③ 添加一个子程序或一个中断序。

方法 1：在指令树窗口中，右击"程序块（Program Block）"图标，在弹出的选择按钮中单击"插入子程序（Insert Subroutine）"或"插入中断程序（Insert Interrupt）"项。

方法 2：选择"编辑（Edit）"菜单中的"插入（Insert）"命令。

方法 3：在编辑窗口中单击编辑区，在弹出的菜单选项中选择"插入（Insert）"命令。新生成的子程序和中断程序根据已有子程序和中断程序的数目，默认名称为 SBR_n 和 INT_n，用户可以自行更名。

④ 编辑程序。编辑程序块中的任何一个程序，只要在指令树窗口中双击该程序的图标即可。

（2）打开已有文件

打开磁盘中已有的程序文件，可采用"文件（File）"菜单中的"打开（Open）"命令，在弹出的对话框中选择打开程序文件；也可通过单击工具条中的 📂 按钮打开文件。

（3）上载文件

在已经与 PLC 建立通信的前提下，如果要上载 PLC 存储器中的程序文件，可采用"文件（File）"菜单中的"上载（Upload）"命令，也可以通过单击工具条中的 ⬆ 按钮来完成。

### 10.3.2　程序的编辑

编辑和修改控制程序是程序员利用 STEP7-Micro/WIN 32 软件完成的最基本的工作，该软件有较强的编辑功能。本节以梯形图编辑器为例，介绍一些基本编辑操作，其语句表和功能块图编辑器的操作与之类似。

下面以图 10-4 所示的梯形图程序为例，介绍程序的编辑过程和相关操作。

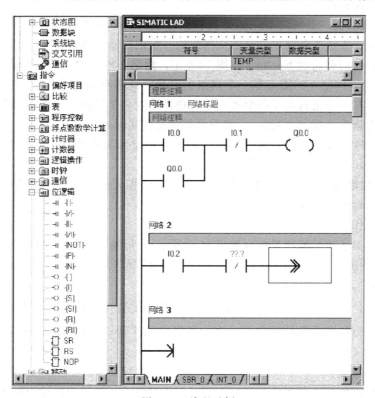

图 10-4　编程示例

（1）输入编程元件

梯形图的编程元件（编程元素）主要有线圈、触电、指令盒、标号及连接线。输入方法有以下两种：

• 指令树窗口中的"指令（Instructions）"所列的一系列指令类别编排在不同子目录

中，找到要输入的指令并双击，如图 10-4 所示。

•利用指令工具条上的一组编程按钮，单击触点、线圈和指令盒按钮，从弹出窗口的下拉菜单所列出的指令中选择要输入的指令并单击。工具按钮和弹出的窗口下拉菜单如图 10-5 和图 10-6 所示。

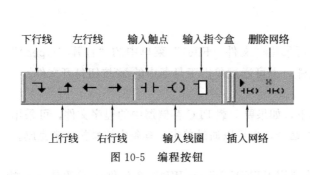

图 10-5　编程按钮

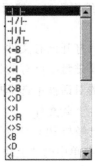

图 10-6　下拉菜单

在指令工具条上，有 7 个按钮用于输入编程元件：下行线、上行线、左行线和右行线按钮用于输入连接线，由此形成复杂梯形图结构；输入触点、输入线圈和输入指令盒按钮用于输入编程元件。图 10-6 所示为单击输入触点按钮时弹出的下拉菜单。插入网络和删除网络按钮在编辑程序时使用。

① 顺序输入　在一个网络中，如果只有编程软件的串联连接，输入和输出都无分叉，则视作顺序输入。方法非常简单，只需从网络的开始依次输入各编程元件即可。每输入一个元件，光标自动向后移动到下一列。在图 10-4 中，网络 2 所示为一个顺序输入的例子。

在图 10-4 中，网络 3 的图形是一个网络的开始，此图形表示可在此继续输入元件。而网络 2 已经连续在一行上输入了两个触点，若想再输入一个线圈，直接在指令树中双击线圈图标。图中的方框为光标（大光标），编程元件就是在光标处被输入。

② 输入操作数　图 10-4 中的"??.?"表示此处必须有操作数，且操作数为触点的名称。可单击"??.?"，然后键入操作数。

③ 任意添加输入　如果想在任意位置添加一个编程元件，只需单击这一位置并将光标移到此处，然后输入编程元件。

（2）复杂操作

利用指令工具条中的编程按钮（如图 10-5 所示），可编辑复杂结构的梯形图。本例中的实现如图 10-7 所示，方法是单击图中第一行下方的编程区域，则在下一行的开始处显示光标（图中的方框），然后输入触点，生成新的一行。

输入完成后，出现图 10-8 所示界面。将光标移到要合并的触点处，单击 ⏎ 按钮。

如果要在一行的某个元件后向下分支，可将光标移到该元件，单击按钮 ⏎，然后在生成的分支顺序输入各元件。

（3）插入和删除

编程中经常需要插入和删除一行、一列、一个网络、一段子程序或中断程序等，方法有两种：在编程区右击要操作的位置，弹出下拉菜单，选择"插入（Insert）"或"删除（Delete）"选项，再弹出子菜单，单击要插入或删除的项，然后进行编辑；也可以使用"编辑（Edit）"菜单中的命令进行上述操作。

对元件剪切、复制或粘贴等的操作方法也与上述类似。

（4）块操作

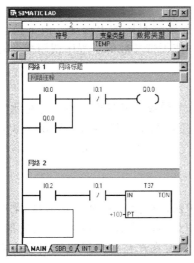

图 10-7　新生成行

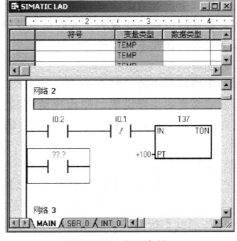

图 10-8　向上合并

利用块操作对程序大面积删除、移动、复制十分方便。块操作包括块选择、块剪切、块复制和块粘贴。这些操作非常简单，与一般字处理软件中的相应操作方法完全相同。

（5）符号表

使用符号表，可将直接地址编号用具有实际含义的符号代替，使程序结构清晰易读。使用符号表有两种方法：

① 在编程时使用直接地址（如 I0.0），然后打开符号表，编写与直接地址对应的符号（如与 I0.0 对应的符号为"启动"），编译后由软件自动转换名称。

② 在编程时直接使用符号名称，然后打开符号表，编写与符号对应的直接地址，编译后得到相同的结果。

要进入符号表，单击"检视"菜单中的"符号表"项或引导条窗口中的"符号表"按钮。"符号表"窗口如图 10-9 所示。单击单元格，可录入符号名、对应的直接地址，也可加注释说明；右击单元格，可进行修改、插入、删除等操作。为图 10-4 所示的直接地址编号填写符号后，编译形成如图 10-10 所示的结果。

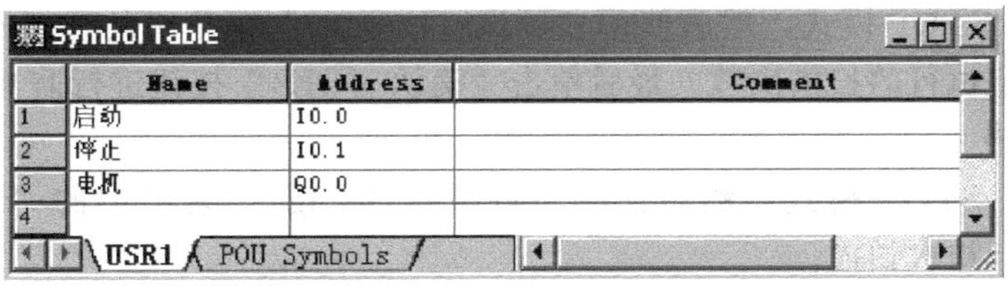

| | Name | Address | Comment |
|---|---|---|---|
| 1 | 启动 | I0.0 | |
| 2 | 停止 | I0.1 | |
| 3 | 电机 | Q0.0 | |
| 4 | | | |

USR1 ∧ POU Symbols

图 10-9　"符号表"窗口

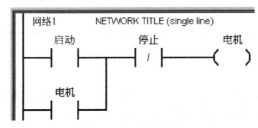

图 10-10　直接地址

（6）局部变量表

打开局部变量表的方法是：将光标移到编辑器的程序编辑区的上边缘，向下拖动上边缘，将自动显露出局部变量表，此时可设置局部变量。使用带参数的子程序调用指令时会用到局部变量表，在此不再详述。

（7）注释

梯形图编程器中的"网络 n（Network n）"标志每个梯级，又是标题栏，可在此为本梯级加标题或必要的注释说明，使程序清晰易读。方法是：双击"网络 n"区域，弹出对话框，此时可以在"题目（Title）"文本框中输入标题，在"注释（Comment）"文本框中输入注释。

（8）编程语言转换

软件可实现三种编程语言（编辑器）之间的任意切换。选择"视图（View）"菜单，然后单击 STL、LAD 或 FBD 进入对应的编程环境。使用最多的是 STL 和 LAD 之间的切换。STL 可以按照或不按网络块的结构顺序编程，但 STL 只有在严格按照网络块编程的格式下编程才可以切换到 LAD，否则无法转换。

（9）编译

程序编辑完成，使用"PLC"菜单的"编译（Compile）"命令进行离线编译。编译结束后，在输出窗口显示编译结果信息。

（10）下载

如果编译无误，单击下载按钮 ，把用户程序下载到 PLC 中。

# 10.4  调试及运行监控

STEP7-Micro/WIN32 编程软件提供了一系列工具，使用户直接在软件环境下调试并监视用户程序的执行。

## 10.4.1  选择扫描次数

选择单次或多次扫描来监视用户程序，可以指定主机以有限的扫描次数执行用户程序。通过选择主机扫描次数，当过程变量改变时，可以监视用户程序的执行。

（1）多次扫描

将 PLC 置于 STOP 模式，然后使用"调试（Debug）"菜单中的"多次扫描（Multiple Scans）"命令指定执行的扫描次数，最后单击"确认（OK）"按钮进行监视。

（2）初次扫描

将 PLC 置于 STOP 模式，然后使用"调试（Debug）"菜单中的"初次扫描（First Scans）"命令进行初次扫描。

## 10.4.2  状态图表监控

可以使用状态图表监视用户程序，并用强制表操作修改用户程序中的变量。

（1）使用状态图表

在引导条窗口中单击"状态图（Status Chart）"，或使用"视图（View）"菜单中的"状态图"命令。当程序运行时，可以使用状态图来读、写、监视和强制其中的变量，如图 10-11 所示。

当用状态图表时，将光标移到某一个单元格。右击单元格，在弹出的下拉菜单中单击一项，可以实现相应的编辑操作。根据需要，可建立多个状态图表。

状态图表的工具图标在编程软件的工具条区内。单击可激活这些工具图标，如顺序排

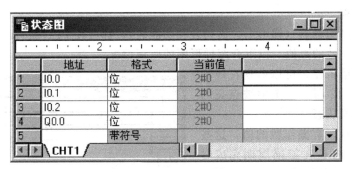

图 10-11　状态图表的监视

序、逆序排序、全部写、单字读、读所有强制、强制和解除强制等。

（2）强制指定值

用户可以用状态图表来强制用指定值对变量赋值，所有强制改变的值都存到主机固定的 EEPROM 存储器中。

① 强制范围包括以下几个方面：

- 强制指定一个或所有的 Q 位。
- 强制改变最多 16 个 V 或 M 存储器的数据，变量可以是字节、字或双字类型。
- 强制改变模拟量映像存储器 AQ，变量类型为偶字节开始的字类型。

用强制功能取代了一般形式的读和写。同时，采用输出强制时，以某一个指定值输出。当主机变为 STOP 方式后，输出将变为强制值，而不是设定值。

② 强制一个值　如强制一个新值，可在状态图表的"新数值（New Value）"栏输入新值，然后单击工具条中的 🔒 按钮。

如强制一个已经存在的值，可以在"当前值（Current Value）"栏单击并点亮这个值，然后单击"强制"按钮。

③ 读所有强制操作　打开状态图表窗口，单击工具条中的 🔓 按钮，则状态图表中所有被强制的当前值的单元格中会显示强制符号。

④ 解除一个强制操作　在当前值栏单击点亮这个值，然后单击工具条中的 🔓 按钮。

⑤ 解除所有强制操作　打开状态图表，单击工具条中的 🔓 按钮。

### 10.4.3　运行模式下的编辑

在运行模式下编辑，可以在对控制过程影响较小的情况下，对用户程序做少量的修改。修改后的程序下载时，将立即影响系统的控制运行，所以使用时应特别注意。可进行这种操作的 PLC 有 CPU 224、CPU 226 和 CPU 226XM 等。操作步骤如下所述：

① 选择"调试（Debug）"菜单中的"在运行状态编辑程序（Program Edit in RUN）"命令。因为 RUN 模式下只能编辑主机中的程序，如果主机中的程序与编辑软件窗口中的程序不同，系统会提示用户存盘。

② 屏幕弹出警告信息。单击"继续（Continue）"按钮，所连接主机中的程序将被上载到编程主窗口，便可以在运行模式下编辑。

③ 在运行模式下下载。在程序编译成功后，使用"文件（File）"菜单中的"下载（Download）"命令或单击工具条中的下载按钮 ⬇，将程序块下载到 PLC 主机。

④ 退出运行模式编辑。使用"调试（Debug）"菜单中的"在运行状态编辑程序（Program Edit in RUN）"命令，然后根据需要选择"选项（Checkmark）"中的内容。

### 10.4.4　程序监视

利用三种程序编辑器（梯形图、语句表和功能表），都可在 PLC 运行时监视程序执行结果，并可监视操作数的数值。以下介绍梯形图的监视情况。

利用梯形图编辑器，可以监视在线程序状态，如图 10-12 所示。图中被点亮的元件表示处于接通状态。

梯形图中显示所有操作数的值，这些操作数状态都是 PLC 在扫描周期完成时的结果。在使用梯形图监控时，STEP7-Micro/WIN 32 编程软件不是在每个扫描周期都采集状态各值在屏幕上的梯形图中的显示情况，而是间隔多个扫描周期采集一次状态值，然后刷新梯形图中各值的状态显示。在通常情况下，梯形图的状态显示不反映程序执行时每个编程元素的实际状态，但不影响使用梯形图来监控程序状态。在大多数情况下，使用梯形图是编程人员的首选。

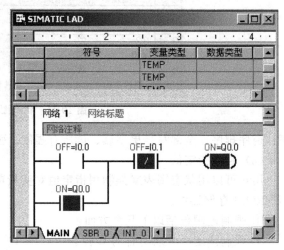

图 10-12　梯形图监视

实现方法是：使用"工具（Tools）"菜单中的"选项（Options）"命令，打开"选项"对话框。选择"LAD 状态（LAD status）"选项卡，然后选择一种梯形图的形式。梯形图可选择的样式有三种：指令内部显示地址和外部显示值；指令外部显示地址和外部显示值；只显示状态值。打开梯形图窗口，在工具条中单击 🔲 程序状态按钮，即可进行梯形图监视。

# 10.5　S7-200 仿真软件的使用

（1）S7-200 仿真软件

学习 PLC 除了阅读教材和用户手册外，更重要的是动手编程和上机调试。许多读者苦于没有 PLC，缺乏实验条件，编写程序后无法检验是否正确，所以编程能力很难提高。PLC 的仿真软件是解决这一问题的理想工具。西门子的 S7-300/400 PLC 有非常好的仿真软件。近年来在网上流行一种西班牙文的 S7-200 仿真软件，国内已有人将它部分汉化。

在互联网上用 google 等工具搜索"S7-200 仿真软件"，可以找到该软件。本节简单介绍其使用方法。

该软件不需要安装，执行其中的 S7-200.EXE 文件，就可以打开它。单击屏幕中间出现的画面，在密码输入对话框中输入密码"6596"，进入仿真软件。

该仿真软件不能模拟 S7-200 的全部指令和全部功能，具体情况可以通过实验来了解，但是它仍然不失为一个很好的学习 S7-200 的工具软件。

（2）硬件设置

执行菜单命令"配置"→"CPU 型号"，在"CPU 型号"对话框的下拉式列表框中选择 CPU 的型号。用户还可以修改 CPU 的网络地址，一般使用默认的地址号（2）。

CPU 模块右边空的方框是扩展模块的位置，双击紧靠已配置的模块右侧的方框，在出现的"配置扩展模块"对话框中选择需要添加的 I/O 扩展模块。双击已存在的扩展模块，在"配置扩展模块"对话框中选择"无"，可以取消该模块。

图 10-13 中的 CPU 为 CPU 224，0 号扩展模块是 4 通道的模拟量输入模块 EM231。单击模块下面的"Configurar"按钮，在出现的对话框中设置模拟量输入的量程。模块下面的 4 个滚动条用于设置各个通道的模拟量输入值。

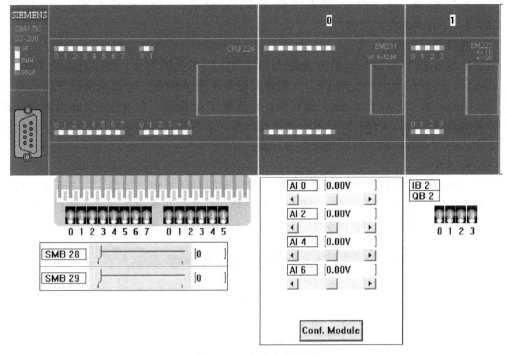

图 10-13　仿真软件画面

1 号扩展模块是有 4 点数字量输入、4 点数字量输出的模块，模块下面的"IB2"和"QB2"是它的输入点和输出点字节地址。

CPU 模块下面是用于输入数字量信号的小开关板，它上面有 14 个输入信号用的小开关，与 CPU 224 的 14 个输入点对应。它的下面有两个直线电位器，SMB28 和 SMB29 是 CPU 224 的两个 8 位模拟量输入电位器对应的特殊存储器字节，可以用电位器的滑动块来设置它们的值（0～255）。

（3）生成 ASCII 文本文件

仿真软件不能直接接收 S7-200 的程序代码，S7-200 的用户程序必须用"导出"功能转换为 ASCII 文本文件后，再下载到仿真软件中。

在编程软件中打开一个编译成功的程序块，执行菜单命令"文件"→"导出"，或用鼠标右键单击某一程序块，然后在弹出的菜单中执行"导出"命令，在出现的对话框中输入导出的 ASCII 文本文件的文件名。默认的文件扩展名为"awl"。

如果选择导出 OB1（主程序），将导出当前项目所有程序（包括子程序和中断程序）的 ASCII 文本文件的组合。

如果选择导出子程序或中断程序，只能导出当前打开的单个程序的 ASCII 文本文件。"导出"命令不能导出数据块，可以用 Windows 剪贴板的剪切、复制和粘贴功能导出数据块。

（4）下载程序

生成文本文件后，单击仿真软件工具条中左边第 2 个按钮可以下载程序，一般选择下载全部块。按"确定"按钮后，在"打开"对话框中选择要下载的"＊.awl"文件。

如果用户程序中有仿真软件不支持的指令或功能，单击工具条内三角形的"运行"按钮后，不能切换到 RUN 模式，CPU 模块左侧的"RUN"LED 的状态不会变化。

如果仿真软件支持用户程序中的全部指令和功能，单击工具条内的"运行"按钮和正方形的"停止"按钮，从 STOP 模式转换到 RUN 模式，CPU 模块左侧的"RUN"和"STOP"LED 的状态随之改变。

（5）模拟调试程序

用鼠标单击 CPU 模块下面的开关板上小开关上面黑色的部分，使小开关的手柄向上，则触点闭合，PLC 输入点对应的 LED（发光二极管）变为绿色。扩展模块的下面也有 4 个小开关，与有"真正"的 PLC 做实验相同。对于数字量控制，在 RUN 模式用鼠标切换各个小开关的通/断状态，改变 PLC 输入变量的状态，通过模块上的 LED 观察 PLC 输出点的状态变化，可以了解程序执行的结果是否正确。

（6）监视变量

执行菜单命令"查看"→"内存监视"，在出现的对话框中（如图 10-14 所示）可以监视 V、M、T、C 等内部变量的值。"开始"和"停止"按钮用来启动和停止监视。用二进制格式（Binario）监视字节、字和双字，可以在一行中同时监视多个位变量。

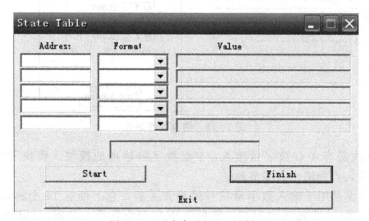

图 10-14　"内存监视"对话框

仿真软件还有读取 CPU 和扩展模块的信息，设置 PLC 的实时时钟，控制循环扫描的次数和 TD-200 文本显示器仿真等功能。

# 第 11 章　PLC 工业组态控制及其应用

计算机技术和网络技术飞速发展，为工业自动化开辟了广阔的发展空间，用户可以方便、快捷地组建优质、高效的监控系统，并且通过采用远程监控及诊断等先进技术，使系统更加安全、可靠。在这方面，MCGS 工业组态软件提供了强有力的软件支持。

本章以实例的方式讲解如何应用 MCGS 组态软件制作一个组态工程，并解析脚本程序的编写过程。

MCGS 即监视与控制通用系统，英文全称为 Monitor and Control Generated System。MCGS 是为工业过程控制和实时监测领域服务的通用计算机系统软件，具有功能完善、操作简便、可视性好、可维护性强的突出特点。

MCGS 组态软件提供了大量工控领域常用的设备驱动程序。对于大多数简单的应用系统，MCGS 的简单组态就可完成；在比较复杂的系统中，正确地编写脚本程序，可简化组态过程，大大提高工作效率，优化控制过程。

以下通过实例讲解如何使用 MCGS 组态软件制作组态工程，并且解析脚本程序的编写过程。

## 11.1　S7-200 PLC 控制机械手运行的组态过程

一个简单的机械手应具有启停、移动和抓放功能。机械手的启动和停止功能应由操作人员通过启停按钮控制，移动和抓放功能由相应的电磁阀控制。对应的电磁阀有 5 个，分别是左移阀、右移阀、上移阀、下移阀、夹紧/放松阀。若要机械手动作，只需控制相应的电磁阀动作即可。机械手的动作可由操作人员现场手动操纵，也可根据工艺需要预先编好程序，启动后按照程序动作。本例采用后一种方法。

具体控制要求如下所述：按下启动按钮 SB$_1$ 后，机械手下移 5s→夹紧 2s→上升 5s→右移 10s→下移 5s→放松 2s→上移 5s→左移 10s，最后回到原始位置，自动循环。

松开启动按钮 SB$_1$，机械手停在当前位置。

按下复位按钮 SB$_2$ 后，机械手完成本次操作，回到原始位置，然后停止。

松开复位按钮，退出复位状态。

### 11.1.1　制作工程画面

（1）双击桌面 MCGS 组态环境图标，进入组态环境。在文件中选择"新建工程"，如图 11-1 所示。

图 11-1　"新建工程"画面

（2）单击"用户窗口"选项卡，进入"用户窗口"页。单击"新建窗口"按钮，出现"窗口 0"图标，如图 11-2 所示。

（3）单击界面右侧"窗口属性"按钮，进入"用户窗口属性设置"窗口，如图 11-3 所示。

在此将"窗口名称"改为"机械手监控画面"；"窗口位置"选中"最大化显示"，其他不变。单击"确认"按钮，关闭窗口。

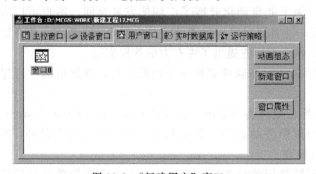

图 11-2　"新建用户"窗口

图 11-3　设置用户窗口的属性

（4）观察"工作台"的"用户窗口"，"窗口 0"图标已变为"机械手监控画面"。

在"用户窗口"中，右键单击"机械手监控画面"，然后选择下拉菜单中的"设置为启动窗口"选项，将该窗口设置为运行时自动加载的窗口，如图 11-4 所示。

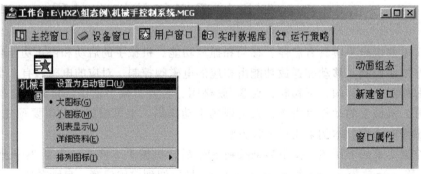

图 11-4　设置启动窗口画面

（5）选中"机械手监控画面"窗口图标，然后单击"动画组态"，进入动画组态窗口，开始编辑画面。

① 制作文字框图。

• 单击工具条中的"工具箱"图标，弹出绘图工具箱。选择"工具箱"内的"标签"按钮 **A**，鼠标的光标呈"十"字形。在窗口顶端中心位置拖拽鼠标，根据需要拉出一个矩形，然后在光标闪烁位置输入文字"机械手控制系统"，按回车键或在窗口任意位置用鼠标单击一下，文字输入完毕。

• 选中文字框，作如下设置：

a. 单击"填充色"按钮，设定文字框的背景颜色为"没有填充"。

b. 单击"线色"按钮，设置文字框的边线颜色为"没有边线"。

c. 单击"字符字体"按钮 **Aa**，设置文字字体为"宋体"，字型为"粗体"，大小为"24"。

d. 单击"字符颜色"按钮，将文字颜色设为"蓝色"。

e. 单击"字体位置"按钮，弹出"左对齐"、"居中"、"右对齐"三个图标，选择"居中"。注意，这里的"居中"是指文字在文本框内左右、上下位置居中。

② 画地平线。

• 单击绘图工具箱中的"画线"工具按钮，然后挪动鼠标光标，此时呈"十"字形。在窗口适当位置按住鼠标左键并拖曳出一条直线。

• 单击"线色"按钮，选择"黑色"。

• 单击"线型"按钮，选择合适的线型。

• 调整线的位置（按↑、↓、←、→键或按住鼠标拖动）。

• 调整线的长短（按 Shift 和←、→键；或将光标移到一个手柄处，待光标呈"十"字形，沿线长度方向拖动）。

• 调整线的角度（按 Shift 和↑、↓键；或将光标移到一个手柄处，待光标呈"十"字形，向需要的方向拖动）。

• 线的删除与文字删除相同。

• 单击"保存"按钮。

③ 画矩形。

• 单击绘图工具箱中的"矩形"工具按钮，然后挪动鼠标光标，此时呈"十"字形。在窗口的适当位置按住鼠标左键并拖曳出一个矩形。

• 单击窗口上方工具栏中的"填充色"按钮，选择"蓝色"。

• 单击"线色"按钮，选择"没有边线"。

• 调整位置（按↑、↓、←、→键或按住鼠标拖动）。

• 调整大小（同时按键盘的 Shift 键和↑、↓、←、→键中的一个；或移动鼠标，待光标呈横向或纵向或斜向双箭头形时，按住左键拖曳）。

• 单击窗口其他任何一个空白地方，结束第 1 个矩形的编辑。

• 依次画出机械手画面的 9 个矩形部分。

• 单击"保存"按钮。

④ 画机械手。

• 单击绘图工具箱中（插入元件）图标，弹出"对象元件库管理"窗口。

• 双击窗口左侧"对象元件列表"中的"其他"，展开该列表项，然后单击"机械手"，右侧窗口出现如图 11-5 所示机械手图形。

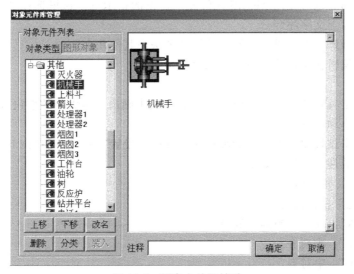

图 11-5　图库中的机械手

• 单击右侧窗口内的机械手，图形外围出现矩形，表明该图形被选中，然后单击"确定"按钮。

• 机械手控制画面窗口中出现机械手的图形。

• 在机械手被选中的情况下，单击"排列"菜单，然后选择"旋转"→"右旋 90°"，使机械手旋转 90°。

• 调整位置和大小。

• 在机械手上面输入文字标签"机械手"。

• 单击"保存"按钮。

⑤ 画机械手左侧和下方的滑杆。

利用"插入元件"工具，选择"管道"元件库中的"管道 95"和"管道 96"，如图 11-6 所示，分别画两个滑杆，并将大小和位置调整好。

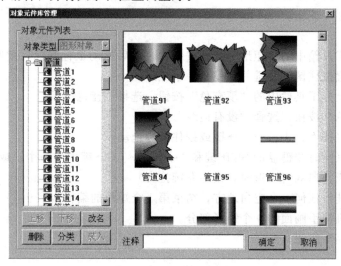

图 11-6　图库中的管道

⑥ 画指示灯。

需要启动、复位、上、下、左、右、夹紧 7 个指示灯显示机械手的工作状态。指示灯可以用画圆工具绘制，也可使用 MCGS 元件库中提供的指示灯。这里选择"指示灯 2"。画好后在每一个下面写上文字注释。

绘制时可先画好一个，再用复制、粘贴的方法画其他几个。

调整位置，编辑文字，然后单击"保存"按钮。

⑦ 画按钮。

• 单击画图工具箱的"标准按钮" 🔲 ，在画面中画出一定大小的按钮。

• 调整其大小和位置。

• 用鼠标双击该按钮，弹出"标准按钮构件属性设置"窗口，如图 11-7 所示。

• 在"基本属性"页设置如下：

a."按钮标题"栏：启动。

b."标题颜色"栏：黑色。

c."标题字体"：隶书、规则、五号。

d."水平对齐"：中对齐。

e."垂直对齐"：中对齐。

f."按钮类型"：标准 3D 按钮。

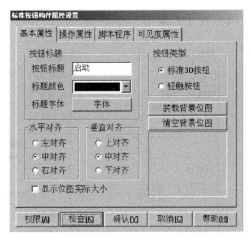

图 11-7　"标准按钮构件属性设置"窗口

- 单击"确认"按钮。
- 对画好的按钮进行复制、粘贴，并调整新按钮的位置。
- 双击新按钮，在"基本属性"页将"按钮标题"改为"复位"。
- 单击"保存"按钮。

最后生成"机械手监控画面"，如图 11-8 所示。

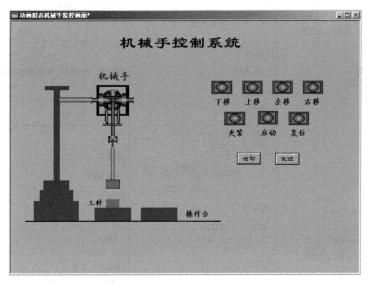

图 11-8　机械手监控画面

## 11.1.2　根据控制要求编写 PLC 程序

① 完成 I/O 分配表，如表 11-1 所示。

表 11-1　I/O 分配表

| 输　　入 | | 输　　出 | |
| --- | --- | --- | --- |
| 启动按钮 SB₁ | I0.1 | 下移阀 | Q0.1 |
| 复位按钮 SB₂ | I0.2 | 上移阀 | Q0.2 |
| | | 右移阀 | Q0.3 |
| | | 左移阀 | Q0.4 |
| | | 夹紧阀 | Q0.5 |

② 根据控制要求编写 PLC 程序，如图 11-9 所示。

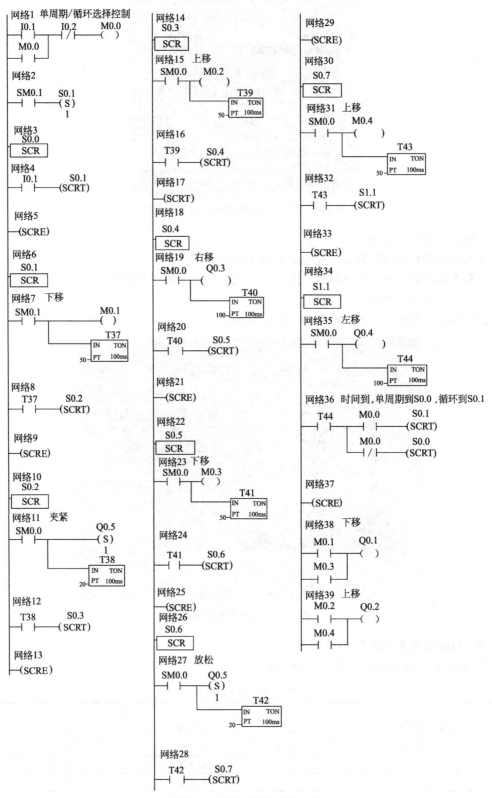

图 11-9　机械手控制系统编程

### 11.1.3　组态画面

#### 11.1.3.1　变量定义

① 在该组态工程中要用到的数据对象（变量）如表 11-2 所示。

表 11-2　机械手控制系统变量分配表

| 变 量 名 | 类 型 | 注　　　　　　释 |
| --- | --- | --- |
| 启动按钮 | 开关型 | 机械手启动控制信号,$SB_1$ 输入,"1"有效 |
| 复位按钮 | 开关型 | 机械手复位控制信号,$SB_2$ 输入,"1"有效 |
| 夹紧阀 | 开关型 | 机械手动作控制——夹紧阀,输出,"1"有效 |
| 下移阀 | 开关型 | 机械手动作控制——下移阀,输出,"1"有效 |
| 上移阀 | 开关型 | 机械手动作控制——上移阀,输出,"1"有效 |
| 左移阀 | 开关型 | 机械手动作控制——左移阀,输出,"1"有效 |
| 右移阀 | 开关型 | 机械手动作控制——右移阀,输出,"1"有效 |

② 单击屏幕左上角的工作台图标，弹出"工作台"窗口。

③ 单击工作台中的"实时数据库"选项卡，进入"实时数据库"窗口页，如图 11-10 所示。窗口中列出了系统已有变量（数据对象）的名称，其中一部分为系统内部建立的数据对象。现在要将表 11-2 中定义的数据对象添加进去。

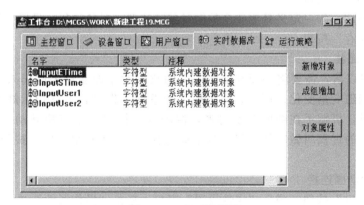

图 11-10　实时数据库

④ 单击工作台右侧"新增对象"按钮，在数据对象列表中立刻出现一个新的数据对象，如图 11-11 所示。

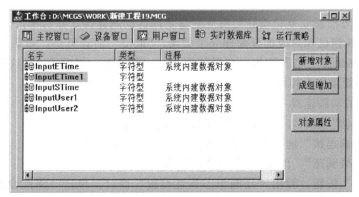

图 11-11　新增数据对象

⑤ 选中该数据对象，然后单击右侧"对象属性"按钮或直接双击该数据对象，弹出
"数据对象属性设置"窗口，如图 11-12 所示。

图 11-12　"数据对象属性设置"窗口

⑥ 将"对象名称"改为"启动按钮"；"对象初值"改为"0"；"对象类型"改为"开
关"；在"对象内容注释"栏填入"机械手启动控制信号，SB1 输入，1 有效"。

⑦ 单击"确定"按钮。

⑧ 重复步骤②～⑤，定义其他 6 个数据对象。注意，对象初值应设置为无效状态。

⑨ 单击"保存"按钮。

### 11.1.3.2　变量连接

画面编辑好以后，需要将画面与前面定义的数据对象即变量关联起来，以便运行时，
画面上的内容能随变量变化。例如，当机械手做下移动作时，下移指示灯应亮，否则灭；
甚至可以运行时让机械手在画面上动起来，像动画一样逼真地模拟其动作。将画面上的
对象与变量关联的过程叫做动画连接（或动画链接）。下面介绍如何对按钮和指示灯进行
动画连接。

（1）按钮的动画连接

① 双击"启动"按钮，弹出"属性设置"窗口。单击"操作属性"选项卡，显示该页，
如图 11-13 所示。选中"数据对象值操作"。

② 单击第 1 个下拉列表框的"▼"按钮，弹出按钮动作下拉菜单，然后单击"取反"。

③ 单击第 2 个下拉列表框的"?"按钮，弹出当前用户定义的所有数据对象列表，然后
双击"启动按钮"。

④ 用同样的方法建立复位按钮与对应变量之间的动画连接，然后单击"保存"按钮。

现在这两个按钮已和对应的变量建立了关系。"取反"的意思是：如果变量"启动按钮"
初始值为 0，则在画面上单击按钮，变量值变为 1；再单击，值变为 0。这和在机械手上操
作 $SB_1$ 和 $SB_2$ 的效果完全相同。

（2）指示灯的动画连接

① 双击"启动"指示灯，弹出"单元属性设置"窗口。

② 单击"动画连接"选项卡，进入该页，如图 11-14 所示。

③ 单击"三维圆球"，出现"?"和">"按钮。

④ 单击">"按钮，弹出"动画组态属性设置"窗口。单击"属性设置"选项卡，进
入该页，如图 11-15 所示。

图 11-13　按钮操作属性连接

图 11-14　指示灯动画连接 1

⑤ 选中"可见度"，其他项不选。

⑥ 单击"可见度"选项卡，进入该页，然后在"当表达式非零时"一栏，选择"对应图符可见"，如图 11-16 所示。

⑦ 在"表达式"一栏，单击"?"按钮，弹出当前用户定义的所有数据对象列表，如图 11-17 所示，然后双击"启动按钮"（也可以在这一栏直接输入文字"启动按钮"）。

⑧ 单击"确认"按钮，退出"可见度"设置页。

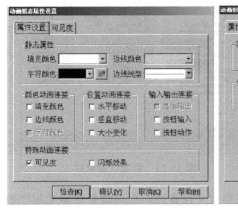

图 11-15　指示灯动画接连 2

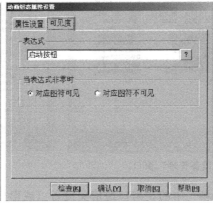

图 11-16　指示灯动画连接 3

图 11-17　数据对象
选择窗口

⑨ 单击"确认"按钮，退出"单元属性设置"窗口，结束"启动"指示灯的动画连接。

⑩ 用同样的方法建立其他指示灯与对应变量之间的动画连接，然后单击"保存"按钮。

经过这样的连接，当按下机械手或画面上的"启动"按钮后，不但相应变量的值会改变，相应的指示灯也会出现亮灭的改变。

### 11.1.4　与 PLC 设备连接

① 单击工作台中的"设备窗口"选项卡，进入"设备窗口"页，如图 11-18 所示。

单击右侧"设备组态"按钮或双击"设备窗口"图标，弹出设备组态窗口。在设备组态窗口中单击工具条中的"工具箱"图标✖，打开"设备工具箱"窗口，如图 11-19 所示。若可选项中没有西门子 PLC 和串口通信的驱动程序，需要添加上述两个设备的驱动程序。

图 11-18  设备窗口界面　　　　　　　　图 11-19  "设备工具箱"窗口

　　单击"设备工具箱"中的"设备管理"按钮，弹出"设备管理"窗口。在可选设备列表中双击"通用设备"，然后双击"串口通信父设备"，在下方出现"串口通信父设备"图标。双击"串口通信父设备"图标，即可将"串口通信父设备"添加到右侧选定的设备列表中，如图 11-20 所示。执行同样的操作步骤，在可选设备列表中双击"PLC 设备"，再双击"西门子"，选中"西门子 S7-200PPI"的 PLC 设备，并将其添加到右侧选定的设备列表中，如图 11-21 所示。单击"确认"按钮，"串口通信父设备"和"西门子 S7-200PPI"即被添加到"设备工具箱"中，如图 11-22 所示。

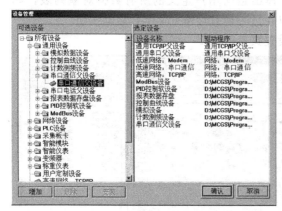

图 11-20  "设备管理"窗口　　　　　　　图 11-21  添加设备窗口

　　双击"设备工具箱"中的"串口通信父设备（或串口父设备）"，串口设备的驱动程序被添加到"设备组态"窗口中。双击"设备工具箱"中的"西门子 S7-200PPI"，西门子 S7-200 系列 PLC 的驱动程序被添加到"设备组态"窗口中，如图 11-23 所示。

图 11-22  添加后的设备工具箱　　　　　图 11-23  在设备窗口添加驱动程序

　　双击"设备 0-［串口通信父设备］"，进入"串口通信父设备属性设置"窗口，如图 11-24 所示。

串口设备的参数设置如下：串口端口号，如 PLC 与计算机连接的是串口 1，则选择"0-COM1"，串口端口号需查看 PLC 与计算机实际的连接端口；通信波特率为 6～9600bps；数据位位数为 3～8；停止位位数为 1；数据校验方式为偶校验；数据采集方式为同步采集。如不清楚 PLC 的通信设置参数，可查询 PLC 手册或 PLC 编程软件中的有关设置，还可查看 MCGS 帮助文件。

对于其他设置，初始工作状态为"1-启动"（默认）；最小采集周期是运行时 MCGS 对设备进行操作的时间周期，单位为 ms，一般在静态测量时设为 1000ms，在快速测量时设为 200ms。

双击"设备 1-[西门子 S7-200PPI]"，进入"设备 1-[西门子 S7-200PPI]"属性设置窗口，如图 11-25 所示。通信时必须知道 PLC 地址，默认值为"1"。具体是多少，需查看 PLC 系统寄存器号的值，应与之对应。若只有一个 PLC，可以设置为"1"。

单击"基本属性"标签中的"内部属性"选项，该项右侧会出现小图标。单击此图标按钮进入"内部属性"设置，弹出"西门子 S7-200 PLC 通道属性设置"窗口，如图 11-26 所示。在此窗口下可执行增加通道或删除通道等操作。如果不是需要监控的通道，执行删除操作。单击"全部删除"按钮，然后单击"是"，则现有通道"I0.0～I0.7"将被全部删除。

图 11-24　串口通信父
设备属性设置

图 11-25　PLC 的属性设置窗口

图 11-26　"西门子 S7-200 PLC
通道属性设置"窗口

删除所有不需要的通道后，单击"增加通道"按钮，可添加所需监控采集数据的通道。可添加的通道类型、数据位数、通道地址、连续通道个数、操作方式等，在相应的选择框中选择，如图 11-27 所示。"Q 输出寄存器"的操作方式可设定为读写、只读或只写；"I 输入寄存器"的操作方式只可设定为只读。

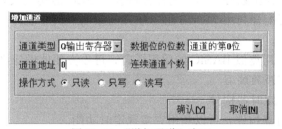

图 11-27　"增加通道"窗口

② 前面讲到的动画连接中已经将用户窗口内的图形对象与实时数据库里的数据对象建立了相关性连接，这里介绍的步骤是将实时数据库中的数据对象与 PLC 数据建立相关性连接。根据 PLC 程序和组态画面控制要求，数据对象与 PLC 数据相关性连接如表 11-3 所示。

**表 11-3　数据对象与 PLC 数据相关性连接表**

| 变量名 | 类型 | S7-200 系列 PLC 地址 | 变量名 | 类型 | S7-200 系列 PLC 地址 |
|---|---|---|---|---|---|
| 启动按钮 | 开关型 | I0.1 | 右移阀 | 开关型 | Q0.3 |
| 复位按钮 | 开关型 | I0.2 | 左移阀 | 开关型 | Q0.4 |
| 下移阀 | 开关型 | Q0.1 | 夹紧阀 | 开关型 | Q0.5 |
| 上移阀 | 开关型 | Q0.2 | | | |

　　按照表 11-3，在"西门子 S7-200 PLC 通道属性设置"中增加表格中的通道，如图 11-28 所示。单击"确认"，完成"内部属性"设置。

　　单击"通道连接"标签，进入通道连接设置。选中通道 1 对应的数据对象输入框，根据上述对应数据对象和 PLC 数据的对应关系表格，输入"启动按钮"或单击鼠标右键；弹出数据对象列表后，选择"启动按钮"。选中通道 2 对应的数据对象输入框，单击鼠标右键并选择"复位按钮"。其他操作类似，完成后如图 11-29 所示。单击"确认"按钮，完成通道连接。

　　上述操作完成后，需保存，执行"保存"操作。至此，完成"机械手监控画面"的组态设置。

## 11.1.5　PLC 设备通信调试

　　当通道连接完成后，就可以进行设备调试（如图 11-30 所示）。在"设备调试"窗口中，会实时地反映出 PLC 通道参数的状态和数值。最重要的一点是，当系统连接成功后，其最上面的通信状态标志应为"0"，任何非"0"的数值均表示连接失败。

图 11-28　增加的 PLC 通道及其类型

图 11-29　通道连接画面

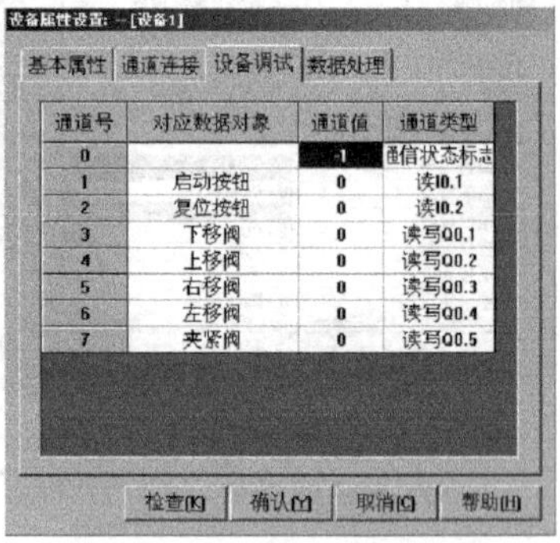

图 11-30　西门子 S7-200 PPI
的设备调试

## 11.1.6　利用脚本程序实现机械手的控制

　　以上介绍的机械手控制系统是单一的监控画面与 PLC 的连接实现组态控制，画面动作简单。除此之外，还可配合利用 MCGS 组态软件的策略和脚本程序，实现真实、生动的动画控制，优化控制过程。

　　MCGS 脚本程序使用类似 BASIC 的编程语言，可以方便地设计系统功能。

### 11.1.6.1　简单控制程序的编写

　　（1）在策略中添加定时器构件

　　MCGS 提供了定时器构件，可以利用它实现定时功能。

　　① 单击工作台中的"运行策略"选项卡，进入"运行策略"页，如图 11-31 所示。

　　② 选中"循环策略"，然后单击右侧的"策略属性"按钮，弹出"策略属性设置"窗口，如图 11-32 所示。

　　③ 在"定时循环执行，循环时间 [ms]"一栏中填入"200"，然后单击"确认"按钮。

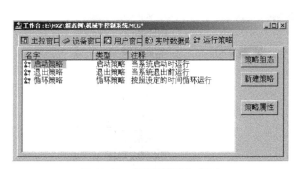

图 11-31　"运行策略"窗口

图 11-32　设置循环策略的循环时间

④ 选中"循环策略",然后单击右侧"策略组态"按钮,弹出"策略组态:循环策略"窗口。

⑤ 单击"工具箱"按钮,弹出"策略工具箱",如图 11-33 所示。

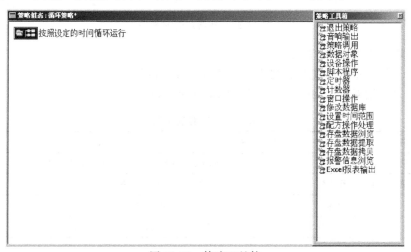

图 11-33　策略工具箱

⑥ 单击工具栏中的"新增策略行"按钮 ,在"循环策略"窗口中出现一条新策略,如图 11-34 所示。

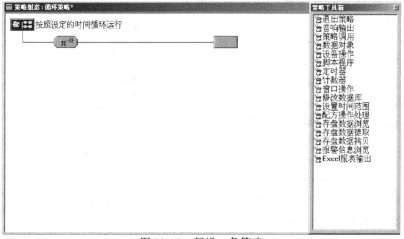

图 11-34　新增一条策略

⑦ 在 "策略工具箱" 中选择 "定时器", 光标变为手形。

⑧ 单击新增策略行末端的方块, 定时器被加到该策略, 如图 11-35 所示。

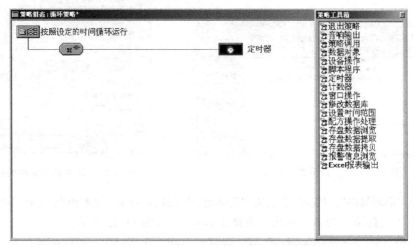

图 11-35  新增定时器策略

(2) 定义与定时器有关的变量

① 单击工作台中的 "实时数据库" 选项卡, 进入该页。

② 单击 "新增对象", 按表 11-4 所示添加两个变量。

表 11-4  变量的说明

| 变 量 名 | 类 型 | 初 值 | 注 释 |
| --- | --- | --- | --- |
| 定时器启动 | 开关型 | 0 | 控制定时器的启停, "1"表示启动, "0"表示停止 |
| 定时器复位 | 开关型 | 0 | 控制定时器复位, "1"表示复位 |
| 计时时间 | 数值 | 0 | 代表定时器计时时间 |
| 时间到 | 开关型 | 0 | 定时器定时时间到, 为"1"; 否则为 0 |

(3) 定时器属性设置

属性设置的目的是使定时器和相关的变量建立联系, 完成应具有的启动、计时、状态报告等功能。定时器属性设置步骤如下所述:

① 单击工作台 "运行策略" 选项卡, 进入 "运行策略" 页。

② 选中 "循环策略", 然后单击 "策略组态" 按钮, 重新进入 "策略组态: 循环策略" 页。

③ 双击新增策略行末端的定时器方块, 出现定时器属性设置, 如图 11-36 所示。

④ 在 "设定值" 一栏填入 "12", 代表设定时间为 12s。

⑤ 在 "当前值" 一栏填入 "计时时间", 或单击对应的 "?" 按钮, 然后在弹出的变量列表中双击 "计时时间"。这样, "计时时间" 变量的值将代表定时器计时时间的当前值。

⑥ 在 "计时条件" 一栏直接或操作 "?" 按

图 11-36  设置定时器

钮填入"启动按钮"。

⑦ 在"复位条件"一栏直接或操作"?"按钮填入"复位按钮"。

⑧ 在"计时状态"一栏直接或操作"?"按钮填入"时间到",则计时时间超过设定时间时,"时间到"变量将为"1",否则为"0"。

⑨ 在"内容注释"一栏填入"定时器"。

⑩ 单击"确认"按钮,退出定时器属性设置。

⑪ 保存设置。

（4）将脚本程序添加到策略行

① 回到组态环境,进入"循环策略组态"窗口,如图 11-35 所示。

② 单击工具栏"新增策略行"按钮,在定时器下增加一行新策略。

③ 选中策略工具箱的"脚本程序",光标变为手形。

④ 单击新增策略行末端的小方块,脚本程序被加到该策略。

⑤ 选中该策略行,然后单击工具栏的"向上移动"按钮,脚本程序上移至定时器行,如图 11-37 所示。

⑥ 双击"脚本程序"策略行末端的方块,出现脚本程序编辑窗口。

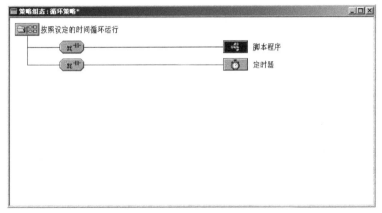

图 11-37　增加脚本程序策略

（5）脚本程序编辑注意事项

① 要按 MCGS 的语法规范写程序,否则语法检查通不过。

② 可以利用操作对象和函数列表（如系统函数、数据对象等）。

③ "＞"、"＜"、"" "等符号应在纯英文状态下输入。

④ 注释以单引号"′"开始。

（6）脚本程序清单

机械手程序分定时器控制、运行控制和停止控制三部分。

① 定时器控制程序清单

```
IF  启动按钮＝1  AND  复位按钮＝0  THEN
        定时器复位＝0
        定时器启动＝1          ′如果启动按钮＝1且复位按钮＝0,则启动定时器工作
ENDIF
IF  启动按钮＝0  THEN
        定时器启动＝0          ′只要启动按钮＝0,立即停止定时器工作
ENDIF
IF  复位按钮＝1  AND  计时时间＞＝44  THEN
        定时器启动＝0          ′如果复位按钮＝1
```

'只有当计时时间≥44s，即回到初始位置时，才停止定时器工作

ENDIF

## ② 运行控制清单

```
IF  定时器启动 = 1   THEN
    IF  计时时间<5   THEN
        下移阀 = 0
        EXIT
    ENDIF
    IF  计时时间<7   THEN
        夹紧阀 = 0
        下移阀 = 1
        EXIT
    ENDIF
    IF  计时时间<12   THEN
        上移阀 = 0
        夹紧阀 = 1
        EXIT
    ENDIF
    IF  计时时间<22   THEN
        右移阀 = 0
        上移阀 = 1
        EXIT
    ENDIF
    IF  计时时间<27   THEN
        下移阀 = 0
        右移阀 = 1
        EXIT
    ENDIF
    IF  计时时间<29   THEN
        下移阀 = 1
        EXIT
    ENDIF
    IF  计时时间<34   THEN
        上移阀 = 0
        夹紧阀 = 0
        EXIT
    ENDIF
    IF  计时时间<44   THEN
        左移阀 = 0
        上移阀 = 1
        EXIT
    ENDIF
    IF  计时时间> = 44   THEN
        左移阀 = 1
        定时器复位 = 1
        EXIT
    ENDIF
ENDIF
ENDIF
```

## ③ 停止控制程序清单

```
IF  定时器启动 = 0   THEN
        下移阀 = 1
        上移阀 = 1
        左移阀 = 1
```

　　　　　右移阀＝1
　　　ENDIF
　　（7）程序的运行、调试
　　① 单击按钮 ，进入运行环境。
　　② 单击"启动"按钮，然后观察机械手各个阀门的指示灯变化是否与设计相同。
　　③ 单击"复位"按钮，然后观察机械手各个阀门的指示灯变化是否与设计相同。如果一切与设计相同，那么成功。

**11.1.6.2　设计改进**

　　上述画面只用了 7 个指示灯对机械手的工作状态进行动画显示。如果让机械手在画面上动起来，看起来就更真实、生动了。这个功能还要利用"动画连接"工具。为体现左、右、上、下动作，图中机械手、上工件、右滑杆等部分需要随动作水平移动，上工件要垂直移动，左滑杆还要水平缩放，右滑杆垂直缩放。

　　（1）垂直移动动画连接

　　① 在"实时数据库"增加一个新变量"垂直移动量"，初值为"0"，是数值型的。

　　② 单击"查看"菜单，然后选择"状态条"，在屏幕下方将出现状态条。状态条左侧文字代表当前操作状态，右侧显示被选中对象的位置坐标和大小。

　　③ 估计总垂直移动距离。在上工件底边与下工件底边之间画一条直线，根据状态条大小指示可知直线长度，即总垂直移动距离。假设为 72 个像素。

　　④ 在脚本程序的开始处增加"动画控制"语句，即

　　IF　下移阀＝0　THEN
　　　　垂直移动量＝垂直移动量＋1
　　ENDIF
　　IF　上移阀＝0　THEN
　　　　垂直移动量＝垂直移动量－1
　　ENDIF

　　变化率＝1 个像素/每次，即每执行一次脚本程序，垂直移动量加 1 或减 1。变化率也可以选大些或小些。

　　⑤ 计算垂直移动一次脚本程序执行次数：次数＝下移时间（上升时间）/循环策略执行间隔＝5s/200ms＝25 次。其中，5s 是下移时间，200ms 是循环策略的执行间隔。

　　⑥ 计算：垂直移动量的最大值＝循环次数×变化率＝25×1＝25。

　　⑦ 在机械手监控画面中选中并双击上工件，弹出"属性设置"窗口。

　　⑧ 在"位置动画连接"一栏选中"垂直移动"，然后单击"垂直移动"选项卡，进入该页，如图 11-38 所示。

　　⑨ 按照图 11-38，在"表达式"一栏填入"垂直移动量"。在"垂直移动连接"栏填入各项参数，即当垂直移动量＝0 时，向下移动距离＝0；当垂直移动量＝25 时，向下移动距离＝72。单击"确认"按钮，保存设置。

　　⑩ 进入运行环境，然后单击"启动"按钮，观察动作。如果效果不合适，重新调整移动参数。

　　（2）垂直缩放动画连接

　　① 估计右滑杆的垂直缩放比例。

　　• 选中右滑杆，测量其长度。

　　• 在右滑杆顶边与下工件顶边之间画直线，然后观察长度。

　　• 垂直缩放比例＝直线长度/右滑杆长度。假设为 200。缩放比例可目测取得。

　　② 选中并双击右滑杆，弹出属性设置窗口。单击"大小变化"选项卡，进入该页，如

图 11-39 所示。

③ 按图 11-39 所示填入参数，并注意变化方向选择向下，即 ⬇️，变化方式为"缩放"。输入参数的意义为：当垂直移动量＝0 时，长度＝初值的 100％；当垂直移动量＝25 时，长度＝200％。

④ 单击"确认"按钮，保存设置后进入运行环境，观察效果。如果不合适，重新选择参数。

（3）水平移动动画连接

① 水平移动总距离的测量：在工件初始位置和移动目的之间画一条直线，记下状态条大小指示，此参数即为总水平移动距离。假设移动距离为 180。

② 在数据库中增加一个变量："水平移动量"，数值型，初值为"0"。

图 11-38　垂直移动连接

图 11-39　垂直缩放

③ 在脚本程序中增加以下代码：

```
IF  右移阀 = 0   THEN
      水平移动量 = 水平移动量 + 1
ENDIF
IF  左移阀 = 0   THEN
      水平移动量 = 水平移动量 - 1
ENDIF
```

即变化率＝1/每次。

④ 脚本程序执行次数＝左移时间（右移时间）/循环策略执行间隔＝10s/200ms＝50 次。

⑤ 计算：水平移动量的最大值＝循环次数×变化率＝50×1＝50，即当水平移动量＝50 时，水平移动距离为 180。

⑥ 按图 11-40 所示对右滑杆、机械手、上工件分别进行水平移动动画连接。参数设置的含义是：当水平移动量＝0 时，向右移动距离为 0；当水平移动量＝50 时，向右移动距离为 180。

⑦ 进入运行环境调试。

（4）水平缩放动画连接

① 目测估计或画线计算左滑杆水平缩放比例。假设为 300。

② 按照图 11-41 填入各个参数，并注意变化方向和变化方式选择。当水平移动参数＝0 时，长度为初值 100％；当水平移动参数＝50 时，长度为 300％。单击"确认"按钮，保存设置。

③ 进入运行环境调试。

図 11-40　水平移动连接　　　　　　図 11-41　水平缩放连接

（5）工件移动动画的实现

大家一定存在疑问，明明是一个工件，为什么却画成两个？从上面的动画连接和运行效果观察，上工件始终和右滑杆一起运动。其实，在机械手没夹到下工件，即处于放松状态时，上工件是不应存在的；在夹紧状态，不应出现下工件，因此要完成如下操作。

① 在实时数据库中添加一个变量"工件夹紧标志"，初值为"0"，类型为"开关"。

② 在脚本程序中加入两条语句：

```
        ……
IF   计时时间＜12   THEN
        上移阀＝0
        夹紧阀＝1
        工件夹紧标志＝1
        EXIT
ENDIF

        ⋮
IF   计时时间＜34   THEN
        上移阀＝0
        夹紧阀＝0
        工件夹紧标志＝0
        EXIT
ENDIF
```

③ 选中下工件，然后在"属性设置"页中选择"可见度"。

④ 进入"可见度"页，在"表达式"一栏填入"工件夹紧标志"；当表达式非零时，选择"对应图符不可见"，表示工件夹紧标志＝1时，下工件不可见；工件夹紧标志＝0时，下工件可见。

⑤ 选中并双击上工件，将其可见度属性设置为与下工件相反，即当工件夹紧标志非零时，对应图符可见。

⑥ 保存后进入运行环境调试，此时发现画面中任何时刻只能看到一个工件。其实另一个工件也存在，只是看不到而已。

⑦ 删除画面中不需要的图符。

至此，机械手控制系统设计结束。需要说明的是，本书介绍的设计方法不是唯一的，也不一定是最好的，读者可以根据自己的思路设计机械手控制系统。

## 11.2　S7-200 PLC 控制的立体车库模型 MCGS 组态监控

立体车库模型 MCGS 监控系统是一个较复杂的系统，使用策略和脚本程序，简化了组态过程，优化了控制过程。本节对立体车库模型监控系统的控制流程进行解析，解释该系统中使用的策略及脚本程序。

### 11.2.1　立体车库模型监控系统的主要组成部分

① 立体车库模型监控系统"用户窗口"中的"窗口 0"主画面如图 11-42 所示。该主画面由三大部分组成：立体车库的车库架、巷道起重机及小车。

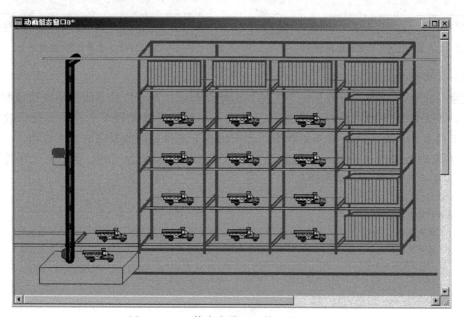

图 11-42　立体车库模型监控系统主画面

② 立体车库模型主画面车库号的分配如图 11-43 所示。

| 10号车库 | 11号车库 | 12号车库 |
|---|---|---|
| 7号车库 | 8号车库 | 9号车库 |
| 4号车库 | 5号车库 | 6号车库 |
| 入口车位 | 1号车库 | 2号车库 | 3号车库 |

巷道起重机车位

图 11-43　车库号分配

③ 该系统在"用户窗口"中除"窗口 0"（主画面）以外，还有如"放车"、"放车警告"、"取车"、"取车警告"等窗口。MCGS 启动时只显示"窗口 0"，在运行中执行某个操作（取或放车）时，执行相关策略，才弹出相应的窗口。用户窗口名称如图 11-44 所示。

④ 该系统"运行策略"界面如图 11-45 所示。

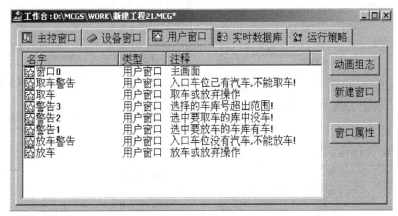

图 11-44　用户窗口界面

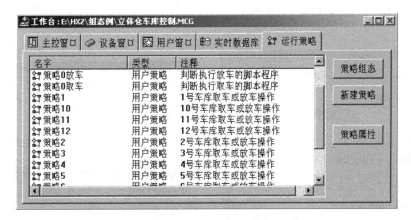

图 11-45　运行策略界面

⑤ 在本例中，动画制作与设备通道连接等步骤从略。以入口车位、巷道起重机、1 号车库画面为例（在下面讲解的脚本程序中要用到上述画面中的数据对象和策略），其动画组态属性设置如下：

如果入口车位有车，选中该入口车位的车时（要放车），出现提示窗口，可输入车库号，输入数据对应的数据对象名称为"dbh310"；入口车位有车时的动画组态属性设置画面如图 11-46 所示。选中该入口车位的车时，设置执行的策略是"策略 0 放车"，如图 11-47 所示。

该入口车位有车时，其可见度表达式"xbh4w mod 2"的值为"1"，如图 11-48 所示。入口车位无车时，选中该入口车位（要从车库中取车），出现提示窗口，询问车库号。输入数据对应的数据对象名称也为"dbh310"。入口车位无车时，动画组态属性设置画面如图 11-49 所示。

该入口车位无车时，设置执行的策略是"策略 0 取车"，如图 11-50 所示。

该入口车位无车时，其可见度表达式"xbh4w mod 2"的值为"0"。表达式非零时，对应图符不可见，如图 11-51 所示。

巷道起重机要求设置可见度、水平移动（左右）和垂直移动（取放）。巷道起重机有车时，其表达式"xbh6"的值为"1"，水平移动（左右）和垂直移动（取放）连接相应数据变量即可（本节略）。巷道起重机动画组态属性设置画面如图 11-52 所示。

图 11-46 入口车位有车时的属性设置画面

图 11-47 入口车位有车时使用的策略

图 11-48 入口车位有车时的可见度表达式

图 11-49 入口车位无车时属性设置界面

图 11-50 入口车位无车时使用的策略

图 11-51 入口车位无车时的可见度表达式

1 号车库有车时，其表达式 "xbh4w/2 mod 2" 的值为 "1"，其动画组态属性设置画面如图 11-53 所示。选中 1 号库中的车时，设置执行的策略是 "策略 1"，如图 11-54 所示。

图 11-52 巷道起重机属性设置界面

图 11-53 1 号车库属性设置界面

图 11-54　1号车库使用的策略

### 11.2.2　策略与脚本程序的解析

（1）系统的操作过程及控制流程

① 如入口车位有车，需要放入某个车库，单击选中该入口车位的汽车，然后执行"策略0放车"。"策略0放车"脚本程序的功能是判断选中的车库是否有车。如果有车，弹出"警告1"（选中的车库有车），不能放车；如果所选中车库无车，则弹出"放车"窗口（询问取车或放弃）。单击"放车"按钮，执行放车脚本程序，把放车的指令传入PLC。于是PLC控制巷道起重机动作，将入口车位的车取出后放入选中车库。如在"放车"窗口中单击"放弃"按钮，系统不动作。

② 如入口车位无车，需要将某个车库的车取出，则单击该车库的车，然后执行"策略0取车"，其脚本程序的功能是判断选中的车库是否有车。如果无车，弹出"警告2"（选中的车库无车），提示不能取车；如果所选车库在边框外，则弹出"警告3"，提示不能取车；如果所选车库有车，则弹出"取车"窗口（询问取车或放弃）。单击"取车"按钮，执行取车脚本程序，将取车的指令传入PLC。于是PLC控制巷道起重机动作，将选中车库的车取出后放到入口车位。如在"取车"窗口中单击"放弃"按钮，系统不动作。

③ 如选中1号车库中的汽车，执行"策略1"，其脚本程序的功能是判断入口车位是否有车。如果已有车，弹出"取车警告"（入口车位已有汽车，不能取车）；如果无车，弹出"取车"窗口（询问取车或放弃）。单击"取车"按钮，执行取车脚本程序，将取车的指令传入PLC。PLC于是控制巷道起重机，将选中车库的车取出后放到入口车位。如在"取车"窗口中单击"放弃"按钮，系统不动作。

④ 单击没车的7号车库，然后执行"策略7"，其脚本程序的功能是判断入口车位上是否有车。如果无车，则弹出"放车警告"（入口车位没有汽车，不能放车）；如果有车，则弹出"放车"窗口（询问放车或放弃）。单击"放车"按钮，执行放车脚本程序，将放车的指令传入PLC。于是PLC控制巷道起重机动作，将入口车位的车取出后放入7号车库。如在"放车"窗口中单击"放弃"按钮，系统不动作。

（2）策略及脚本程序解析

① 对于入口车位：有车时，单击该车执行的是策略"策略0取车"；无车时，单击该车执行的是策略"策略0放车"。

② 对于1～12号车库：对于1号车库，有车要取车时，执行的是策略"策略1"；无车要放车时，执行的也是策略"策略1"。

在策略1的脚本程序中编写了1号车库有车或无车时两种情况的判断，分别执行放车与取车程序段。

……

对于12号车库，有车要取车时，执行的是策略"策略12"，无车要放车时执行的也是策略"策略12"。

执行"策略0取车"、"策略0放车"、"策略1"、…、"策略12"脚本程序的目的是弹出并打开用户窗口中的"放车"、"放车警告"、"取车"、"取车警告"、"警告 1"、"警告 2"、"警告 3"窗口。

③ 对该策略解析如下。

- "策略 0 取车"脚本程序如下所示：

```
IF   dbh310＞12   THEN        '如在弹出的提示信息输入框中输入的车库号大于12
    !SetWindow（警告3，1）    '弹出"警告3"窗口 （警告3内容：所选的车库号超出范围）
    exit                     '退出策略
ENDIF
IF   dbh310 = 1   THEN        '如在弹出的提示信息输入框中输入车库号"1"
  IF NOT（xbh4w/2   mod2）  THEN    '如1号车库中无车
    !SetWindow（警告2，1）    '弹出"警告2"窗口 （警告2内容：选中要取车的车库中没车）
    exit
  ENDIF
……
IF   dbh310 = 12   THEN          '如在弹出的提示信息输入框中输入车库号"12"
  IF NOT（xbh4w/4096   mod2）  THEN    '如12号车库中无车
    !SetWindow（警告2，1）    '弹出"警告2"窗口 （警告2内容：选中要取车的车库中没车）
    exit
  ENDIF
ENDIF
!SetWindow（取车，1）            '弹出"取车"窗口
```

- "策略 0 放车"脚本程序如下所示：

```
IF   dbh310＞12   THEN        '如在弹出的提示信息输入框中输入的车库号大于12
    !SetWindow（警告3，1）    '弹出"警告3"窗口 （警告3内容：所选的车库号超出范围）
    exit                     '退出策略
ENDIF
IF   dbh310 = 1   THEN        '如在弹出的提示信息输入框中输入车库号"1"
    IF xbh4w/2   mod2   THEN   '如1号车库中有车
      !SetWindow（警告1，1）'弹出"警告1"窗口 （警告1内容：选中要放车的车库中有车）
      exit
    ENDIF
ENDIF
……
ENDIF
IF   dbh310 = 12   THEN        '如在弹出的提示信息输入框中输入车库号"12"
    IF xbh4w/4096   mod2   THEN    '如12号车库中有车
      !SetWindow（警告1，1）   '弹出"警告1"窗口 （警告1内容：选中要放车的车库中有车）
      exit
    ENDIF
ENDIF
!SetWindow（放车，1）            '弹出并打开"放车"窗口
```

- "策略 1"脚本程序如下所示：

```
dbh310 = 1                   （以下为取车过程判断）
IF   xbh4w/2   mod 2   THEN    '1号库表达式"xbh4w/2   mod 2"为"1"
    IF   xbh4w   mod 2   THEN   '入口车位有车表达式"xbh4w   mod 2"为"1"
      !SetWindow（取车警告1）'弹出并打开"取车警告"窗口 （内容：入口车位已有汽车，不能取车）
      EXIT
    ENDIF                     '如入口车位有车表达式"xbh4w   mod 2"为"0"（即无车）
    !SetWindow（取车，1）'弹出并打开"取车"窗口
ELSE
                             （以下为放车过程判断）
    IF   xbh6   THEN          '巷道起重机表达式"xbh6"为"1"
      !SetWindow（警告1，1）   '弹出"放车"窗口
```

```
        EXIT
    ENDIF
IF   (not (xbh4w  mod2))  THEN  '入口车位有车表达式 "xbh4w mod 2" 为 "0"
        !SetWindow (警告 1, 1)'弹出 "放车警告" 窗口 (内容：入口车位没有汽车，不能入车)
        EXIT
    ENDIF      '如入口车位有车表达式 "xbh4w mod 2" 为 "1" (即有车)
    !SetWindow (警告 1, 1)     '弹出 "放车" 窗口
```

"策略 1"、…、"策略 12" 脚本程序的编写思路相同，不再详述。

④ "取车" 和 "放车" 窗口及其脚本程序解释如下：执行 "策略 0 取车"、"策略 0 放车"、"策略 1"、…、"策略 12" 的脚本程序最终会打开 "取车" 或 "放车" 窗口。单击 "取" 或 "放" 按钮，命令 PLC 执行指令，巷道起重机完成取车或放车动作（警告窗口打开后，若选择关闭，则退出窗口，PLC 不执行动作）。

取车的脚本程序的含义为：将变量 dbh310 的数据写到 PLC 中的输入寄存器 AIW0 中，输入寄存器 AIW0 将启动 PLC 程序中的取车（或放车）子程序段（PLC 程序略），PLC 控制巷道起重机执行取车（或放车）动作，至此完成操作者的命令任务。

放车脚本程序编写思路与取车相同，不再详述。

# 实　　验

## 实验一　利用 MCGS 组态软件监控 PLC 实现对交通信号灯的控制

**一、实验目的**

1. 用 PLC 自控、手控交通信号灯。
2. 利用 MCGS 组态软件监控 PLC 实现对交通信号灯的控制。

**二、实验设备**

1. 可编程控制器一个（S7-200-224）。
2. EFPLC 可编程控制器实验装置。
3. EFPLC0105 自控与手控实验板。
4. 编程软件 STEP7-Micro/WIN32。
5. MCGS 组态软件。
6. 连接导线若干。

**三、实验内容**

监控画面如图 11-55 所示。

1. 控制要求

（1）$SB_1$ 为自锁型按钮，功能为手动/自动切换。在自动状态时，$SB_2$、$SB_3$ 不起作用。

（2）自动控制。交通灯自动运行程序为：

绿灯亮→绿灯闪→黄灯亮→红灯亮→红黄灯亮

（3）手动控制。$SB_2$ 为自锁型按钮，功能为南北与东西方向红绿灯相反亮、暗。时序为按一下 $SB_2$，绿灯亮→绿灯闪→黄灯亮→红灯亮；再按一下 $SB_2$，红灯亮→红黄灯亮→绿灯亮。

$SB_3$ 为自锁型按钮，功能为该按钮一旦按下，东西与南北方向的红灯全亮，所有绿、黄灯都暗。这是特殊的交通要求。

2. 运行

对应组态画面，反复调试程序，使其正常运行。

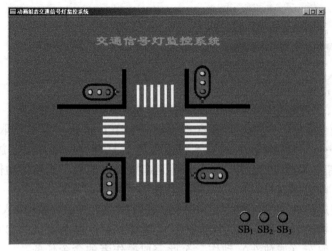

图 11-55　交通信号灯监控画面

### 四、I/O 地址

I/O 地址分配如表 11-5 所示。

表 11-5　PLC I/O 地址分配

| 输 入 | | 输 出 | |
| --- | --- | --- | --- |
| I0.0 | SB$_1$ 自控按钮 | Q0.0 | 东西方向绿灯 |
| I0.1 | SB$_2$ 手控按钮 | Q0.1 | 东西方向黄灯 |
| I0.2 | SB$_3$ 手控按钮 | Q0.2 | 东西方向红灯 |
|  |  | Q0.3 | 南北方向绿灯 |
|  |  | Q0.4 | 南北方向黄灯 |
|  |  | Q0.5 | 南北方向红灯 |

### 五、预习要求

1. 认真复习 PLC 的软件、硬件及使用方法，仔细研究控制工艺及要求。

2. 根据要求编制梯形图和脚本程序。

3. 根据控制工艺及要求做好组态动画。

### 六、实验报告要求

1. 制作监控画面，写出动画组态过程。

2. 写出调试好的梯形图程序和脚本程序。

## 实验二　利用 MCGS 组态软件监控 PLC 实现自动打包控制

### 一、实验目的

用 PLC 完成打包机的自动打包程序，并且在组态画面上模拟运行。主要让学生练习计数器或字节增、定时器、比较等功能的使用。

### 二、实验设备

1. 可编程控制器一个（S7-200-224）。

2. EFPLC 可编程控制器实验装置。

3. EFPLC0105 自控与手控实验板。

4.编程软件 STEP7-Micro/WIN32。

5.MCGS 组态软件。

6.连接导线若干。

### 三、实验内容

监控画面如图 11-56 所示。

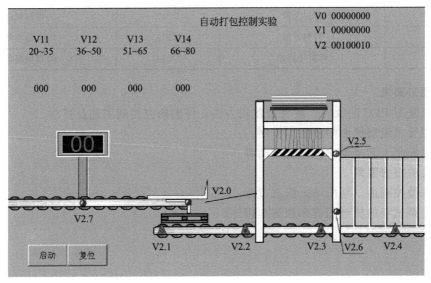

图 11-56　自动打包监控画面

1.显示每根钢的重量，且分段显示每段钢的数量。

2.按启动按钮后，打包机开始自动运行；按复位按钮后，画面回到初试状态。

3.具体工作过程：启动按钮→辊道走钢（V0.0＝1）→通过 V2.7 称重传感器测量钢的重量→到 V2.0 光电开关处，走钢辊道停（V0.0＝0）→开始倒钢（V0.1＝1）→货架走到V2.2 处开始进入打包机（V0.2＝1）→走到 V2.3 处，进入打包机停（V0.2＝0）→开始打包（V0.3＝1）→在打包下限 V2.6 处打包（V0.3＝0）→当打包机回到打包上限 V2.5 时，开始出货（V0.4＝1）→当走到 V2.4 时，出货停（V0.4＝0）→延迟 2s→货架退到原始位（V0.5＝1）→货架退到原始位 V2.1 处停（V0.5＝1）→辊道走钢又开始走钢，自动开始循环。

4.编写程序（参照程序示例）。编程时，可分辊道走钢、打包、出货辊道三部分。另外，一定要注意写好每个网络的作用，便于调试。

5.运行

对应程序反复调试、反复运行，直至可正常操作为止。

### 四、I/O 地址

PLC I/O 地址分配如表 11-6 所示。

表 11-6　PLC I/O 地址分配

| 输　　入 | | 输　　出 | |
| --- | --- | --- | --- |
| V1.6 | 启动 | V0.0 | 辊道走钢 |
| V1.7 | 复位 | V0.1 | 倒钢 |
| V2.0 | 钢至翻钢处 | V0.2 | 进入打钢机 |
| V2.1 | 初始位 | V0.3 | 打包 |

| 输　　入 | | 输　　出 | |
|---|---|---|---|
| V2.2 | 准备进入打包 | V0.4 | 出货 |
| V2.3 | 打包位 | V0.5 | 货架退回原始位 |
| V2.4 | 出货位 | VB11 | 20～35 段钢根数显示 |
| V2.5 | 打包上限 | VB12 | 36～50 段钢根数显示 |
| V2.6 | 打包下限 | VB13 | 51～65 段钢根数显示 |
| V2.7 | 称重传感器 | VB14 | 66～80 段钢根数显示 |

**五、预习要求**

1. 认真复习 PLC 的软件、硬件及使用方法，仔细研究控制工艺及要求。

2. 根据要求编制梯形图和脚本程序。

3. 根据控制工艺及要求做好组态动画。

**六、实验报告要求**

1. 制作监控画面，写出动画组态过程。

2. 写出调试好的梯形图程序和脚本程序。

# 附录1　常用电气图形符号与文字符号

附表1　常用电气图形符号与文字符号

| 电器名称 | 图形符号 | 文字符号 | 电器名称 | 图形符号 | 文字符号 |
|---|---|---|---|---|---|
| 三极刀开关 | | QS | 时间继电器 | 通电延时型线圈：<br>断电延时型线圈：<br>延时闭合的常开触点：<br>延时断开的常开触点：<br>延时闭合的常闭触点：<br>延时断开的常闭触点： | KT |
| 负荷开关 | | | | | |
| 隔离开关 | | | | | |
| 具有自动释放的负荷开关 | | | | | |
| 三相笼型异步电动机 | M 3~ | M | | | |
| 单相笼型异步电动机 | M | | | | |
| 三相绕线转子异步电动机 | M 3~ | | 速度继电器触点 | | KS |
| 带间隙铁芯的双绕组变压器 | | TC | 动合按钮(不闭锁) | | SB |
| 接触器 | 线圈 | KM | 动断按钮(不闭锁) | | |
| | 主触点 | | 旋钮开关、旋转开关(闭锁) | | SA |
| | 辅助触点 | | 行程开关、接近开关 | 动合触点：<br>动断触点：<br>对两个独立电路作双向机械操作的位置或限制开关： | SQ |
| 过电流继电器线圈 | I> | KI | | | |
| 欠电压继电器线圈 | U< | KV | | | |
| 中间继电器线圈 | | KA | 断路器 | | QF |
| 继电器触点 | | K、KA | 热继电器 | 热元件 | FR |
| 熔断器 | | FU | | 动断触点 | |

# 附录 2  S7-200 PLC 快速参考信息

附表 2  S7-200 PLC 的 CPU 规范

| 类型 | CPU 221 | CPU 222 | CPU 224 | CPU 226 | CPU 226XM |
|---|---|---|---|---|---|
| **存储器** | | | | | |
| 用户程序空间 | 2048 字 | | 4096 字 | 4096 字 | 8192 字 |
| 用户数据(EEPROM) | 1024 字(永久存储) | | 2560 字 (永久存储) | 2560 字 (永久存储) | 5120 字 (永久存储) |
| 装备(超级电容) (可选电池) | 50 小时/典型值(40℃时最少 8 小时) 200 天/典型值 | | 190 小时/典型值(40℃时最少 120 小时) 200 天/典型值 | | |
| **I/O** | | | | | |
| 本机数字输入/输出 | 6 输入/4 输出 | 8 输入/6 输出 | 14 输入/10 输出 | 24 输入/16 输出 | |
| 数字 I/O 映像区 | 256(128 入/128 出) | | | | |
| 模拟 I/O 映像区 | 无 | 32(16 入/16 出) | 64(32 入/32 出) | | |
| 允许最大的扩展模块 | 无 | 2 模块 | 7 模块 | | |
| 允许最大的智能模块 | 无 | 2 模块 | 7 模块 | | |
| 脉冲捕捉输入 | 6 | 8 | 14 | | |
| 高速计数 单相 两相 | 4 个计数器 4 个 30kHz 2 个 20kHz | | 6 个计数器 6 个 30kHz 4 个 20kHz | | |
| 脉冲输出 | 2 个 20kHz(仅限于 DC 输出) | | | | |
| **常规** | | | | | |
| 定时器 | 256  4 个 1ms 定时器;16 个 10ms 定时器;236 个 100ms 定时器 | | | | |
| 计数器 | 256(由超级电容或电池备份) | | | | |
| 内部存储器位 掉电保存 | 256(由超级电容或电池备份) 112(存储在 EEPROM) | | | | |
| 时间中断 | 2 个 1ms 分辨率 | | | | |
| 边沿中断 | 4 个上升沿或 4 个下降沿 | | | | |
| 模拟电位器 | 1 个 8 位分辨率 | | 2 个 8 位分辨率 | | |
| 布尔量运算执行速度 | $0.37\mu s$ 每条指令 | | | | |
| 时钟 | 可选卡件 | | 内置 | | |
| 卡件选项 | 存储卡、电池卡和时钟卡 | | 存储卡和电池卡 | | |
| **集成的通信功能** | | | | | |
| 接口 | 一个 RS-485 口 | | | 两个 RS-485 口 | |
| PPI,DP/T 波特率 | 9.6Kbps、19.2Kbps、187.5Kbps | | | | |
| 自由口波特率 | 1.2K~115.2Kbps | | | | |
| 每段最大电缆长度 | 使用隔离的中继器:187.5Kbps 可达 1000m,38.4Kbps 可达 1200m 未使用隔离中继器:50m | | | | |
| 最大站点数 | 每段 32 个站,每个网络 126 个站 | | | | |
| 最大主站数 | 32 | | | | |
| 点到点(PPI 主站模式) | 是(NETR/NETW) | | | | |
| MPI 连接 | 共 4 个,2 个保留(1 个给 PG,1 个给 OP) | | | | |

**附表 3　S7-200 PLC 的 CPU 电源规范**

| | DC | | AC | |
|---|---|---|---|---|
| **输入电源** | | | | |
| 输入电压 | 20.4～28.8V DC | | 85～264V AC(47～63Hz) | |
| 输入电流 | 仅 CPU | 最大负载 | 仅 CPU | 最大负载 |
| | 24V DC | 24V DC | | |
| CPU 221 | 80mA | 450mA | 30/15mA 120/240V AC | 120/240V AC 时 120/60mA |
| CPU 222 | 85mA | 500mA | 40/20mA 120/240V AC | 120/240V AC 时 140/70mA |
| CPU 224 | 110mA | 700mA | 60/30mA 120/240V AC | 120/240V AC 时 200/100mA |
| CPU 226/CPU 226XM | 150mA | 1050mA | 80/40mA 120/240V AC | 120/240V AC 时 320/160mA |
| 冲击电流 | 28.8V DC 时 10A | | 264V AC 时 20A | |
| 隔离(现场与逻辑) | 不隔离 | | 1500V AC | |
| 保持时间(掉电) | 10ms,24V DC | | 20/80ms,120/240V AC | |
| 保险(不可替换) | 3A,250V 慢速熔断 | | 2A,250V 慢速熔断 | |
| **24V DC 传感器电源** | | | | |
| 传感器电压 | L±5V | | 20.4～28.8V DC | |
| 电流限定 | 1.5A 峰值,终端限定非破坏性 | | | |
| 纹波噪声 | 来自输入电源 | | 小于 1V 峰峰值 | |
| 隔离(传感器与逻辑) | 非隔离 | | | |

**附表 4　S7-200 PLC 的 CPU 输入规范**

| | |
|---|---|
| 常规 | 24V DC 输入 |
| 类型 | 漏型/源型(IEC 类型 1 漏型) |
| 额定电压 | 24V DC,4mA 典型值 |
| 最大持续允许电压 | 30V DC |
| 浪涌电压 | 35V DC,0.5s |
| 逻辑 1(最小) | 15V DC,2.5mA |
| 逻辑 0(最大) | 5V DC,1mA |
| 输入延迟 | 可选(0.2～12.8ms)<br>CPU 226,CPU 226XM:输入点 I1.6～I2.7 具有固定延时(4.5ms) |
| 连接 2 线接近开关传感器(Bero)<br>允许漏电流(最大) | 1mA |
| 隔离(现场与逻辑)<br>光电隔离<br>隔离组 | 是<br>500V AC,1 分钟<br>见接线图 |
| 高速输入速率(最大)<br>逻辑 1=15～30V DC<br>逻辑 1=15～26V DC | 单相　　　　两相<br>20kHz　　　10kHz<br>30kHz　　　20kHz |
| 同时接通的输入 | 55℃时所有的输入 |
| 电缆长度(最大)<br>屏蔽<br>非屏蔽 | 普通输入 500m,HSC 输入 50m<br>普通输入 300m |

附表 5    S7-200 PLC 的 CPU 输出规范

| 常规 | 24V DC 输出 | 继电器输出 |
|---|---|---|
| 类型 | 固态-MOSFET | 干触点 |
| 额定电压 | 24V DC | 24V DC 或 250V AC |
| 电压范围 | 20.4～28.8V DC | 5～30V DC 或 5～250V AC |
| 浪涌电流(最大) | 8A,100ms | 7A 触点闭合 |
| 逻辑 1(最小) | 20V DC,最大电流 | — |
| 逻辑 0(最大) | 0.1V DC,10kΩ 负载 | — |
| 每点额定电流(最大) | 0.75A | 2.0A |
| 每个公共端的额定电流(最大) | 6A | 10A |
| 漏电流(最大) | 10μA | — |
| 灯负载(最大) | 5W | 30W DC;200W AC |
| 感性嵌位电压 | L±48V DC,1W 功耗 | — |
| 接通电阻(接点) | 0.3Ω 最大 | 0.2Ω(新的时候的最大值) |
| 隔离<br>光电隔离(现场到逻辑)<br>逻辑到接点<br>接点到接点<br>电阻(逻辑到接点)<br>隔离组 | 500V AC,1 分钟<br>—<br>—<br>—<br>见接线图 | —<br>1500V AC,1 分钟<br>750V AC,1 分钟<br>100MΩ<br>见接线图 |
| 延时<br>断开到接通/接通到断开(最大)<br>切换(最大) | 2/10μs(Q0.0 和 Q0.1)<br>15/100μs(其他)<br>— | —<br><br>10ms |
| 脉冲频率(最大)Q0.0 和 Q0.1 | 20kHz | 1Hz |
| 机械寿命周期 | — | 10,000,000(无负载) |
| 触点寿命 | — | 100,000(额定负载) |
| 同时接通的输出 | 55℃时,所有的输出 | 55℃时,所有的输出 |
| 两个输出并联 | 是 | 否 |
| 电缆长度(最大)<br>屏蔽<br>非屏蔽 | <br>500m<br>150m | <br>500m<br>150m |

附表 6    S7-200 CPU 存储器范围和特性

| 描述 | 范围 | | | | |
|---|---|---|---|---|---|
| | CPU 221 | CPU 222 | CPU 224 | CPU 226 | CPU 226XM |
| 用户程序区 | 2K字 | 2K字 | 4K字 | 4K字 | 8K字 |
| 用户数据区 | 1K字 | 1K字 | 2.5K字 | 2.5K字 | 5K字 |
| 输入映像寄存器 | I0.0～I15.7 | I0.0～I15.7 | I0.0～I15.7 | I0.0～I15.7 | I0.0～I15.7 |
| 输出映像寄存器 | Q0.0～Q15.7 | Q0.0～Q15.7 | Q0.0～Q15.7 | Q0.0～Q15.7 | Q0.0～Q15.7 |
| 模拟输入(只读) | — | AIW0～AIW30 | AIW0～AIW62 | AIW0～AIW62 | AIW0～AIW62 |
| 模拟输出(只写) | — | AQW0～AQW30 | AQW0～AQW62 | AQW0～AQW62 | AQW0～AQW62 |
| 变量存储器(V) | VB0～VB2047 | VB0～VB2047 | VB0～VB5119 | VB0～VB5119 | VB0～VB10239 |
| 局部存储器(L) | LB0～LB63 | LB0～LB63 | LB0～LB63 | LB0～LB63 | LB0～LB63 |

| 描述 | 范围 | | | | |
|---|---|---|---|---|---|
| | CPU 221 | CPU 222 | CPU 224 | CPU 226 | CPU 226XM |
| 位存储器(SM) | M0.0~M31.7 | M0.0~M31.7 | M0.0~M31.7 | M0.0~M31.7 | M0.0~M31.7 |
| 特殊存储器（SM）只读 | SM0.0~SM179.7 SM0.0~SM29.7 | SM0.0~SM299.7 SM0.0~SM29.7 | SM0.0~SM549.7 SM0.0~SM29.7 | SM0.0~SM549.7 SM0.0~SM29.7 | SM0.0~SM549.7 SM0.0~SM29.7 |
| 定时器 | 256 (T0~T255) | 256 (T0~T255) | 256 (T0~T255) | 256 (T0~T255) | 256 (T0~T255) |
| 保持接通延时 1ms | T0,T64 | T0,T64 | T0,T64 | T0,T64 | T0,T64 |
| 保持接通延时 10ms | T1~T4, T65~T68 | T1~T4, T65~T68 | T1~T4, T65~T68 | T1~T4, T65~T68 | T1~T4, T65~T68 |
| 保持接通延时 100ms | T5~T31 T69~T95 | T5~T31 T69~T95 | T5~T31 T69~T95 | T5~T31 T69~T95 | T5~T31 T69~T95 |
| 接通/断开延时 1ms | T32,T96 | T32,T96 | T32,T96 | T32,T96 | T32,T96 |
| 接通/断开延时 10ms, 接通/断开延时 100ms | T33~T36, T97~T100 T101~T255 | T97~T100, T37~T63 T101~T255 | T37~T63, T97~T100 T101~T255 | T37~T63, T97~T100 T101~T255 | T37~63, T97~T100 T101~T255 |
| 计数器 | C0~C255 | C0~C255 | C0~C255 | C0~C255 | C0~C255 |
| 高速计数器 | HC0,HC3 HC4,HC5 | HC0,HC3 HC4,HC5 | HC0~HC5 | HC0~HC5 | HC0~HC5 |
| 顺控继电器(S) | S0.0~S31.7 | S0.0~S31.7 | S0.0~S31.7 | S0.0~S31.7 | S0.0~S31.7 |
| 累加器 | AC0~AC3 | AC0~AC3 | AC0~AC3 | AC0~AC3 | AC0~AC3 |
| 跳转/标号 | 0~255 | 0~255 | 0~255 | 0~255 | 0~255 |
| 调用/子程序 | 0~63 | 0~63 | 0~63 | 0~63 | 0~127 |
| 中断程序 | 0~127 | 0~127 | 0~127 | 0~127 | 0~127 |
| PID 回路 | 0~7 | 0~7 | 0~7 | 0~7 | 0~7 |
| 通信口 | 0 | 0 | 0 | 0/1 | 0/1 |

**附表 7  S7-200 CPU 操作数范围**

| 存取方式 | 字符 | CPU 221 | CPU 222 | CPU 224,CPU 226 | CPU 226XM |
|---|---|---|---|---|---|
| 位存取(字节.位) | I | 0.0~15.7 | 0.0~15.7 | 0.0~15.7 | 0.0~15.7 |
| | Q | 0.0~15.7 | 0.0~15.7 | 0.0~15.7 | 0.0~15.7 |
| | V | 0.0~2047.7 | 0.0~2047.7 | 0.0~5119.7 | 0.0~10239.7 |
| | M | 0.0~31.7 | 0.0~31.7 | 0.0~31.7 | 0.0~31.7 |
| | SM | 0.0~179.7 | 0.0~299.7 | 0.0~549.7 | 0.0~549.7 |
| | S | 0.0~31.7 | 0.0~31.7 | 0.0~31.7 | 0.0~31.7 |
| | T | 0~255 | 0~255 | 0~255 | 0~255 |
| | C | 0~255 | 0~255 | 0~255 | 0~255 |
| | L | 0.0~59.7 | 0.0~59.7 | 0.0~59.7 | 0.0~59.7 |
| 字节存取 | IB | 0~15 | 0~15 | 0~15 | 0~15 |
| | QB | 0~15 | 0~15 | 0~15 | 0~15 |
| | VB | 0~2047 | 0~2047 | 0~5119 | 0~10239 |
| | MB | 0~31 | 0~31 | 0~31 | 0~31 |
| | SMB | 0~179 | 0~299 | 0~549 | 0~549 |
| | SB | 0~31 | 0~31 | 0~31 | 0~31 |
| | L | 0~63 | 0~63 | 0~63 | 0~255 |
| | AC | 0~3 | 0~3 | 0~3 | 0~255 |

| 存取方式 | 字符 | CPU 221 | CPU 222 | CPU 224,CPU 226 | CPU 226XM |
|---|---|---|---|---|---|
| 字存取 | IW | 0~14 | 0~14 | 0~14 | 0~14 |
| | QW | 0~14 | 0~14 | 0~14 | 0~14 |
| | VW | 0~2046 | 0~2046 | 0~5118 | 0~10238 |
| | MW | 0~30 | 0~30 | 0~30 | 0~30 |
| | SMW | 0~178 | 0~298 | 0~548 | 0~548 |
| | SW | 0~30 | 0~30 | 0~30 | 0~30 |
| | T | 0~255 | 0~255 | 0~255 | 0~255 |
| | C | 0~255 | 0~255 | 0~255 | 0~255 |
| | LW | 0~58 | 0~58 | 0~58 | 0~58 |
| | AC | 0~3 | 0~3 | 0~3 | 0~3 |
| | AIW | 无 | 0~30 | 0~62 | 0~62 |
| | AQW | 无 | 0~30 | 0~62 | 0~62 |
| 双字存取 | ID | 0~12 | 0~12 | 0~12 | 0~12 |
| | QD | 0~12 | 0~12 | 0~12 | 0~12 |
| | VD | 0~2044 | 0~2044 | 0~5116 | 0~10236 |
| | MD | 0~28 | 0~28 | 0~28 | 0~28 |
| | SMD | 0~176 | 0~296 | 0~546 | 0~546 |
| | SD | 0~28 | 0~28 | 0~28 | 0~28 |
| | LD | 0~56 | 0~56 | 0~56 | 0~56 |
| | AC | 0~3 | 0~3 | 0~3 | 0~3 |
| | HC | 0,3,4,5 | 0,3,4,5 | 0~5 | 0~5 |

**附表 8　S7-200 PLC 指令系统快速参考表**

| 布尔指令 | | | 数学、增减指令 | | |
|---|---|---|---|---|---|
| LD | N | 装载 | +I | IN1,OUT | 整数、双整数或实数加法 |
| LDI | N | 立即装载 | +D | IN1,OUT | IN1+OUT=OUT |
| LDN | N | 取反后装载 | +R | IN1,OUT | |
| LDNI | N | 取反后立即装载 | -I | IN1,OUT | 整数、双整数或实数减法 |
| A | N | 与 | -D | IN1,OUT | OUT-IN1=OUT |
| AI | N | 立即与 | -R | IN1,OUT | |
| AN | N | 取反后与 | MUL | IN1,OUT | 整数或实数乘法 |
| ANI | N | 取反后立即与 | *R | IN1,OUT | IN1*OUT=OUT |
| O | N | 或 | *D,*I | IN1,OUT | 整数或双整数乘法 |
| OI | N | 立即或 | DIV | IN1,OUT | 整数或实数除法 |
| ON | N | 取反后或 | /R | IN1,OUT | OUT/IN1=OUT |
| ONI | N | 取反后立即或 | /D,/I | IN1,OUT | 整数或双整数除法 |
| LDBx | N1,N2 | 装载字节比较的结果<br>N1(x:<,<=,=,>=,>,<>)N2 | SQRT | IN1,OUT | 平方根 |
| | | | LN | IN1,OUT | 自然对数 |
| ABx | N1,N2 | 与字节比较的结果<br>N1(x:<,<=,=,>=,>,<>)N2 | EXP | IN1,OUT | 自然指数 |
| | | | SIN | IN1,OUT | 正弦 |
| OBx | N1,N2 | 或字节比较的结果<br>N1(x:<,<=,=,>=,>,<>)N2 | COS | IN1,OUT | 余弦 |
| | | | TAN | IN1,OUT | 正切 |
| LDWx | N1,N2 | 装载字比较的结果<br>N1(x:<,<=,=,>=,>,<>)N2 | INCB | OUT | 字节、字和双字增1 |
| | | | INCW | OUT | |
| | | | INCD | OUT | |
| AWx | N1,N2 | 与字比较的结果<br>N1(x:<,<=,=,>=,>,<>)N2 | DECB | OUT | 字节、字和双字减1 |
| OWx | N1,N2 | 或字比较的结果<br>N1(x:<,<=,=,>=,>,<>)N2 | DECW | OUT | |
| | | | DECD | OUT | |

| 布尔指令 | | | 数学、增减指令 | | |
|---|---|---|---|---|---|
| LDDx | N1,N2 | 装载双字比较的结果<br>N1(x:<,<=,=,>=,>,<>)N2 | PID | Table,Loop | PID 回路 |
| ADx | N1,N2 | 与双字比较的结果<br>N1(x:<,<=,=,>=,>,<>)N2 | 定时器和计数器指令 | | |
| ODx | N1,N2 | 或双字比较的结果<br>N1(x:<,<=,=,>=,>,<>)N2 | TON | Txxx,PT | 接通延时定时器 |
| LDRx | N1,N2 | 装载实数比较的结果<br>N1(x:<,<=,=,>=,>,<>)N2 | TOF | Txxx,PT | 关断延时定时器 |
| | | | TONR | Txxx,PT | 带记忆的接通延时定时器 |
| ARx | N1,N2 | 与实数比较的结果<br>N1(x:<,<=,=,>=,>,<>)N2 | CTU | Cxxx,PV | 增计数 |
| ORx | N1,N2 | 或实数比较的结果<br>N1(x:<,<=,=,>=,>,<>)N2 | CTD | Cxxx,PV | 减计数 |
| | | | CTUD | Cxxx,PV | 增/减计数 |
| NOT | | 堆栈取反 | 实时时钟指令 | | |
| EU | | 检测上升沿 | TODR | T | 读实时时钟 |
| ED | | 检测下降沿 | TODW | T | 写实时时钟 |
| = | N | 赋值 | 程序控制指令 | | |
| =1 | N | 立即赋值 | END | | 程序的条件结束 |
| S | S_BIT,N | 置位一个区域 | STOP | | 切换到 STOP 模式 |
| R | S_BIT,N | 复位一处区域 | WDR | | 看门狗复位(300ms) |
| SI | S_BIT,N | 立即置位一个区域 | JMP | N | 跳到定义的标号 |
| RI | S_BIT,N | 立即置位一个区域 | IBL | N | 定义一个跳转的标号 |
| LDSx | IN1,IN2 | 装载字符串比较结果<br>IN1(x:=,<>)IN2 | CALL | N[N1,…] | 调用子程序[N1,…,可以有16个可选参数] |
| ASx | IN1,IN2 | 与字符串比较结果<br>IN1(x:=,<>)IN2 | CRET | | 从 SBR 条件返回 |
| OSx | IN1,IN2 | 或字符串比较结果<br>IN1(x:=,<>)IN2 | FOR | INDX,INIT,<br>FINAL | For/Next 循环 |
| ALD | | 与装载 | NEXT | | |
| OLD | | 或装载 | | | |
| LPS | | 逻辑压栈(堆栈控制) | LSCR | N | 顺控继电器段的启动、转换条件结束和结束 |
| LRD | | 逻辑读(堆栈控制) | SCRT | N | |
| LPP | | 逻辑弹出(堆栈控制) | CSCRE | | |
| LDS | N | 装载堆栈(堆栈控制) | SCRE | | |
| AENO | | 与 ENO | | | |
| 传送、移位、循环和填充指令 | | | 表、查找和转换指令 | | |
| MOVB | OUT | 字节、字、双字和实数传送 | ATT | TABLE,DATA | 把数据加到表中 |
| MOVW | OUT | | LIFO | TABLE,DATA | 从表中取数据 |
| MOVD | OUT | | FIFO | TABLE,DATA | |
| MOVR | OUT | | FND= | SRC,PATRN,<br>INDX | 根据比较条件在表中查找数据 |
| BIR | IN,OUT | | | | |
| BIW | IN,OUT | | FND<> | SRC,PATRN,<br>INDX | |
| BMB | IN,OUT,N | 字节、字和双字块传送 | | | |
| BMWI | IN,OUT,N | | FND< | SRC,PATRN,<br>INDX | |
| BMD | IN,OUT,N | | | | |
| SWAP | IN | 交换字节 | FND> | SRC,PATRN,<br>INDX | |
| SHRB<br>DATA,<br>S_BIT, | N | 寄存器移位 | BCDI | OUT | 把 BCD 码转换成整数 |
| SRB | OUT,N | 字节、字和双字右移 | IBCD | OUT | 把整数转换成 BCD 码 |

续表

| 传送、移位、循环和填充指令 | | | 表、查找和转换指令 | | |
|---|---|---|---|---|---|
| SRW | OUT,N | | BTI | IN,OUT | 将字节转换成整数 |
| SRD | OUT,N | | ITB | IN,OUT | 将整数转换成字节 |
| SLB | OUT,N | 字节、字和双字左移 | ITD | IN,OUT | 把整数转换成双整数 |
| SLW | OUT,N | | DTI | IN,OUT | 把双整数转换成整数 |
| SLD | OUT,N | | | | |
| RRB | OUT,N | 字节、字和双字循环右移 | DTR | IN,OUT | 把双字转换成实数 |
| RRW | OUT,N | | TRUNC | IN,OUT | 把实数转换成双字 |
| RRD | OUT,N | | ROUND | IN,OUT | 把实数转换成双整数 |
| RLB | OUT,N | 字节、字和双字循环左移 | ATH | IN,OUT,LEN | 把 ASCII 码转换成十六进制格式 |
| RLW | OUT,N | | HTA | IN,OUT,LEN | 把十六进制格式转换成 ASCII 码 |
| RLD | OUT,N | | ITA | IN,OUT,FMT | 把整数转换成 ASCII 码 |
| FILL | IN,OUT,N | 用指定的元素填充存储器空间 | DTA | IN,OUT,FM | 把双整数转换成 ASCII 码 |
| 逻辑操作 | | | RTA | IN,OUT,FM | 把实数转换成 ASCII 码 |
| ALD | | 与一个组合 | DECO | IN,OUT | 解码 |
| OLD | | 或一个组合 | ENCO | IN,OUT | 编码 |
| LPS | | 逻辑堆栈（堆栈控制） | SEG | IN,OUT | 产生七段格式 |
| LRD | | 读逻辑栈（堆栈控制） | 中断 | | |
| LPP | | 逻辑出栈（堆栈控制） | CRETI | | 从中断条件返回 |
| LDS | | 装入堆栈（堆栈控制） | ENI | | 允许中断 |
| AENO | | 对 ENO 进行与操作 | DISI | | 禁止中断 |
| ANDB | IN1,OUT | 对字节、字和双字取逻辑与 | ATCH | INT,EVENT | 给事件分配中断程序 |
| ANDW | IN1,OUT | | DTCH | EVENT | 解除事件 |
| ANDD | IN1,OUT | | 通信 | | |
| ORB | IN1,OUT | 对字节、字和双字取逻辑或 | XMT | TABLE,PORT | 自由口传送 |
| ORW | IN1,OUT | | RCV | TABLE,PORT | 自由口接收信息 |
| ORD | IN1,OUT | | TODR | TABLE,PORT | 网络读 |
| XORB | IN1,OUT | 对字节、字和双字取逻辑异或 | TODW | TABLE,PORT | 网络写 |
| XORW | IN1,OUT | | GPA | ADDR,PORT | 获取口地址 |
| XORD | IN1,OUT | | SPA | ADDR,PORT | 设置口地址 |
| INVB | OUT | 对字节、字和双字取反（1 的补码） | 高速指令 | | |
| INVW | OUT | | HDEF | HSC,Mode | 定义高速计数器模式 |
| INVD | OUT | | HSC | N | 激活高速计数器 |
| 字符串指令 | | | PLS | X | 脉冲输出 |
| SLEN | IN,OUT | 字符串长度 | | | |
| SCAT | IN,OUT | 连接字符串 | | | |
| SCPY | IN,OUT | 复制字符串 | | | |
| SSCPY | IN,INDX,N,OUT | 复制子字符串 | | | |
| CFND | IN1,IN2,OUT | 字符串中查找第一个字符 | | | |
| SFND | IN1,IN2,OUT | 在字符串中查找字符串 | | | |

**附表 9  常用特殊存储器 SM0 和 SM1 的位信息**

| 特殊存储器位 | | | |
|---|---|---|---|
| SM0.0 | 该位始终为"1" | SM1.0 | 操作结果＝0 |
| SM0.1 | 首次扫描时为"1" | SM1.1 | 结果溢出或非法数值 |
| SM0.2 | 保持数据丢失时为"1" | SM1.2 | 结果为负数 |
| SM0.3 | 开机上电进入"RUN"时为"1"一个扫描周期 | SM1.3 | 被 0 除 |
| SM0.4 | 时钟脉冲:30s 闭合/30s 断开 | SM1.4 | 超出表范围 |
| SM0.5 | 时钟脉冲:0.5s 闭合/0.5s 断开 | SM1.5 | 空表 |
| SM0.6 | 时钟脉冲:闭合 1 个扫描周期/断开 1 个扫描周期 | SM1.6 | BCD 到二进制转换出错 |
| SM0.7 | 开关放置在"RUN"位置时为"1" | SM1.7 | ASCII 到十六进制转换出错 |

### 附表 10　模拟扩展模块通用规范

| 订货代码 | 模块名称和描述 | 尺寸/mm ($W \times H \times D$) | 重量/g | 损耗/W | 电源要求 +5V DC | 电源要求 +24V DC |
|---|---|---|---|---|---|---|
| 6ES7 231-0HC22-0XA0 | EM 231 模拟输入,4 输入 | 71.2×80×62 | 183 | 2 | 20mA | 60mA |
| 6ES7 232-0HB22-0XA0 | EM 232 模拟输出,2 输出 | 46×80×62 | 148 | 2 | 20mA | 70mA(两个输出都是 20mA) |
| 6ES7 235-0KD22-0XA0 | EM 235 模拟量混合模块,4 输入/1 输出 | 71.2×80×62 | 186 | 2 | 30mA | 60mA(输出为 20mA) |

### 附表 11　模拟扩展模块输入规范

| 常规 | 6ES7 231-0HC22-0XA0 | 6ES7 235-0KD22-0XA0 |
|---|---|---|
| 双极性,满量程 | $-32000 \sim +32000$ | $-32000 \sim +32000$ |
| 单极性,满量程 | $0 \sim 32000$ | $0 \sim 32000$ |
| DC 输入阻抗 | >10MΩ 电压输入 250Ω 电流输入 | >10MΩ 电压输入 250Ω 电流输入 |
| 输入滤波衰减 | $-3$dB,3.1kHz | $-3$dB,3.1kHz |
| 最大输入电压 | 30V DC | 30V DC |
| 最大输入电流 | 32mA | 32mA |
| 分辨率 | 12 位 A/D 转换器 | 12 位 A/D 转换器 |
| 隔离(现场到逻辑) | 否 | 否 |
| 输入类型 | 差分 | 差分 |
| 输入范围 | | |
| 　电压(单极性) | $0 \sim 10$V,$0 \sim 5$V | $0 \sim 10$V,$0 \sim 5$V $0 \sim 1$V,$0 \sim 500$mV $0 \sim 100$mV,$0 \sim 50$mV |
| 　电压(双极性) | ±5V,±2.5V | ±10V,±5V,±2.5V,±1V,±500mV, ±250mV,±100mV,±50mV,±25mV |
| 　电流 | $0 \sim 20$mA | $0 \sim 20$mA |
| 模拟到数字转换时间 | <250μs | <250μs |
| 模拟输入阶跃响应 | 1.5ms 到 95% | 1.5ms 到 95% |
| 共模抑制 | 40dB,DC 到 60Hz | 40dB,DC 到 60Hz |
| 共模电压 | 信号电压加共模电压必须小于±12V | 信号电压加共模电压必须小于±12V |
| 24V DC 电压范围/V | 20.4 ~ 28.8 | 20.4 ~ 28.8 |

### 附表 12　模拟量扩展模块输出规范

| 常规 | 6ES7 232-0HB22-0XA0 | 6ES7 235-0KD22-0XA0 |
|---|---|---|
| 隔离(现场到逻辑) | 无 | 无 |
| 信号范围 | | |
| 　电压输出 | ±10V | ±10V |
| 　电流输出 | $0 \sim 20$mA | $0 \sim 20$mA |
| 分辨率,满量程 | | |
| 　电压 | 12 位 | 12 位 |
| 　电流 | 11 位 | 11 位 |
| 数据字格式 | | |
| 　电压 | $-32000 \sim +32000$ | $-32000 \sim +32000$ |
| 　电流 | $0 \sim +32000$ | $0 \sim +32000$ |
| 精度 | | |
| 最差情况,0~55℃ | | |
| 　电压输出 | ±2%满量程 | ±2%满量程 |
| 　电流输出 | ±2%满量程 | ±2%满量程 |
| 典型,25℃ | | |
| 　电压输出 | ±0.5%满量程 | ±0.5%满量程 |
| 　电流输出 | ±0.5%满量程 | ±0.5%满量程 |
| 设置时间 | | |
| 　电压输出 | 100μs | 100μs |
| 　电流输出 | 2ms | 2ms |
| 最大驱动 | | |
| 　电压输出 | 5000Ω 最小 | 5000Ω 最小 |
| 　电流输出 | 500Ω 最大 | 500Ω 最大 |

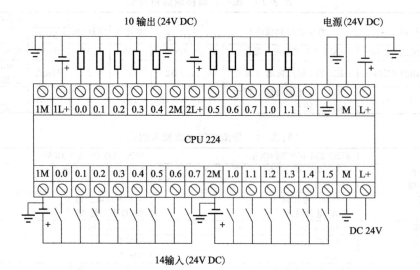

（a）DC输入/DC输出（晶体管）的CPU外围接线图

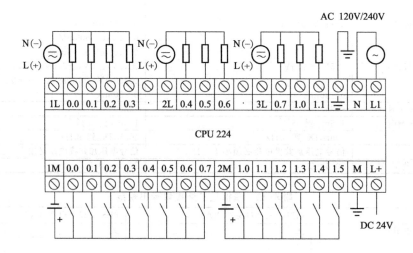

（b）DC输入/继电器输出的CPU外围接线图

附图 1　S7-200 PLC CPU 224 外围接线图

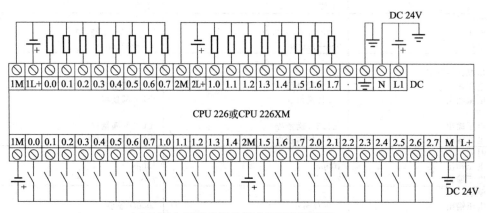

（a）DC输入/DC输出（晶体管）的CPU外围接线图

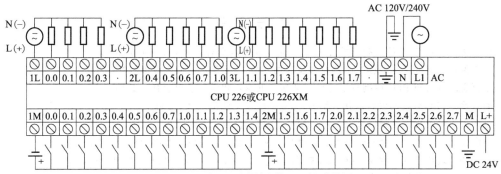

（b）DC输入/继电器输出的CPU外围接线图

附图 2　S7-200 PLC CPU 226 和 CPU 226XM 外围接线图

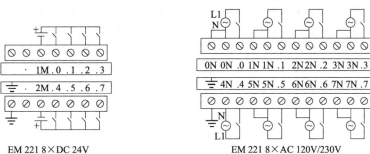

EM 221 8×DC 24V　　　　　　EM 221 8×AC 120V/230V

（a）输入扩展模块EM 221

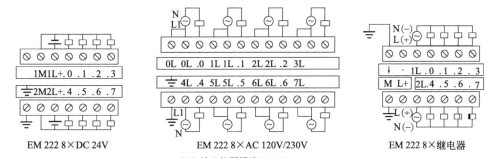

EM 222 8×DC 24V　　　　EM 222 8×AC 120V/230V　　　EM 222 8×继电器

（b）输出扩展模块EM 222

附图 3　EM 221 和 EM 222 数字量扩展模块接线图

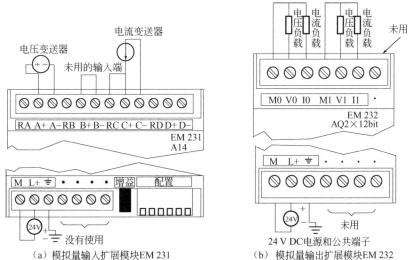

（a）模拟量输入扩展模块EM 231　　　（b）模拟量输出扩展模块EM 232

附图 4　EM 231 和 EM 232 模拟量扩展模块接线图

# 参 考 文 献

［1］ 王永华. 电器与 PLC 控制技术 ［M］. 北京：北京航空航天大学出版社，2008.

［2］ 吴中俊，黄永红. 可编程控制器原理及应用 ［M］. 北京：机械工业出版社，2004.

［3］ 张万忠. 电器与 PLC 控制技术 ［M］. 4 版. 北京：化学工业出版社，2016.

［4］ 周万珍. PLC 分析与设计应用 ［M］. 北京：电子工业出版社，2004.

［5］ 吴中俊. 可编程控制器原理及应用 ［M］. 北京：机械工业出版社，2004.

［6］ 殷洪义. 可编程序控制器选择设计与维护 ［M］. 北京：机械工业出版社，2002.

［7］ 王永华. 现代电气控制及 PLC 应用技术 ［M］. 北京：北京航空航天大学出版社，2003.

［8］ 王兆义. 可编程控制器实用技术 ［M］. 北京：机械工业出版社，1996.

［9］ 何衍. 可编程序控制器 ［M］. 2 版. 北京：化学工业出版社，2018.

［10］ 王伟. 可编程序控制器的使用和维护 ［M］. 北京：化学工业出版社，2005.

［11］ 西门子（中国）有限公司自动化与驱动集团. 深入浅出西门子 S7-200 PLC ［M］. 北京：北京航空航天大学出版社，2003.

［12］ 李全利. 可编程控制器及其网络系统的综合应用技术 ［M］. 北京：机械工业出版社，2005.

［13］ 袁秀英. 组态控制技术 ［M］. 北京：电子工业出版社，2003.

［14］ 许志军. 工业控制组态软件及应用 ［M］. 2 版. 北京：机械工业出版社，2015.